SHIGU GUANLI YU YINGJI CHUZHI

事故管理与应急处置

朱 鹏　主编

张 益　丁 玮　副主编

王建明　主审

化学工业出版社

·北京·

本书系统阐述了事故管理技术和事故应急救援的原则、任务，以及事故应急救援的预案编制、管理、培训、演练方法和操作步骤。按照"重点突出，具体实用，易操作"的原则，重点介绍了事故认定与调查，事故应急救援装备配备和使用，事故发生后的现场抢险和处置方法，现场急救方法等应急救援的关键环节，针对典型事故，介绍了应急处置的方法与防范措施。

　　本书既可作为相关部门应急管理和事故应急救援培训的教材，也可作为职业院校安全类相关专业的教材。

图书在版编目（CIP）数据

事故管理与应急处置/朱鹏主编 . —北京：化学工业
出版社，2018.6（2022.5 重印）
　　ISBN 978-7-122-32220-3

　　Ⅰ.①事…　Ⅱ.①朱…　Ⅲ.①企业安全-安全事故-
应急对策　Ⅳ.①X931

中国版本图书馆 CIP 数据核字（2018）第 110454 号

责任编辑：刘　哲	装帧设计：韩　飞
责任校对：王　静	

出版发行：化学工业出版社（北京市东城区青年湖南街 13 号　邮政编码 100011）
印　　刷：北京京华铭诚工贸有限公司
装　　订：三河市振勇印装有限公司
787mm×1092mm　1/16　印张 15½　字数 394 千字　　2022 年 5 月北京第 1 版第 5 次印刷

购书咨询：010-64518888　　　　　　售后服务：010-64518899
网　　址：http://www.cip.com.cn
凡购买本书，如有缺损质量问题，本社销售中心负责调换。

定　　价：39.00 元　　　　　　　　　　　　　　　　版权所有　违者必究

安全生产事关人民群众生命财产安全和社会稳定大局。近年来，在党中央、国务院的正确领导下，在各地区、各部门的共同努力下，全国安全生产状况保持了总体稳定、持续好转的发展态势，但安全生产形势依然严峻。"十九大"提出"树立安全发展理念，弘扬生命至上、安全第一的思想，健全公共安全体系，完善安全生产责任制，坚决遏制重特大安全事故，提升防灾减灾救灾能力"的新要求。

　　安全管理中一项关键的工作就是事故管理与应急处置。事故是人们在生活、劳动和生产过程中违背客观事实或科学与自然规律所受到的惩罚与教训；事故又是强迫人们必须接受的最真实、最现实和最残酷的"科学试验"，它带给人们深刻的教训，蕴含着丰富的经验、知识和新的研究课题。所以说，事故应防微杜渐，如遇问题要应急处置得当，做好事故防范措施的制定和应急救援预案的编制，将事故的危害控制到最低限度。

　　在本书编写过程中，我们深入企业调查研究，广泛征求企业专家的意见，明确专业岗位人员应具备的基本能力与核心能力。本书的编写不脱离实际，以培养岗位职业能力和技术应用为主线，具有较强的针对性和实用性，信息量大，便于读者积累更多的事故管理与应急处置的经验。内容编排上以"必需、够用"为原则，追求"理论不减、技能进一步提高"的理念，由浅及深，语言简练，通俗易懂，同时也注意适应时代需求，将新观念、新方法、新标准纳入书中。

　　本书包括事故形成及原因，事故应急救援与处置，事故应急救援预案编制与管理，事故应急救援培训与演练，事故应急救援装备，事故现场抢险与处置，事故现场急救方法与技术，事故的认定、责任、处理与经济损失，事故调查报告书、事故统计报表，事故防范措施的制定与预防技术等内容。同时选编了一定数量的事故案例，以便读者加深对本书内容的认识和理解。

　　本书由天津轻工职业技术学院朱鹏担任主编，张益和丁玮为副主编。朱鹏编写了第一、二、七章，张菁楠编写了第三章，于婷婷编写了第四章，丁玮编写了第五、六章，郭瑞华编写了第八、十一章，张益编写了第九、十章。全书由朱鹏统稿，王建明教授对全书进行了细心审阅并提出了宝贵建议。

　　由于编者水平有限，书中难免存在一些疏漏，敬请广大读者批评指正。

编者

目 录 CONTENTS

第五章　事故应急救援培训与演练　　85

第六章　事故应急救援装备　　110

第七章　事故现场抢险与处置　　123

第一章

绪 论

目前，随着我国经济建设突飞猛进的发展，各类事故也处于多发状态，事故所造成的危害与损失的巨大，已引起了国家的高度重视，为此，从事安全和事故相关方面研究的人员和各种安全法律、法规、标准、文件以及安全方面的书籍也越来越多。研究与探讨安全或事故的主要目的是为了减少事故的发生，保护人民生命和财产的安全。

第一节 事故与突发事件

一、事故的定义与分类

在人们活动的过程中（包括日常生活、工作和社会活动等）经常会遇到各种各样大大小小的意外事件，如伤害事故、生产事故、火灾事故、交通事故、中毒事故、淹溺事故、触电事故等。此外，还有如洪水、台风、地震、海啸等不可抗拒的自然灾害与事故。这些对人类的安全构成了严重的威胁，危险始终存在于人类生活、劳动或生产之中，在人类活动的各个方面都有发生事故的可能性。在生产或劳动过程中发生的事故或与生产过程有关的事故，简称为生产事故（包括生产过程中发生的设备事故、火灾事故、交通事故、人身伤害事故、职业中毒事故和所有与生产有关的事故）。本书重点讨论的是生产事故和与此相关的各类伤亡事故。

事故也同世界上任何事物一样，具有其自己的特性或规律。只有了解了事故的特性或规律，才能采取有效的措施或方法，进行预防和减少事故及其造成各方面的损失。

1. 事故按事故属性分类

依照事故的属性不同，事故分为自然事故和人为事故两大类。

（1）自然事故 自然事故就是人们常说的"天灾"，是指运用现代的科技手段和人类目前的力量难以预知或不可抗拒的自然因素所造成的事故。它属于人为能力还不能完全控制的领域，如地震、海啸、台风、突发洪水、火山爆发、滑坡、陷落、冰雹、异常干旱、气候突变等，都是自然事故。一般地讲，对这类事故目前还不能准确地进行预测、预报，或者虽然有一定程度的预报或预测，但也只限于采取一些应急措施来减少受害范围和减轻受害的程度。需要强调指出的是，在人类生活、劳动、生产和工业设计中，如果考虑到自然因素的变化而带来的危险或灾难，就不属于自然事故。例如，在台风多发地带建设的工业建筑、人类生活设施，就必须考虑到台风因素的作用，从而加大安全系数和防范措施。当然，在考虑到自然因素之后，用目前人类的力量仍不可抗拒所造成的事故，就是自然事故。

（2）人为事故　所谓人为事故，就是除"天灾"以外的事故。发生这类事故的主要原因在于人，而不在于"天"。因此，人为事故是完全可以预防的。生产中发生的事故基本上都属于人为事故。人为事故是指由于人们违背自然规律、违反科学程序或违反法（律）令、法规、条例、规程等不良行为而造成的事故（本书着重研究的内容）。

2. 事故按危害后果分类

依照生产事故造成的后果不同，事故分为伤亡事故、物质损失事故和险肇事故三大类。

（1）伤亡事故　伤亡事故是指人体受到伤害后，暂时地、部分地或永久地丧失劳动能力或人员死亡的事故。

（2）物质损失事故　物质损失事故，是指在生产过程中发生的，只有物质、财产受到破坏，使其报废或需要修复的事故。如建筑物的倒塌，机器设备的损坏，原材料及半成品或成品的损失，动力及燃料的损失等，都属于物质损失事故（即只有财产或经济损失与破坏，而没有人员伤亡的事故）。

（3）险肇事故　险肇事故是指发生事故后，既未发生人员伤害，又未出现物质经济损失，则称为险肇事故。这类事故常常被人们所忽视。我国目前有的地区或行业事故如此多发，尤其是重特大伤亡事故接连不断发生，根据事故发生规律和海因里希法则原理，其中一个很重要的原因就是忽视了险肇事故的治理、统计或教育。

3. 事故按行业分类

依照事故监督管理的行业不同，事故又分为行业或企业事故，我国主要有如下八大类。

（1）企业职工伤亡事故　工矿商贸企业、事业单位职工发生的伤亡事故，由安全生产监督管理部门负责统计、管理。

（2）火灾事故　失去控制的燃烧所造成的灾害都为火灾事故，由公安消防部门负责统计、管理。

（3）道路交通事故　在道路交通运输中发生的事故，由公安交警部门负责统计、管理。

（4）水上交通事故　在水上交通运输中发生的事故。由交通管理部门负责统计、管理。

（5）铁路交通事故　在铁路交通运输中发生的事故。由铁路管理部门负责统计、管理。

（6）民航飞行事故　在民航飞机飞行中发生的事故。由民航管理部门负责统计、管理。

（7）农业机械事故　在农业机械制造和运行中发生的事故。由农业管理部门负责统计、管理。

（8）渔业船舶事故　在渔业船舶运行中发生的事故。由渔业船舶部门负责统计、管理。

需要指出的是，我国政府的安全生产监督管理部门直接监管的是工矿商贸企业的生产安全和事故管理，综合协调消防、道路交通、水上交通、铁路交通、民航飞行、农业机械和渔业船舶等方面的生产安全与事故管理。

4. 事故按伤害程度分类

事故发生后，按事故对受伤害者造成损伤以致劳动能力丧失的程度分三大类。

（1）轻伤事故　轻伤事故是指造成职工肢体伤残，或某器官功能性或器质性轻度损伤，表现为劳动能力轻度或暂时丧失的伤害。一般是指受伤职工歇工在1个工作日以上，计算损失工作日低于105日的失能伤害，但够不上重伤者。

（2）重伤事故 重伤事故是指造成职工肢体残缺或视觉、听觉等器官受到严重损伤，一般能引起人体长期存在功能障碍，或损失工作日等于和超过 105 日（最多不超过 6000 日），劳动能力有重大损失的失能伤害。根据原劳动部 1960 年 5 月 23 日中劳护久字第 56 号文发布《关于重伤事故范围的意见》，凡有下列情形之一的，均作为重伤事故处理。

① 经医师诊断已成为残废或可能成为残废的。

② 伤势严重，需要进行较大的手术才能挽救的。

③ 人体要害部位严重灼伤、烫伤占全身面积二分之一以上的。

④ 严重骨折（胸骨、肋骨、脊椎骨、锁骨、肩胛骨、腕骨、腿骨和脚骨等因受伤骨折），严重脑震荡等。

⑤ 眼部受伤较重，有失明可能的。

⑥ 手部伤害：

a. 大拇指轧断一节的；

b. 食指、中指、无名指、小指任何一只轧断两节或者任何两指各轧断一节的；

c. 局部肌位受伤甚剧，引起机能障碍，有不能自由伸屈的残废可能的。

⑦ 脚部伤害：

a. 脚趾轧断三只以上的；

b. 局部肌位受伤甚剧，引起机能障碍，有不能行走自如的残废可能的。

⑧ 内部伤害。内脏损伤、内出血或伤及腹膜的。

⑨ 凡不在上述范围以内的伤害，经医生诊察后，认为受伤较重，可根据实际情况参照上述各点，由企业行政部门会同工会做个别研究提出初步意见，由政府劳动部门审查确定。

（3）死亡事故 死亡事故是指事故发生后当即死亡（含极性中毒死亡）或负伤后在 30 日以内死亡的事故（其损失工作日定为 6000 日，这是根据我国职工的平均退休年龄和平均死亡年龄计算出来的）。

此种分类是按伤亡事故造成损失工作日的多少来衡量的，而损失工作日是指受伤害者丧失劳动能力（简称失能）的工作日。各种伤害情况的损失工作日数，按 GB 6441—86 中的有关规定计算或选取。

二、突发事件的定义与分类分级

1. 突发事件的定义

突发事件可被广义地理解为突然发生的事情：第一层的含义是事件发生、发展的速度很快，出乎意料；第二层的含义是事件难以应对，必须采取非常规方法来处理。根据 2007 年 11 月 1 日起施行的《中华人民共和国突发事件应对法》的规定，突发事件是指突然发生，造成或者可能造成严重社会危害，需要采取应急处置措施予以应对的自然灾害、事故灾难、公共卫生事件和社会安全事件。

突发事件也可进一步理解为突然发生并造成或者可能造成重大人员伤亡、社会财产损失、生态环境破坏和严重社会危害，危及公共安全，需要政府立即采取应对措施加以处理的紧急事件。

2. 突发事件的分类

我国把突发事件分为 4 大类，即自然灾害、事故灾难、公共卫生事件和社会安全事件。

（1）自然灾害 由自然因素引发的与地壳运动、天体运动、气候变化相关的灾害。主要包括水旱灾害、气象灾害、地震灾害、地质灾害、海洋灾害、生物灾害和森林、草原火灾等。

（2）事故灾难　在生产、生活过程中意外发生的故障、事故带来的灾难。主要包括企业生产事故、交通运输事故、公共设施和设备事故、环境污染事故和生态破坏事故等。

（3）公共卫生事件　突然发生的，造成或可能造成社会公众健康严重损害的传染病疫情、群体性不明原因疾病；食品安全、职业危害、动物疫情，以及其他严重影响公共健康的突发事件。

（4）社会安全事件　危及社会安全、社会发展的重大事件。主要包括恐怖袭击事件、民族宗教事件、经济安全事件、群体性事件以及其他重大刑事案件等。

3. 突发事件的分级

根据《突发事件应对法》的规定，按照社会危害程度、影响范围等因素，自然灾害、事故灾难、公共卫生事件分为特别重大、重大、较大和一般4级。

4. 突发事件的预警级别

根据《突发事件应对法》的规定，突发事件的预警级别一般依据突发事件可能造成的危害程度、波及范围、影响力大小、人员伤亡及财产损失等情况，由高到低划分为特别重大（Ⅰ级）、重大（Ⅱ级）、较大（Ⅲ级）、一般（Ⅳ级）4个级别，并依次采用红色、橙色、黄色、蓝色来表示。

第二节　危险源

一、危险源的概念

1. 危险

根据系统安全工程的观点，危险是指系统中存在导致发生不期望后果的可能性超过了人们的承受程度。从危险的概念可以看出，危险是人们对事物的具体认识，必须指明具体对象，如危险环境、危险条件、危险状态、危险物质、危险场所、危险人员、危险因素等。危险是人们对客观事物（系统）存在的某种风险的主观认识和判断结果。危险代表了客观事物（系统）存在的某种风险的量值达到了人们难以承受的程度时，人们对其所表现出的具体状态的一种心理感受。

危险的大小可用危险度来表示：

$$危险度 = 危险可能性或概率 \times 危险严重度$$

其中，危险可能性或概率是指产生某种危险事件或显现为事故的总的可能性；危险严重度是某种危险引起的可能最严重后果的估计。

目前普遍采用的是表1-1～表1-3所示的分类或等级，即危险严重度分为4个等级，危险的可能性分为5个等级，危险度分为4个等级。

表 1-1　危险严重度等级

危险严重度等级	等级说明	事故后果说明
Ⅰ	灾难的	人员死亡或系统报废
Ⅱ	严重的	人员严重受伤、严重职业病或系统严重损坏
Ⅲ	轻度的	人员轻度受伤、轻度职业病或系统轻度损坏
Ⅳ	轻微的	人员伤害程度和系统损坏程度都轻于Ⅲ级

表 1-2 危险的可能性等级

可能性等级	说明	单个项目具体发生情况	总体发生情况
A	频繁	频繁发生	连续发生
B	很可能	在寿命期内会出现若干次	频繁发生
C	有时	在寿命期内有时可能发生	发生若干次
D	极少	在寿命期内不易发生,但有可能发生	不易发生,但有理由可预期发生
E	不可能	极不易发生,以至于可以认为不会发生	不易发生

表 1-3 危险度等级

危险度等级	Ⅰ(灾难的)	Ⅱ(严重的)	Ⅲ(轻度的)	Ⅳ(轻微的)
A(频繁)	1	1	1	3
B(很可能)	1	1	2	3
C(有时)	1	2	3	4
D(极少)	2	2	3	4
E(不可能)	3	3	3	4

2. 危险源

危险源是指一个系统中具有潜在能量和物质释放危险的、可造成人员伤害、在一定的触发因素作用下可转化为事故的部位、区域、场所、空间、岗位、设备及其位置。它的实质是具有潜在危险的源点或部位,是爆发事故的源头,是能量、危险物质集中的核心,是能量从那里传出来或爆发的地方。

危险源存在于确定的系统中,不同的系统范围,危险源的区域也不同。例如,从全国范围来说,对于危险行业(如石油、化工等),具体的一个企业(如炼油厂)就是一个危险源;而从一个企业系统来说,可能某个车间、仓库就是危险源;对于一个车间系统,某台设备可能是危险源。因此,分析危险源应按系统的不同层次来进行。一般来说,危险源可能存在事故隐患,也可能不存在事故隐患,对于存在事故隐患的危险源一定要及时加以整改,否则随时都可能导致事故。

实际中,对事故隐患的控制管理总是与一定的危险源联系在一起的,因为没有危险的隐患也就谈不上要去控制它;而对危险源的控制,实际就是消除其存在的事故隐患或防止其出现事故隐患。

二、危险源的三要素及类别

1. 危险源的三要素

危险源应由三个要素构成:潜在危险性、存在条件和触发因素。

(1)潜在危险性 指一旦触发事故可能带来的危害程度或损失大小,或者说危险源可能释放的能量强度或危险物质量的大小。

(2)存在条件 指危险源所处的物理状态、化学状态和约束条件状态。例如,物质的压力、温度、化学稳定性,盛装压力容器的坚固性,周围环境障碍物等情况。

(3)触发因素 触发因素虽然不属于危险源的固有属性,但它是危险源转化为事故的外因,而且每一类型的危险源都有相应的敏感触发因素。如易燃、易爆物质,热能是其敏感的触发因素;压力容器,压力升高是其敏感触发因素。因此,一定的危险源总是与相应的触发因素相关联。在触发因素的作用下，危险源转化为危险状态，继而转化为事故。

2. 危险源的类别

根据危险源在事故发生、发展中的不同作用，可把危险源划分为两大类别，即第一类危险源和第二类危险源。

（1）第一类危险源　根据能量意外释放论，事故是能量或危险物质的意外释放，作用于人体的过量的能量或干扰人体与外界能量交换的危险物质，是造成人员伤害的直接原因。于是，把系统中存在的、可能发生意外释放的能量或危险物质称为第一类危险源。

为防止第一类危险源导致事故，必须采取措施约束、限制能量或危险物质，控制危险源。在正常情况下，生产过程中的能量或危险物质受到约束或限制，不会发生意外释放，即不会发生事故。但是，一旦这些约束或限制能量、危险物质的措施受到破坏、失效或故障，则将发生事故。工业生产过程中常见的可能导致各类伤害性事故的第一类危险源见表1-4。

表1-4　第一类危险源

事故类型	能量源或危险物的产生、储存	能量载体或危险物
物体打击	产生物体落下、抛出、破裂、飞散的设备、场所或操作	落下、抛出、破裂、飞散的物体
车辆伤害	车辆，使车辆移动的牵引设备、坡道	运动的车辆
机械伤害	机械的驱动装置	机械的运动部分、人体
起重伤害	起重、提升机械	被吊起的重物
触电	电源装置	带电体、高跨步电压区域
灼烫	热源设备、加热设备、炉、灶、发热体	高温物体、高温物质
火灾	可燃物	火焰、烟气
高处坠落	高度差大的场所，人员借以升降的设备、装置	人体
坍塌	土石方工程的边坡、料堆、料仓、建筑物、构筑物	边坡土（岩）体、物料、建筑物、构筑物载荷
冒顶片帮	矿山采掘空间的围岩体	顶板、两帮围岩
放炮、火药爆炸	炸药	
瓦斯爆炸	可燃性气体、可燃性粉尘	
锅炉爆炸	锅炉	蒸汽
压力容器爆炸	压力容器	内部容纳物
淹溺	江、河、湖、海、池塘、洪水、储水容器	水
中毒窒息	产生、储存、聚积有毒有害物质的装置、容器、场所	有毒有害物质

① 产生、供给人们生产、生活活动能量的装置、设备是典型的能量源。例如变电所、供热锅炉等，它们运转时供给或产生很高的能量。

② 使人体或物体具有较高势能的装置、设备、场所相当于能量源。例如起重、提升机械、高度差较大的场所等，使人体或物体具有较高的势能。

③ 能量载体。指拥有能量的人或物。例如运动中的车辆、机械的运动部件、带电的导

体等，本身具有较大能量。

④ 一旦失控可能产生巨大能量的装置、设备、场所。指一些正常情况下按人们的意图进行能量转换和做功，在意外情况下可能产生巨大能量的装置、设备、场所。例如强烈放热反应的化工装置、充满爆炸性气体的空间等。

⑤ 一旦失控可能发生能量蓄积或突然释放的装置、设备、场所。指正常情况下多余的能量被泄放而处于安全状态，一旦失控时发生能量的大量蓄积，其结果可能导致大量能量的意外释放的装置、设备、场所。例如各种压力容器、受压设备，容易发生静电蓄积的装置、场所等。

⑥ 危险物质。除了干扰人体与外界能量交换的有害物质外，也包括具有化学能的危险物质。具有化学能的危险物质分为可燃烧爆炸危险物质和有毒、有害危险物质两类。前者指能够引起火灾、爆炸的物质，按其物理化学性质分为可燃气体、可燃液体、易燃固体、可燃粉尘、易爆化合物、自燃性物质、忌水性物质和混合危险物质8类；后者指直接加害于人体，造成人员中毒、致病、致畸、致癌等的化学物质。

⑦ 生产、加工、储存危险物质的装置、设备、场所。这些装置、设备、场所在意外情况下可能引起其中的危险物质起火、爆炸或泄漏。例如炸药的生产、加工、储存设施，化工、石油化工生产装置等。

⑧ 人体一旦与之接触将导致人体能量意外释放的物体。例如物体的棱角、工件的毛刺、锋利的刃等，一旦运动的人体与之接触，人体的功能会因意外释放而受到伤害。

第一类危险源的危险性主要表现为导致事故而造成后果的严重程度方面。第一类危险源危险性的大小主要取决于以下几方面。

① 能量或危险物质的量。第一类危险源导致事故的后果严重程度，主要取决于发生事故时意外释放的能量或危险物质的多少。一般来说，第一类危险源拥有的能量或危险物质越多，则发生事故时可能意外释放的量也多。当然，有时也会有例外的情况，有些第一类危险源拥有的能量或危险物质只能部分地意外释放。

② 能量或危险物质意外释放的强度，是指事故发生时单位时间内释放的量。在意外释放的能量或危险物质的总量相同的情况下，释放强度越大，能量或危险物质对人员或物体的作用越强烈，造成的后果越严重。

③ 能量的种类和危险物质的危险性质。不同种类的能量造成人员伤害、财物破坏的机理不同，其后果也很不相同。危险物质的危险性主要取决于自身的物理、化学性质。燃烧、爆炸性物质的物理、化学性质决定其导致火灾、爆炸事故的难易程度及事故后果的严重程度。工业毒物的危险性主要取决于其自身的毒性大小。

④ 意外释放的能量或危险物质的影响范围。事故发生时意外释放的能量或危险物质的影响范围越大，可能遭受其作用的人或物越多，事故造成的损失越大。例如，有毒有害气体泄漏时可能影响到下风侧的很大范围。

（2）第二类危险源　导致约束、限制能量屏蔽措施失效或破坏的各种不安全因素称为第二类危险源，它包括物的不安全因素、人的因素、环境因素。

① 物的不安全因素问题可以概括为物的不安全状态（Unsafe Condition）和物的故障（或失效）（Failure or Fault）。物的不安全状态是指机械设备、物质等明显的不符合安全要求的状态。例如没有防护装置的传动齿轮、裸露的带电体等。在我国的安全管理实践中，往往把物的不安全状态称为"隐患"。物的故障（或失效）是指机械设备、零部件等由于性能低下而不能实现预定功能的现象。物的不安全状态和物的故障（或失效），可能直接使约束、限制能量或危险物质的措施失效而发生事故。例如，电线绝缘损坏发生漏电；管路破裂使其

中的有毒有害介质泄漏等。有时一种物的故障可能导致另一种物的故障，最终造成能量或危险物质的意外释放。例如，压力容器的泄压装置故障，使容器内部介质压力上升，最终导致容器破裂。物的不安全因素问题有时会诱发人的因素问题；人的因素问题有时会造成物的因素问题，实际情况比较复杂。

② 在安全工作中涉及人的因素问题时，采用的术语有"不安全行为（Unsafe Act）"和"人失误（Human Error）"。不安全行为一般指明显违反安全操作规程的行为，这种行为往往直接导致事故发生。例如，不断开电源，就带电修理电气线路而发生触电等。人失误是指人的行为的结果偏离了预定的标准。例如，合错了开关使检修中的线路带电，误开阀门使有害气体泄放等。人的不安全行为、人失误可能直接破坏对第一类危险源的控制，造成能量或危险物质的意外释放；也可能造成物的不安全因素问题，进而导致事故。例如，超载起吊重物造成钢丝绳断裂，发生重物坠落事故。

③ 环境因素主要指系统运行的环境，包括温度、湿度、照明、粉尘、通风换气、噪声和振动等物理环境，以及企业和社会的软环境。不良的物理环境，会引起物的不安全因素问题或人的因素问题。例如，潮湿的环境会加速金属腐蚀而降低结构或容器的强度；工作场所强烈的噪声影响人的情绪，分散人的注意力而发生人失误。企业的管理制度、人际关系或社会环境影响人的心理，可能造成人的不安全行为或人失误。

第二类危险源往往是一些围绕第一类危险源随机发生的现象，它们出现的情况决定事故发生的可能性。第二类危险源出现得越频繁，发生事故的可能性越大。

（3）危险源与事故发生的关联性　一起事故的发生是两类危险源共同作用的结果。第一类危险源的存在是事故发生的前提，没有第一类危险源就谈不上能量或危险物质的意外释放，也就无所谓事故；另一方面，如果没有第二类危险源破坏对第一类危险源的控制，也不会发生能量或危险物质的意外释放，第二类危险源的出现是第一类危险源导致事故的必要条件。在事故的发生、发展过程中，两类危险源相互依存、相辅相成。第一类危险源在发生事故时释放出的能量，是导致人员伤害或财物损坏的能量主体，决定事故后果的严重程度；第二类危险源出现的难易，决定事故发生的可能性的大小。两类危险源共同决定危险源的危险性。第二类危险源的控制应该在第一类危险源控制的基础上进行，与第一类危险源的控制相比，第二类危险源是围绕第一类危险源随机发生的现象，对它们的控制更困难。根据危险源主要危险物质能量类型，将危险源分为物质型危险源、能量型危险源和混合型危险源。根据危险源主要危险物质能量存在时间长短，将危险源分为永久性危险源和临时性危险源。根据危险源主要危险物质能量的种类和数量及存在空间位置是否发生变化，将危险源分为静态危险源和动态危险源。危险源发生事故的主要事故类型，可以参照《企业职工伤亡事故分类标准》（GB 6441—1986），将危险源分为 20 类。根据生产系统危险源现场有无人员操作，将危险源分为有人操作危险源和无人操作危险源两类。

三、重大危险源

《中华人民共和国安全生产法》第九十六条规定，重大危险源是指长期地或者临时地生产、搬运、使用或者储存危险物品，且危险物品的数量等于或者超过临界量的单元（包括场所和设施）。《危险化学品重大危险源辨识》（GB 18218—2014）规定，危险化学品重大危险源是指长期地或临时地生产、加工、使用或储存危险化学品，且危险化学品的数量等于或超过临界量的单元。单元是指一个（套）生产装置、设施或场所，或同属一个生产经营单位的且边缘距离小于 500m 的几个（套）生产装置、设施或场所。

单元内存在的危险化学品的数量根据处理危险化学品种类的多少区分为以下两种情况。

① 单元内存在的危险化学品为单一品种，则该危险化学品的数量即为单元内危险化学品的总量，若等于或超过相应的临界量，则定为重大危险源。

② 单元内存在的危险化学品为多品种时，则按式（1-1）计算。若满足式（1-1），则定为重大危险源。

$$\frac{q_1}{Q_1}+\frac{q_2}{Q_2}+\cdots+\frac{q_n}{Q_n}\geqslant 1 \tag{1-1}$$

式中　q_1，q_2，$\cdots$，q_n——每种危险化学品实际存在量，t；

Q_1，Q_2，$\cdots$，Q_n——与各危险化学品相对应的临界量，t。

第三节　事故管理的概念、任务与目的

一、事故管理的概念

事故管理是指对事故的抢救、调查、分析、研究、报告、处理、统计、建档、制定预案和采取防范措施等事故发生后的一系列工作与管理的总称。根据国内多年来事故管理的经验，其主要内容可概括以下几点。

① 通过对发生事故中人员和财产的抢救，了解事故的发生因素，为制定事故应急救援预案提供经验，对于防范事故与人员的逃生避难有了借鉴与教训。

② 根据事故的调查研究、统计报告和数据分析，从中掌握事故的发生情况、原因和规律，针对生产工作中的薄弱环节，有的放矢地采取避免事故的对策，达到"吃一堑，长一智"，防止类似事故重复发生的目的。

③ 通过事故管理，为制定或修改有关安全生产法律、法规和标准以及安全操作规范，提供科学依据和真实数据。

④ 通过事故管理，可以使广大人民群众或员工受到深刻的安全教育，吸取事故教训，提高遵纪守法和按章操作的自觉性，使管理人员提高对安全生产重要性的认识，明确自己应负的责任，提高安全管理水平。

⑤ 通过事故的调查研究和统计分析，可以反映一个企业、一个系统或一个地区的安全生产水平和工作成效，找到与同类企业、系统或地区的差距。伤亡事故统计数字是检验其安全工作好坏的一个重要标志。

⑥ 通过事故的调查研究和统计分析，可以使国家和领导机构及时、准确、全面地掌握某地区或某系统安全生产状况，发现问题，并做出正确决策，有利于监察、监督和管理部门开展工作。

本书所指的事故管理是指一切与劳动安全卫生有关的事故。工矿商贸企业的事故管理应防微杜渐，从险肇事故抓起，方能全面防止事故的发生。其管理对象包括设备故障、事故或操作失误、未遂事故、火灾事故、爆炸事故、交通事故和各类伤亡事故。

二、事故管理的基本任务

1. 进行事故的调查与处理

事故是人们在进行生活或生产活动过程中，违背客观事实或科学规律所受到的惩罚与教

训，事故又是强迫人们必须接受的最真实、最现实的"科学试验"，它蕴藏着丰富的经验、教训、知识和新课题。所以，认真总结事故教训和防范事故的经验，研究事故发生特点，找出事故发生规律，避免事故发生，是事故管理者的基本任务和责任。事故发生之后，对事故进行周密的调查和事故现场勘察是十分必要的，包括必要的技术鉴定、各种试验、原因分析，填写事故报告，提出改进方案或防范措施以及预防对策，并且进行结案和归档处理等。尤其是对事故责任者的处理，应该严格按照国家有关法律法规进行严肃处理，不能大事化小，小事化了。

2. 进行事故的统计与分析

事故资料是血的教训的记录，是一个地区、一个行业和一个企业防范事故或灾难的无价之宝，收集并整理事故的有关原始资料（一般以伤亡事故为重点，兼顾重伤、轻伤和重大人身险肇事故），运用数理统计的方法进行数据处理，并进行综合分析、比较、评价，从而找出事故的发生规律，进行事故预测、预防。所以保管好事故资料相当重要。

3. 进行事故隐患治理和事故预防

根据事故发生的特点，找出事故发生的规律，进行针对性的安全检查和事故隐患治理与整改，从技术、管理及教育等方面，制定预防事故的措施计划，并尽快地组织计划落实和完成。对于较大的事故隐患或暂时难以整改的事故隐患，必须认真积极建立健全治理的计划或方案和防范措施，并建立档案，以备查阅。

4. 进行安全教育与安全培训

事故管理的另一个重要任务，就是运用发生的事故实例或典型，进行及时的安全教育或安全培训，及时吸取事故教训，防止类似事故重复发生，警钟长鸣。

5. 进行事故应急救援预案的研究

"凡事预则立，不预则废。"通过大量事故的调查研究和进行的事故管理，为全面防范事故、制定切实可行的事故应急救援预案提供借鉴或经验。

三、事故管理的特点与目的

① 事故管理，是研究负效益和低概率的事件，是一种特殊的技术管理工作。事故是"有害无益"的，一般很少出现事故。事故管理就是专门研究这种所谓"有害无益"而又极少出现的事件。如果对事故研究得不透，要想根除事故，减少伤亡，搞好安全生产，是不可能的。所以安全（工业安全、交通安全和社会安全）是一个国家兴旺发达的保障。

② 在阐明事故原因和制定对策时，通常涉及的知识面很广，要求从事该项工作的人员必须具备综合性的科学知识。只有具备必要的多学科知识，才能正确地分析、判断事故的现象与原因，提出有效和可行的防范事故对策。例如，以人作为研究对象时，通常要具备诸如人机工程学、劳动卫生学、病理学、生理学、心理学等知识，有时还要具备管理学、法学等社会科学知识。所以，事故管理工作并不是一般工程技术人员所能完全胜任的工作。安全工程学是一门系统工程学，并不是可有可无的学科或技术。

③ 事故管理工作的目的，主要在于防范、减少或消灭事故，保护人民生命与财产的安全，提高经济效益，促进生产发展，保障国家的建设顺利。因此，弄清事故的真正原因以及产生的过程，找到事故发生的规律，制定切实可行的防范措施是其主要任务。

④ 通过对事故这门技术的研究，可以预测未来可能发生的事故，从而达到防患于未然，做到有备无患。它不仅能使现有的生产得以正常、安全地进行，而且还为保证生产和社会稳

定而制定的事故应急救援预案提供可靠信息；同时还孕育着新工艺、新技术的开发。有了这门技术，工业才会发展与进步，国家的安全生产才会有保障。

因此，我国 21 世纪初成立了独立的专门的安全生产监督管理总局，从事事故和安全管理的研究与领导工作。尤其是国家最近几年出台的《中华人民共和国矿山安全法》《中华人民共和国劳动法》《中华人民共和国安全生产法》和《中华人民共和国突发事件应对法》等法律，为事故管理和事故研究提供了法律支撑。

第二章

事故形成及原因

第一节 事故的特性

本书重点讨论的是生产事故和与此相关的各类伤亡事故。事故也同世界上任何事物一样，具有其自己的特性或规律。只有了解了事故的特性或规律，才能采取有效的措施或方法，预防和减少事故及其造成的各方面损失。一般地说，事故具有以下三个重要特性或规律。

一、事故的因果性

所谓事故的因果性，就是说一切事故的发生，都是由于事故各方面的原因相互作用的结果。也就是说，绝对不会无缘无故地发生事故。大多数事故的原因都是可以认识的。事故给人们造成的直接伤害或财产损失的原因，是比较容易掌握或找到的，这是因为它所产生的后果是显而易见的。但是比较复杂的事故，要找出究竟是何原因，又是经过何种过程而造成这样的后果，并非是一件容易的事，因为很多事故的形成是由于有各种因素同时存在，并且它们之间存在相互制约的关系。当然，有极少的事故，由于受到当今科学、技术水平的限制，可能暂时分析不出原因。但实际上原因是客观存在的，这就是事故的因果性。事故的因果性表明事故的发生是有其规律的必然性事件。

所以，事故发生后，深入剖析其事故的根源，研究事故的因果关系，根据找出的事故因果性制定事故的防范措施，防止同类事故重演或发生是非常重要的。

二、事故的偶然性

事故是由于客观某种不安全因素的存在，随着时间进程产生某些意外情况而显现的一种现象。所以说事故的发生是随机的，即事故具有偶然性。然而，事故的偶然性寓于必然性之中。用一定的科学手段或事故的统计方法，可以找出事故发生的近似规律。这就是从事故的偶然性中找出了必然性和认识了事故发生的规律性。了解了这一点，也就明白了倘若生产过程中存在着不安全因素（危险因素或事故隐患），如果不能及时治理或整改，则必然要发生事故，至于何时发生何种事故，则是偶然的事情。所以，科学的安全管理，就应该及时地消除生产中的不安全因素或事故隐患，就是根据事故的必然性规律消除事故的偶然性。

三、事故的潜伏性

一般情况下，事故都是突然发生的。事故尚未发生或造成损失之前，似乎一切都处于"正常"和"平静"状态，但是，这并不意味着不会发生事故。只要存在事故隐患或潜在的危险因素（不安全因素），并没有被认识或没被重视或进行整改，随着时间的推移，一旦条件成熟（被人的不安全行为或其他的因素触发），就会显现而酿成事故，这就是事故的潜伏性。

事故的潜伏性还说明一个最重要问题，就是事故具有一定的预兆性，因为事故潜伏，既然已经存在了，在等待一定的时机或条件爆发，这"等待"的过程就有可能发出一些预兆。大量的事故调查和实践已经证明，事故在发生之前都是有预兆发出的（有的是长时间的，有的是瞬间的），可惜很少被人们认识或捕捉。

所以，安全管理中的安全检查、检测与监控，就是寻找事故的潜藏性或潜伏性和事故预兆，从而全面地根除事故，保证生产或人们的生活正常进行。

第二节 事故形成的原因与过程

一、事故是原因的表现

事故与任何事物一样，有着它固有的因果联系和制约表现形式。众所周知，一种现象必然是由另一种现象引起的，同时它又总会引起其他一些现象。人们把引起某种现象的现象叫做原因，把被某种现象引起的现象叫做结果。例如风吹草动，风吹是草动的原因，草动是风吹的结果。又如水涨船高，水涨是船高的原因，船高是水涨的结果。再如某企业发生一氧化碳中毒伤亡事故，事故的直接原因是高浓度的一氧化碳气体泄漏和人员在场（当然还有其他间接原因），结果是人员中毒伤亡。所以，一般情况下，事故和事物的发生，都是有其前因后果的，没有原因的现象和没有结果的现象都是不存在的。虽然在实际的生活、生产或自然界中有些事故的原因暂时还没有被人们所揭示，但是肯定是客观存在的，随着科学技术的进步与发展，终究是会被发现的。事故管理的任务，首先就在于研究或揭示出事故的因果联系和事故的内在规律，从而采取针对性的预防措施，防止事故的发生，保障生活或生产过程顺利进行。

二、事故形成的过程

通过对事故的研究发现，事故同其他事物一样，也有其形成、发展和消亡的过程。事故的形成与发展，一般可归纳为三个阶段，即孕育阶段、生长阶段和损失阶段，各阶段都具有自己的规律或特点。

（1）孕育阶段 事故的发生有其基础原因，从宏观上讲，即国家的社会因素和上层建筑方面的原因。如地方保护主义，片面追求高额的利润，突击建成的形象工程，突击出来的生产政绩和急功近利行为等，由此而产生的各种建设工程、各种设备在设计和制造过程中便潜伏着危险和存在着各类事故隐患。这些就是事故的最初阶段。此时，各类事故处于无形阶段，人们可以感觉到它的存在，估计到它会必然要出现，而难以指出它的具体形式或表现方式。

（2）生长阶段　在此阶段便出现了地方、部门、行业或企业管理上的失误、缺陷或混乱，不安全状态和不安全行为等不安全问题得以滋生和发生，各类事故隐患不断形成，越积越多，特别是又不能得到及时解决。这些隐患就是"事故苗子"的表现。在这一阶段，各类事故正处于萌芽状态，甚至事故已经开始发生（大量的险肇已开始出现）。此时，人们可以具体指出它的存在。有经验的安全工作者可以预测到事故或事故将要发生。

（3）损失阶段　当建设工程、设备设施和生产中的事故隐患或危险因素被某些偶然事件触发时（人为或环境因素，如大风、大雨、大雪等），就会发生事故。包括肇事人的肇事，起因物的加害和环境的影响，使事故发生并扩大，造成人员伤亡或经济损失，或两者同时出现（甚至出现了事故高峰期）。

第三节　事故形成的四项基本原因

发生事故的原因是一个非常重要而又复杂的问题。这里运用系统工程的逻辑思维方法，从本质上予以分析和阐述。经过对大量事故的剖析得知，工业伤亡事故（人为事故）是否会发生，主要取决于人、物、环境和管理等四项基本原因（因素），并且它们之间具有极大的复杂性和相互关联性。

一、事故形成的四项基本原因及其关系

生产过程中事故的表现形式是多种多样的，事故的原因也是非常复杂的。但是，就一个企业或一个部门来说，生产用的原材料和工艺是由这个企业或部门生产的产品所决定的，生产车间或操作工人是无法改变的。所以，系统工程的分析观点认为：触发事故的真正原因不外乎由四大部分组成（图 2-1），即由生产过程中物的不安全状态、环境的不安全因素、人的不安全行为和管理缺陷（混乱）所构成。

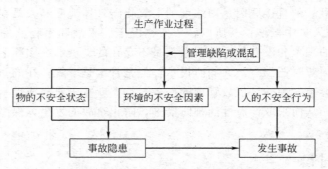

图 2-1　事故发生的基本规律模型

那么，在这四项因素（原因）中，它们之间又有什么关系呢，哪一项因素（原因）会起到主导作用呢？通过图 2-1 和图 2-2 可以直观地看出：管理缺陷是随时制约着物的（物质、设备的）不安全状态、环境的不安全因素和人的不安全行为，它们之间的关系如同事故树中的条件或门的逻辑关系那样严密。

根据图 2-2 的事故致因模式，运用布尔代数原理，可以写成如下数学方程式：

$$T=x_1(x_2+x_3+x_4)=x_1x_2+x_1x_3+x_1x_4$$
$$T=x_1x_2+x_1x_3+x_1x_4 \tag{2-1}$$

式中　T——生产过程中的事故（伤亡事故或险肇事故）；

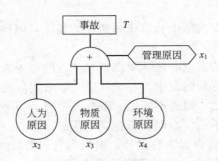

图 2-2　事故致因模式

x_1——事故的管理原因；

x_2——事故的人为原因；

x_3——事故的物质原因；

x_4——事故的环境原因（工作环境和自然环境）。

由图 2-2 和上述方程式（2-1）看出：管理原因与其他任何一种原因结合，都会引起事故的发生。换句话说，只要在生产作业过程中存在着管理缺陷或混乱，就会导致人为或物质或环境不良因素的构成，引起顶上事件——事故的发生。所以，错综复杂的事故，从本质上分析都离不开这几种原因，而且能够制约这几种原因的则是管理因素。这便是事故的致因模式，也是事故发生的基本原理或规律。

由图 2-1 和图 2-2 中会明显地看出，在生产过程中发生的事故，都是由于事故隐患转化为事故而造成的。事故隐患则是伴随着生产过程而存在的事故可能性，它是由物质及环境因素的不安全状态和管理缺陷相互作用而形成的。这种事故隐患一旦被人的不安全行为或环境因素（如风、雨、雪、冰冻或热度等）所触发，就必然发生事故。有位安全专家对我国县以上企业发生的 115 例重大与特大伤亡事故进行分析，结果发现，造成事故的原因属于管理混乱、缺乏现代企业管理理论指导和安全生产管理落后的占 80％左右。所以，管理好与坏、管理人员素质的高与低，是一个企业或一个地区事故发生率多与少的重要条件（因素）。

二、事故的人为原因

所谓事故的人为原因，是指人的不安全行为，即能够造成事故的人为错误或人为失误。生产中发生的各类事故，究其原因，不管是直接原因还是间接原因，都可以说与人的不安全行为，即与人的失误或与人的因素有关。例如，人的失误可以导致物的不安全状态，也可能出现管理上的缺陷或失控，还可能形成事故隐患并触发事故隐患成为事故。人之所以成为发生事故的原因之一，是由于人与人之间存在着差异，有时这些差异还会很大。但是，对于这种简单而又明显的现象，反而常常被忽视。产生人的差异的因素很多，下面简单归纳出几项。

（1）身体因素　人的身体高矮、智商高低、反应快慢、视力强弱、听力好坏、辨色能力等差异，都是由生物学所决定的，是属于先天性的范畴。

（2）社会因素　人，不仅是一个单纯的自然人，而且还是一个处在特定历史条件下的社会人。由于每个人的经历、所受的教育程度和处境不同，所积累的经验、教训、技能、观念等也不尽相同。政治、经济、道德、法律、准则、教育、家庭都是引起人的差异的因素，这是属于后天性的范畴。

（3）家庭内在因素　即人的饮食、药物、疲劳、疾病等因素，也会在或长或短的时间内引起人的差异或行为不同。

（4）生物节律的因素　即人的生物节律周期性的变化，同样也会引起人的差异以及人本身在不同时间和年份上的差异。

（5）心理因素　即从人的安全心理学观点来看，人的行为来自于动机，而动机又产生于需要，并促成实现其目的的行为的发生。心理反应与客观实际相结合的程度越高，则人的行为的安全可靠性就越大；反之，则越不安全。事故发生时。当事人的心理过程是不完全一样的。据不完全统计，常见的不正常心理状态有以下几种：

① 盲目自信，这种人通常自以为有经验，误认为自己的行为绝对安全可靠；

② 虽然知道危险存在，但对危险的程度认识不足；

③ 根本不知道已经存在的危险；

④ 安全生产的思想意识差，不考虑是否有危险；

⑤ 凭经验办事，自以为工作简单或有经验；

⑥ 随大流或凭侥幸心态去应付危险或事故隐患。

除从人的心理角度去分析人的不安全行为以外，还可以从人的安全态度、安全技术能力、身体素质等角度去进行分析。事故与不安全行为，两者既有联系，又有区别。可以说，一切事故都是由人的不安全行为开始的，但是，并非一切不安全行为都是以伤害事故而告终的。

对于人的不安全行为，国家进行了专门研究总结。中华人民共和国国家标准《企业职工伤亡事故分类标准》（GB 6441—86）做出了明确的划分与总结。

人的不安全行为方式有以下几个方面。

（1）操作错误，忽视安全或警告：

① 未经许可开动、关停、移动机器；

② 开动、关停机器时未给信号；

③ 开关未锁紧，造成意外转动、通电或泄漏等；

④ 忘记关闭设备；

⑤ 忽视警告标志、警告信号；

⑥ 操作错误（指按钮、阀门、扳手、把柄等的操作）；

⑦ 奔跑作业；

⑧ 供料或送料速度过快；

⑨ 机器超速运转；

⑩ 违章驾驶机动车；

⑪ 酒后作业；

⑫ 客货混载；

⑬ 冲压机作业时，手伸进冲压模；

⑭ 工件紧固不牢；

⑮ 用压缩空气吹铁屑；

⑯ 其他。

（2）处置不当造成安全装置失效：

① 拆除了安全装置；

② 安全装置堵塞，失去作用；

③ 由于调整错误造成安全装置失效；

④ 其他。

（3）使用不安全设备：

① 临时使用不牢固的设施；

② 使用无安全装置的设备；

③ 其他。

（4）用手代替工具操作：

① 用手代替手动工具；

② 用手清除切屑；

③ 不用夹具固定，用手拿工件进行加工。

（5）物体（指成品、半成品、材料、工具、切屑和生产用品等）存放不当。

（6）冒险进入危险场所：

① 冒险进入涵洞；

② 接近漏料处（无安全设施）；

③ 采伐、集材、运材、装车时，未脱离危险区；

④ 未经安全监察人员允许进入油罐或井下；

⑤ 未"敲帮问顶"便开始作业；

⑥ 冒进信号；

⑦ 在调车场超速上下车；

⑧ 易燃易爆场合有明火；

⑨ 私自搭乘矿车；

⑩ 在绞车道行走；

⑪ 未及时瞭望。

（7）攀、坐于不安全位置（如平台护栏、汽车挡板、吊车吊钩）。

（8）在起吊物下方作业或停留。

（9）机器运转时，进行加油、修理、检查、调整、焊接、清扫等工作。

（10）有分散注意力的行为。

（11）在必须使用个人防护用具的作业场所，忽视其使用：

① 未戴护目镜或面罩；

② 未戴防护手套；

③ 未穿安全鞋；

④ 未戴安全（工作）帽；

⑤ 未佩戴呼吸护具；

⑥ 未佩戴安全带；

⑦ 其他。

（12）不安全装束：

① 在有旋转部件的设备旁作业时穿过于肥大的服装；

② 操纵带有旋转部件的设备时戴手套；

③ 其他。

（13）对易燃、易爆等危险品处置不当。

了解并掌握不安全行为，就能在工作中防止自己出现不安全行为。例如，知道了不安全行为中有"开动、关停机器时未给信号"这一项，那么，在今后的工作中，在开动机器、设备前，就会先给信号。所以，了解不安全行为的内容，就要在工作中加以抵制与克服不安全行为，以避免由于人的不安全行为而引起各类伤亡事故。

三、事故的管理原因

目前有些人，尤其是一些权威人士认为，事故的发生基本是由人、物或者环境等因素引起的，即由人的不安全行为、物的不安全状态、环境条件的不安全因素所致，认为管理原因不是事故的主导之因。但是对事故的进一步深入分析后可以发现，发生事故的根本原因多数是管理上的失误和缺陷或混乱。

例如，在某个乡镇的煤矿企业，不到两年的时间内发生了三起伤亡事故（其中一起为较大事故），事故的处理结果都是员工违章搭乘矿车而致。事故接连不断地发生，是员工不爱惜自己的生命、人的不安全行为所致，还是安全教育不够或管理有问题呢？通过对该镇的几家煤矿企业深入调查发现，矿上所使用的安全保险车已经损坏不用，承包的矿主又无心或无能力购买新的安全保险车，矿工在井下强体力劳动了一天，下班后已无力再爬走上百米的斜井出井，便搭乘运煤的矿车出井。根据《矿山安全法》和《煤矿安全规程》，矿山开采必须设立员工出入井的安全保险车。应该说这是煤矿企业严重的管理不到位而导致的伤亡事故。

安全管理的内容是极其丰富的。如生产计划、生产设计、劳动组织是否合理，是否对员工进行了安全教育与训练，安全规章制度是否建立健全，采用的设备设施是否安全（安全系数多大，是否为假冒伪劣产品），使用的设备设施是否按要求进行维修、更新或报废等。

事故的管理原因，是指管理者的管理不到位、错误指令和错误操作或管理活动中存在的问题与隐患，以及急功近利行为，主要包括如下基本内容。

① 技术上的缺陷，如工业建筑、构筑物、机械设备、仪器仪表、生产工艺流程、操作方法、维护检修等的设计、布置和材料使用、存放等方面有问题。

② 教育培训不够。操作（工作）人员缺乏安全知识或不懂安全操作技术知识等。

③ 劳动组织不合理，劳动定员和劳动定额存在问题。

④ 对现场工作缺乏检查、指导或错误指导。

⑤ 没有安全操作规程或不健全、不科学；挪用安全措施费用；不认真实施事故防范措施，对事故隐患整改不力。

⑥ 操作（工作）人员身体上、精神上的缺陷，如疾病、听力、视力衰退、疲劳过度等。

可以认为，管理原因和物质技术原因或环境原因的相互结合，就构成了生产中的事故隐患，而当事故隐患偶然被人的不安全行为或自然环境所触发时，就必然会发生事故（见图2-1事故的基本规律综合模型）。所以，这种基本的认识对于分析事故的发生和防范事故是极为重要的，万万不可忽视。例如，2008年1月下旬我国长江以南有的地区下了大雪，导致一些工业建筑，如输送高压电线的铁塔倒塌，造成大面积停电事故等。从管理的角度分析事故的出现，就应该在铁塔设计和选用材质上考虑自然环境方面的因素，从而增大安全系数，防止类似事故重复发生（因为在雪下的更大的我国东北地区，此类事故则很少出现）。

四、事故的物质原因

所谓事故的物质原因，是指物质的不安全状态，即发生事故时所涉及的物质。它除了生产过程中的原料、燃料、半产品、产品、副产品、废水、废气、废渣、机械设备、工具、附件等与生产有直接关系的物质以外，还包括其他非生产性物质。一般情况下，事故所涉及的物质，要比所涉及的人复杂得多。物之所以成为事故的原因，是由于物质的固有属性及其具有的潜在破坏能力所构成的危险因素的存在。常见的各种储存能量的物质，如炸药、焦炭、铝粉、煤粉、氧气、氢气、一氧化碳、铁水、液态炉渣等，它们分别具有化学能、热能，在一定条件下会爆炸、燃烧。又如锅炉、液化气罐、压力（工业）管道、空气压缩机械装置等，在使用过程中，由于压力剧烈波动，或受压容器本身的设计、制造有缺陷，或材质选择不当，发生老化、开裂、腐蚀等，都有可能引起爆炸或事故。能量也是一种物质，如电能、热能、化学能、辐射能、机械能、生物能等。在能量传递过程中，逸散是不可避免的，由于能量逸散而造成伤害的例子遍布于各行各业的事故之中。因此，有人曾从能量学说的观点出发，分析、研究事故发生的内在联系，以及各事故之间的转换规律，提出相应的预防对策，也是很有道理的。各种能量在一定条件下相互转换的过程中，如果人介入其中或操作不当，就会对人体造成伤害。因此发生的各类事故（伤亡事故）已屡见不鲜。应该指出的是，物的不安全状态是随着生产过程中物质条件的存在而存在的，并且会随着作业方式、作业时间、工艺条件等因素的变化而变化。例如，在高炉喷吹粉煤的工艺中，粉煤球磨机的出口温度以及粉煤仓、布袋除尘器、喷吹罐等设备的温度，必须控制在一定的范围内，否则就可能发生爆炸事故。

对于机器设备，在调整或修理工作后的开始阶段，通常具有较高的可靠性和安全性，而经过一段时间的使用、运转后，由于一些物理和化学的因素，如磨损、腐蚀、疲劳、老化等，其使用的安全性能便会逐渐降低。如果不能及时进行维护和修理或按要求报废，随着使用时间的延长，最终必然会发生事故。这是一种不可抗拒的规律，安全工程的这种观点必须严格遵守，已经和正在发生的事故已经做了证明。

综上所述，可以认为，物的不安全状态是构成事故的物质基础。它可以由一种不安全状态转变为另一种不安全状态，也可以由一种物质传递给另一种物质。事故的严重程度是随着物质的不安全程度的增大而增大的。从某种意义上说，生产发展和技术进步的过程，就是人们对物的不安全状态不断认识并逐步克服的过程。当物质的不安全状态未被人们认识的时候，在一定的条件下可以直接转化为事故；而当人们对它有了认识以后，就可以恰当地采取对策，防止事故，甚至还可以为人们造福。

物的不安全状态，就是指能够导致事故发生的物质条件。《企业职工伤亡事故分类标准》（GB 6441—86）已做出了明确的分类和系统的总结，下面列举一部分。

1. 防护、保险、信号等装置缺乏或有缺陷

（1）无防护：

① 无防护罩；

② 无安全保护装置；

③ 无报警装置；

④ 无安全标志；

⑤ 无护栏或护栏损坏；

⑥ 电气装置未接地；

⑦ 导线绝缘不良；

⑧ 电扇无消音装置，噪声大；

⑨ 在危房内作业；

⑩ 未安装防止"跑车"的挡车器或挡车栏；

⑪ 其他。

（2）防护不当：

① 防护罩未在适当位置；

② 防护装置调整不当；

③ 坑道掘进、隧道开凿支撑不当；

④ 防爆装置不当；

⑤ 采伐、集材作业安全距离不够；

⑥ 放炮作业隐蔽所有缺陷；

⑦ 电气装置带电部分裸露；

⑧ 其他。

2. 设备、设施、工具、附件缺陷

（1）设计不当，结构不符合安全要求：

① 通道门遮挡视线；

② 制动装置有缺陷；

③ 安全间距不够；

④ 拦车网有缺陷；

⑤ 工件有锋利毛刺、毛边；

⑥ 设施上有锋利倒棱；

⑦ 其他。

（2）强度不够：

① 机械强度不够；

② 绝缘强度不够；

③ 起吊重物的绳索不符合要求；

④ 其他。

（3）设备在非正常状态下运行：

① 设备带"病"运转；

② 超负荷运转；

③ 其他。

（4）维修、调整不当：

① 设备失修；

② 地面不平；

③ 保养不当，设备失灵；

④ 其他。

五、事故的环境原因

在前面所列举的一系列不安全行为是事故发生的重要原因，经常在事故原因分析中得到运用。但是，有的事故分析中，有的人则一概指责作业者或事故直接责任者是"粗心大意""疏忽""精力不集中"或"违章"，然而却看不到是什么样的条件或环境以及什么原因容易使人产生"不注意""疏忽"或"违章"。从表面看，人的过失似乎是明显的，但造成过失的背景却是不易接受或难以理解的环境条件，应当指责的是这种环境条件，而不是作业人员，否则，事故分析就会偏离方向，类似的事故还会发生。

例如，某企业厂区铁路转弯处的两旁建有房屋，并栽种有树木（已长大成林），某员工在横过铁路时，被突如其来的机车碾死。在分析这起事故时，有人认为是该员工"不注意"，指责他不观望清楚就通行，应当自负其责；有人却认为是司机的过失，指责司机"疏忽"，事故责任者应当是司机。实际上这些人的分析都是片面的、肤浅的，因为他们忽视了现场的"实际环境"和"人的视线是直的"这一基本事实。在事故现场，建筑物及树木挡住了司机和受害者的瞭望视线，才是造成事故的真正原因（对于此类事故，当真正解决了不安全的环境问题时，事故可以杜绝）。所以，虽然多数事故的直接原因是人的不安全行为产生的，然而不安全的环境这一客观原因却是首先要考虑的。因此，创造良好的生产和生活环境，对于保障人的安全是十分重要的（能否创造良好的安全环境，又是管理问题）。

通常情况下，可以把环境分为以下几种类型。

1. 社会环境

社会环境属于基础原因，包括政治、教育，上层建筑，经济基础，分配制度，所有制形式，劳动制度，监督、检查制度，培训制度，道德与法律，是非标准，生产力，风俗和习惯，信仰和观念，人的生理、心理、体质及家庭等。

2. 自然环境

通常所说的自然环境，就其范畴而言，一般包括地形、地貌、地温、地质、岩性、滑坡气温、大气湿度、风力、风向、气压、下雨、下雪、冰雹、冰霜、冰冻、洪水、天气阴晴和潮水涨落等自然规律或自然环境的变化。在工程设计和工业建筑以及生产活动中，必须考虑自然环境中各类因素的变化和影响，加大安全系数和防范事故措施。

3. 生产环境

为了满足和适应生产的需要，必须人为地制造一个特殊的人工环境，即通常所说的生产环境。在生产环境中，生产作业需要不断地输入能量，而在能量流动的过程中，难免会或多或少地出现能量逸失现象。例如，以输送到起重机机械体系中的机械能为100%，那么在齿轮和轴承部分大约要消耗12%，吊绳质量的提升部分大约要消耗3%，损失在电机上的能量约占14%，损失于磁力制动器上的能量约为1%，而真正用于提升重物的能量只有70%。此外，生产环境中，工作车间的平面和空间，布置着形形色色的管道、线路，安装着各式各样的机械、设备。这些机械和设备有的是固定的，有的是转动或平动的。它们或者存在着局部过热、过冷现象，或者产生振动与噪声，或者泄漏毒气、粉尘；还有作业场地的色彩、照明、温度、湿度、通风条件等。在这种环境中，如果人们按照生活环境（社会环境及自然环境）的习惯去处理问题，则常常会发生急性伤害事故。因此，必须高度重视这一因素（在实际生产中发生的煤气中毒事故、矿井炮烟中毒事故、气体中毒和粉尘爆炸事故等，已屡见不鲜）。生产环境虽然不同于社会环境和自然环境，但生产环境却受社会环境与自然环境的影响和约束。对于同一生产企业或生产流程而言，由于社会环境及自然环境的不同，所形成的生产环境也就完全不同。环境原因十分重要，在某种条件下是决定事故多少的一个重要因素。社会环境和自然环境是通过生产环境反映出来的，同时生产环境也是事故的最主要原因，所以国家有关部门对此进行了专门研究，下面列举一部分。

生产场地是员工直接从事生产工作的场所，其环境的优劣直接影响到产品的质量和事故率的高低，所以生产场地环境的优劣至关重要。生产（施工）场地环境不良包括如下几方面。

（1）照明不良：

① 照度不足；

② 作业场地烟、雾、尘弥漫，视物不清；

③ 光线过强。

（2）通风不良：

① 无通风；

②　通风系统效率低；

③　风流短路；

④　停电停风时放炮作业；

⑤　在瓦斯排放未达到安全浓度的情况下放炮作业；

⑥　瓦斯超限；

⑦　其他。

（3）作业场所狭窄。

（4）作业场所（地）杂乱：

①　工具、制品、材料堆放不安全；

②　采伐时未开"安全道"；

③　迎门树、坐殿树、搭挂树未做处理；

④　其他。

（5）交通线路的配置不安全。

（6）操作工序设计或配置不安全：

①　地面有油或其他液体；

②　冰雪覆盖；

③　地面有其他易滑物。

（7）储存方法不安全。

（8）环境湿度、温度过高或过低。

第四节　事故的直接和间接原因及其关系

在上节中是按照事故形成的原因找出了事故的四项基本原因，在事故管理中，尤其是在具体的事故分析以及事故的报告中，是按照事故的性质来划分事故原因的。即在实际的工作中必须找出事故的直接原因和事故的间接原因，以便分清事故的最直接和真正的触发原因，从而采取切实可行的防范措施，防止类似的事故重复发生。换句话说，上述的四项基本原因，不可能都是事故的直接原因，必须是根据每次事故的实际情况，从中找出一到两条或三条最具体、最直接的原因。

一、事故的直接原因

事故的直接原因又称为一次原因，是指直接导致事故发生的原因，或者说是在时间上最接近事故发生的原因。前面所谈的人的不安全行为（人的原因）、物（物的原因）的不安全状态、环境的不安全因素（环境原因）和管理缺陷与混乱（管理原因），基本上都属于事故的直接原因。但是，必须根据具体的事故，进行具体的分析，从而确定具体的直接原因，不能统统予以确定。所以对事故进行严肃而细致的分析是非常重要的。需要说明的是，事故的管理原因既是直接原因，在某种情况又是间接原因。但是一般情况下，管理原因基本上属于间接原因的范畴之内。

二、事故的间接原因

事故的间接原因，是指引起事故原因的原因。事故是由直接原因产生的，而直接原因又是由间接原因引起的。换句话讲，事故最初就存在着间接原因，由于间接原因的存在而产生了直接原因，然后通过某种触发的加害物而引起了事故发生。间接原因又与人的技术水平、受教育的程度、身体健康状况、精神状况以及管理、社会等因素有关。下面简明扼要介绍几种间接原因。

1. 技术原因

技术原因，是指由于技术上的缺陷引起事故的原因。如工程、装置或设施的设计不合理，没有考虑安全系数和物质的自然规律，结构材料选择不当，设备的检查及保养技术不科学，操作标准技术水平低，设备布置和作业场所（地面、空间、照明、通风技术）有缺陷，机械工具的设计与保养技术不良，危险场所的防护及警报技术不过关，防护设施及用具的维护与使用不当，设置设备的性能存在问题，以及使用的材料达不到要求或者是假冒伪劣材料、产品等。

2. 教育原因

教育原因，主要是指对上岗人员缺乏应有的安全教育。如缺乏安全知识和安全技术教育，对作业过程中的危险性及应当掌握的安全操作、运行方法不了解或安全训练不够，不安全的坏习惯未克服，存在或根本就没有进行安全教育与培训（如采用替考或弄虚作假进行安全培训）等。

3. 身体原因

身体原因，是指操作人员的健康状况。如生病（头痛、头晕、腹痛、癫痫等）、人身体缺陷（色盲、近视、耳聋等）、人疲劳（睡眠不足、局部器官较长时间工作等）、饮食失调（醉酒、饥饿、口渴等）等因素。

4. 精神原因

精神原因，通常分为三种类型：一是精神状态不良，例如思想松懈、反感、不满、幻觉、错觉、冲动、忘却、紧张、恐怖、烦躁、心不在焉等；二是属于性格方面的缺陷，例如固执、心胸狭窄和"内向"，不愿交流等；三是属于智力方面的缺陷，如白痴、脑膜炎患者和反应迟钝等。

5. 管理原因

管理原因，是指管理不善、缺陷与混乱造成的事故。管理原因造成的事故是多种多样的。如领导者的安全责任心不强，安全管理机构不健全，安全技术措施不落实，安全教育与培训不完善，安全标准不明确，安全对策的实施不及时，作业环境条件不良，劳动组织不合理，职工劳动热情不高，管理者的急功近利行为严重等。

6. 社会及历史原因

社会及历史原因，是指造成事故的社会原因和历史原因。社会及历史原因涉及的面很广，情况也比较复杂。如学校对安全教育不重视，国家或政府部门没有切实可行的或没有制定健全的安全法律及政策，安全行政机构不健全，社会对安全的重要性认识不清，生产技术水平落后等。

总而言之，导致事故发生或事故发生的间接原因，大体上是上述诸原因中的一种或几种。在实际的工作中，技术原因、教育原因和管理原因是较经常出现的，身体原因和精神原因也时有出现，而社会及历史原因由来深远，牵涉面较广，直接提出针对性的对策也比较困难。但这绝不是说社会及历史原因就不应当受到重视，恰恰相反，更应当深刻认识并重视社会及历史原因，只有这样，我们国家国民的安全素质才能得到真正提高，事故发生率才会真正彻底减少。

三、事故原因与过程的因果关系

据上面事故原因的分类，可以找出事故原因及事故发展过程的因果关系。依据这种关系，人们可以去认识和掌握事故，从而指导事故管理工作的开展。事故与原因的关系是：

间接原因（二次原因）—直接原因（一次原因）—起因物—加害物—事故

直接原因多是由间接原因引起的。例如，人的不安全行为可能是由技术原因引起的，也可能是由教育原因引起的，或者是由身体原因、精神原因及管理原因引起的。因此，在事故分析中，一概指责作业者失误或违章的做法是片面的，因为这常常不是事故的真正原因和全部原因。实践已经证明，显而易见的原因很少是事故的真正原因，必须进行全面的、深入的调查和分析，才能找出事故的根本原因。图 2-3 是事故原因与事故过程关系的示意图。

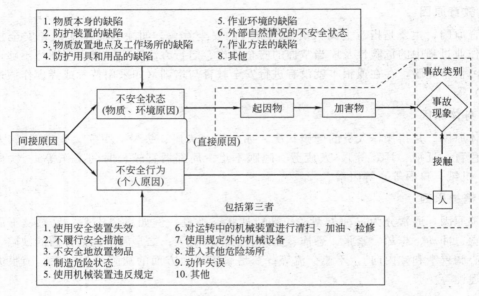

图 2-3　事故原因与事故过程关系示意图

必须强调的是，物质与环境条件的不安全状态同管理缺陷相结合，就构成了生产过程中的事故隐患。而事故隐患一旦被人的不安全行为或其他因素所触发，就必然发生事故（图 2-1）。有了这种基本认识，对于分析事故的产生和防范是极为重要的。下面依据事故流程讲解事故的起因物和事故的加害物。

1. 事故的起因物

事故的起因物，是指导致事故发生的物体。一般把起因物分为以下几大类：

（1）机械、装置、工具；

（2）建筑物、构筑物和临时设施；

（3）不适用或有缺陷的安全防护装置；

（4）物质、材料；

（5）作业环境；

（6）其他物品。

2. 事故的加害物

事故的加害物是指直接与人体发生碰撞或接触而引起伤害的物体，也称之为事故的危害物。事故的加害物一般也可以同起因物一样，分为 6 个大类。但"不适用或有缺陷的安全防护装置"和"作业环境"成为加害物的情况是少见的。当然，也不能排除它们直接伤害人体的情况。诸如人员作业时可能由于碰到有缺陷的安全罩而引起伤害，安全防护罩坠落引起的人员伤害以及作业场所的强烈噪声，就可能直接引起作业人员的听力功能障碍或导致操作失误（类似这种情况，在管理落后或管理混乱的企业，是时有发生的）。

在同一起事故中，起因物可能又是加害物，但大多数情况下是不一致的。如作业通道上违章堆放的物品，可能因妨碍交通而引起车辆伤害。在此情况下，该物品是起因物，车辆是加害物。如果因物品妨碍了人员通行并导致人员碰到上面的物品而引起了伤害，则该物品既是起因物，又是加害物。当一起事故中有两种甚至多种起因物时，应考虑按起因物而导致事故的严重程度和该起因物对决定事故对策的重要性，来确定它们的主次关系，以防止事故的发生。

总之，了解了事故的这种关系，对于分析和防范事故是非常重要与方便的。

第三章
事故应急救援与处置

第一节　事故应急救援

一、事故应急救援的重要性与紧迫性

1. 事故应急救援的重要性

应急救援是近年来产生的一门新兴的安全学科和职业，是安全科学技术的重要组成部分。事故的应急救援是指通过事故发生前的计划，在事故发生后充分利用一切可能的力量，迅速控制事故的发展，保护现场和场外人员的安全，将事故对人员、财产和环境造成的损失降低到最低程度。安全的本质含义应该包括预知和预测危险，也包括控制和消除危险。由于事故发生的偶然性和复杂性，以目前安全科学的发展水平来看，还不能达到有效预防和预测所有事故的程度，事故的发生难以完全避免。随着科技和经济的发展，现代工业生产中，新工艺、新能源、新材料的应用，以及现代生产过程的大规模化、复杂化和高度自动化，一方面增加了安全工作的未知领域，另一方面也使事故的后果更为严重。另外，城市化是现代社会发展的必然趋势，城市是人口、产业、财富聚集的地区，对各种自然灾害和重大事故有放大作用，随着城市人口数量和人口密度的增高，事故发生的频率越来越高，危害后果也越来越惊人，城市的安全与城市应急救援体系的建立也是当今全世界关注的热点问题。以上几点对安全工作提出了更高的要求，应急救援是必不可少的。

工业化国家的统计资料表明，有效的应急救援系统可以将事故的损失降低到无应急系统的 6%。事实上，应急救援系统的建立与有效运转不仅是社会文明的象征，也是国家综合实力的指标。有效的应急救援，除了能迅速控制事态发展和减少事故以外，对预防事故有着重要作用，也有助于提高全社会的风险防范意识，同时是重大危险源控制系统的重要组成部分。

20 世纪 80 年代以来，相继发生了一系列的灾难性工业事故，尤其是 1984 年 11 月 19 日，墨西哥城发生了液化气爆炸事故，导致伤亡几千人，3 万人无家可归；同年 12 月 3 日，发生了印度博帕尔毒气泄漏事故，因剧毒物质异氰酸甲酯储罐外泄，死亡 3000 多人，20 多万人受害，造成工业史上空前的惨案。根据国际劳工组织统计，平均每年有 130 多万名工人

死于意外事故和与工作相关的疾病,造成的经济损失大约占 GDP 的 4%。随着我国经济的高速发展,各类事故高居不下,平均每年交通事故和工伤事故死亡达 10 余万人,每年发生一次死亡 10 人以上事故 100 多起。仅 2003 年一年,我国就有多起因为没有有效的应急救援系统,从而不能有效地控制紧急事件的发生和发展,导致重大损失的案例。如发生在春季的非典型性肺炎(SARS),对我国的政治、经济和人民的生活产生了巨大的冲击和震撼。另外,回顾过去 1000 年来人类遭受的自然灾害,如 1923 年日本的关东大地震,1976 年我国的唐山大地震,1990 年袭击西欧的暴风雪和 1994 年美国的 Andrew 飓风……。经调查发现,过去千年中,灾害多发于 20 世纪的后 50 年,有些专家指出,全球温室效应使灾害危害更加突出。同时,地震、火山喷发等灾害也十分频繁,人类在新千年中遭受自然灾害的可能性将大大增加。由于重大事故对社会的极大危害,而应急救援工作又涉及多种救援部门和多种救援力量的协调配合,所以,它不同于一般的事故处理,而成为一项社会性的系统工程,受到政府和有关部门的重视。实际上,人们在谈到"应急救援"时,往往有多种理解:一种是"紧急的或急需的帮助(emergency assistance)";另一种是"搜索与营救(search and rescue)",简称搜救;还有一种称为"灾害救援(disaster relief)"。另外,我国也有人将急救医疗救援作为"应急救援"来看待。但严格来说,国外对灾难事故的医疗急救有不同于应急救援的规范的理解,即急救医疗服务(Emergency Medical Service,EMS),无论对应急救援采用哪种理解方式,都离不开 EMS。从以上的几种观点来看,笔者认为"Emergency Assistance"含义的范围较广,理解更为全面。它几乎可以包含所有类型的事件,规模可大可小,涉及人数也可多可少,难度可难可易,可以以有偿的商业运作方式,也可以采用政府运作的方式,全面地体现了现代"应急救援"的丰富内涵和发展趋势。其他的几种理解都仅体现了现代"应急救援"的一部分内涵。

2. 事故应急救援的紧迫性

当今社会科学技术的飞速发展,一方面为人类提供了更多更好的物质生活条件;另一方面现代化大生产又隐藏着非常严重的事故危害。特别是化学工业在生产、储存过程中大量使用、处理易燃、易爆、有毒物料,一旦发生火灾、爆炸、中毒等事故,造成的危害将十分巨大,给人民生命和财产带来巨大损失。例如,1997 年 6 月 27 日,北京东方化工厂由于储罐泄漏,引起储罐区发生火灾爆炸,死亡 8 人,受伤 40 人,炸毁、烧毁储罐 17 个,储料 20000t,损坏罐区大部分设施。由于化学工业在我国的迅速发展,大量危险化学品单位的涌现,再加上城市化发展的必然趋势,加强应急救援已成为一项刻不容缓、迫在眉睫的重要工作。

(1)危险化学品生产经营单位数量多,相对分散。经初步调查,全国现有危险化学品生产、储存、经营、使用、运输和废弃危险化学品处置等单位近 29 万户,其中生产单位近 2.3 万户,储存单位 1 万余户,经营单位 12.4 万余户,运输单位近 9000 户,使用单位 12.3 万余户,废弃处置单位 600 余户。其从业人员多达几千万人。

(2)大量生产和使用危险化学品,构成重大危险源数量多。随着我国危险化学品的大量生产和使用,生产规模的扩大和生产,储存装置的大型化,重大危险源也在不断增多。由于这些危险源 90%以上与化学品有关,无疑会对城市的安全构成巨大的威胁。

(3)危险性大,事故多发。危险化学品固有的易燃、易爆、有毒、腐蚀等特性会给人类的生命和生存及发展环境带来副作用,如果处理不当或疏于管理,将会发生严重的化学事故,给人类造成严重的危害。而化学事故具有突发性,且波及面较大,如果采取的抢救方法不当,将难以控制事故现场,甚至会导致事态的扩大。化学事故不仅发生在生产企业,它涉及生产、使用、经营、运输、储存和销毁处置6个环节，每个环节都有可能发生危及人和环境的重大事故。

由上述分析可以看出，应急救援的主要对象是突发的、后果与影响严重的公共安全事故、灾害与事件。这些事故、灾害或事件主要来源于以下8个公共安全领域：工业事故，自然灾害，生命线事故，巨大工程，环境污染及人员密集场所，交通事故，公共卫生事件，突发社会事件。因此，应急救援支持系统是城市公共安全管理系统中极其重要的组成部分，如图3-1所示。

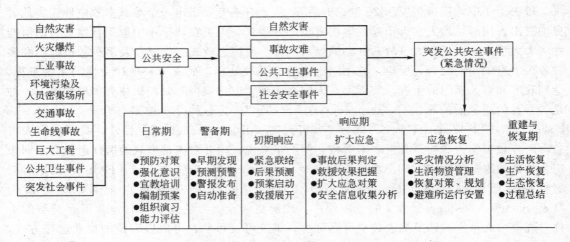

图3-1   城市公共安全管理系统与应急救援支持系统构成

二、事故应急救援的指导思想与原则

1. 事故应急救援的指导思想

认真贯彻"安全第一，预防为主，综合治理"的管理方针，牢固树立"以人为本"的理念，本着对人民生命财产高度负责的精神，坚持"预防为主，居安思危，常备不懈"，并按照先救人、后救物和先控制、后处置的指导思想，在发生事故时，能迅速、有序、高效地实施应急救援行动，及时、妥善地处置重大事故，最大程度地减少人员伤亡和危害，维护国家安全和社会稳定，促进经济社会全面、协调、可持续发展。

2. 事故应急救援的基本原则

（1）集中领导、统一指挥的原则   事故的抢险救灾工作必须在应急救援领导指挥中心的统一领导、指挥下展开。应急预案应当贯彻统一指挥的原则。各类事故具有随机性、突发性和扩展迅速、危害严重的特点，因此应急救援工作必须坚持集中领导、统一指挥的原则。在紧急情况下，多头领导会导致一线救援人员无所适从、贻误战机的不利局面。

（2）充分准备、快速反应、高效救援的原则   针对可能发生的事故，应做好充分的准备，一旦发生事故，要快速做出反应，尽可能减少应急救援组织的层次，以利于事故和救援信息的快速传递，减少信息的失真，提高救援的效率。

（3）生命至上的原则   应急救援的首要任务是不惜一切代价，维护人员的生命安全。事故发生后，应当首先保护老弱病残人群、游客顾客以及所有无关人员安全撤离现场，将他们转移到安全地点，并全力抢救受伤人员，以最大的努力减少人员伤亡，确保应急救援人员的安全。

（4）单位自救和社会救援相结合的原则　在确保单位人员安全的前提下，事发单位和相关单位应首先立足自救，与社会救援相结合。单位熟悉自身各方面情况，又身处事故现场，有利于初期事故的救援，将事故消灭在初始状态。单位救援人员即使不能完全控制事态，也可为外部救援赢得时间。事故发生初期，事故单位必须按照本单位的应急预案积极组织抢险救援，迅速组织遇险人员疏散撤离，防止事故扩大。这是单位的法定义务。

（5）分级负责、协同作战的原则　各级地方政府、有关单位应按照各自的职责分工，实行分级负责、各尽其能、各司其职，做到协调有序、资源共享、快速反应，建立企业与地方政府、各相关方的应急联动机制，实现应急资源共享，共同积极做好应急救援工作。

（6）科学分析、规范运行、措施果断的原则　科学、准确地分析、预测、评估事故事态发展趋势、后果，科学分析是做好应急救援的前提。依法规范，加强管理，规范运行可以保证应急预案的有效实施。在事故现场，果断决策，采取适当、有效的应对措施是保证应急救援成效的关键。

（7）安全抢险的原则　在事故抢险过程中，采取有效措施，确保抢险救护人员的安全，严防抢险过程中发生二次事故；积极采用先进的应急技术及设施，避免次生、衍生事故发生。

三、事故应急救援任务与目标

1. 事故应急救援的目标

（1）抢救受害人员。

（2）减低或减少财产损失。

（3）消除事故造成的后果。

2. 事故应急救援的任务

（1）立即组织营救受害人员，组织撤离或者采取其他措施保护危害区域内的其他人员　抢救受害人员是事故应急救援的首要任务。在应急救援行动中，快速、有序、有效地实施现场急救与安全转送伤员是降低伤亡率、减少事故损失的关键。由于重大事故发生突然、扩散迅速、涉及范围广、危害大，应及时指导和组织群众采取各种措施进行自我防护，必要时迅速撤离出危险区或可能受到危害的区域，并在撤离过程中，积极组织群众开展自救和互救工作。

（2）迅速控制危险源（危险状况），并对事故造成的危害进行检测、监测，测定事故的危害区域、危害性质及危害程度　及时控制造成事故的危险源（危险状况）是应急救援工作的重要任务。只有及时控制住危险源（危险状况），防止事故的继续扩展，才能及时、有效地进行救援。特别是对发生在城市或人口稠密地区的化学品事故，应尽快组织工程抢险队，与事故单位技术人员一起及时控制事故继续扩大蔓延。

（3）做好现场清洁和现场恢复，消除危害后果　针对事故对人体、动植物、土壤、水源、空气造成的现实危害和可能的危害，迅速采取封闭、隔离、洗消等技术措施。对事故外溢的有毒有害物质和可能对人与环境继续造成危害的物质，应及时组织人员予以清除，消除危害后果，防止对人的继续危害和对环境的污染，应及时组织人员清理废墟和恢复基本设施，将事故现场恢复至相对稳定的状态。对危险化学品事故造成的危害进行监测、处置，直至符合国家环境保护标准。

（4）查清事故原因，评估危害程度　事故发生后应及时调查事故的发生原因和事故性质，评估出事故的危害范围和危险程度，查明人员伤亡情况，做好事故调查。

3. 事故应急救援的特点

应急救援工作涉及技术事故、自然灾害（引发）、城市生命线、重大工程、公共活动场所、公共交通、公共卫生和人为突发事件等多个公共安全领域，构成一个复杂的系统，具有不确定性、突发性、复杂性和后果、影响易猝变、激化、放大的特点。

（1）不确定性和突发性　不确定性和突发性是各类公共安全事故、灾害与事件的共同特征，大部分事故都是突然爆发，爆发前基本没有明显征兆，而且一旦发生，发展蔓延迅速，甚至失控。因此，要求应急行动必须在极短的时间内在事故的第一现场做出有效反应，在事故产生重大灾难后果之前采取各种有效的防护、救助、疏散和控制事态等措施。为保证迅速对事故做出有效的初始响应，并及时控制住事态，应急救援工作应坚持属地化为主的原则，强调地方的应急准备工作，包括建立全天候的昼夜值班制度，确保报警、指挥通信系统始终保持完好状态，明确各部门的职责，确保各种应急救援的装备、技术器材、有关物质随时处于完好可用状态，制定科学有效的突发事件应急预案等措施。

（2）应急活动的复杂性　应急活动的复杂性主要表现在：事故、灾害或事件影响因素与演变规律的不确定性和不可预见的多变性；众多来自不同部门参与应急救援活动的单位，在信息沟通、行动协调与指挥、授权与职责、通信等方面的有效组织和管理；以及应急响应过程中公众的反应、恐慌心理、公众过激等突发行为复杂性等。这些复杂因素的影响，给现场应急救援工作带来了严峻的挑战，应对应急救援工作中各种复杂的情况做出足够的估计，制定出随时应对各种复杂变化的相应方案。应急活动的复杂性的另一个重要特点是现场处置措施的复杂性。重大事故的处置措施往往涉及较强的专业技术支持，包括易燃、有毒危险物质、复杂危险工艺以及矿山井下事故处置等，对每一行动方案、监测以及应急人员防护等，都需要在专业人员的支持下进行决策，因此，针对生产安全事故应急救援的专业化要求，必须高度重视重大事故的专业应急救援力量、专业检测力量和专业应急技术与信息支持等的建设和完善。

（3）后果易猝变、激化和放大　公共安全事故、灾害与事件虽然是小概率事件，但后果一般比较严重，会造成广泛的公众影响，应急处理稍有不慎，就可能改变事故、灾害与事件的性质，使平稳、有序、和平状态向动态、混乱和冲突方向发展，引起事故、灾害与事件波及范围扩展，卷入人群数量增加，人员伤亡与财产损失后果加大。猝变、激化与放大造成的失控状态，不但会迫使应急呼应升级，甚至可导致社会性危机出现，使公众立即陷入巨大的动荡与恐慌之中。因此，重大事故（件）的处置必须坚决果断，而且越早越好，防止事态扩大。因此，为尽可能降低重大事故的后果及影响，减少重大事故所导致的损失，要求应急救援行动必须做到迅速、准确和有效。

① 迅速　就是要求建立快速的应急响应机制，能迅速准确地传递事故信息，迅速地调集所需的大规模应急力量和设备、物资等资源，迅速地建立起统一指挥与协调系统，开展救援活动。

② 准确　要求有相应的应急决策机制，能基于事故的规模、性质、特点、现场环境等信息，正确地预测事故的发展趋势，准确地对应急救援行动和战术进行决策。

③ 有效　主要指应急救援行动的有效性，很大程度上取决于应急准备的充分性与否，包括应急队伍的建设与训练，应急设备（施）、物资的配备与维护，预案的制定与落实以及有效的外部增援机制等。

第二节　应急救援管理

应急救援管理分 4 个阶段（图 3-2），分述如下。

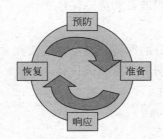

图 3-2　事故应急管理的 4 个阶段

一、应急预防

应急预防是从应急管理的角度，为预防事故发生或恶化而做的预防性工作。预防是应急管理的首要工作，把事故消除在萌芽状态是应急管理的最高境界。

1. 应急预防的含义

在应急管理中预防有以下两层含义：

① 通过安全管理和安全技术等手段，尽可能地防止事故的发生，实现本质安全；

② 假定事故必然发生的前提下，通过预先采取的预防措施，达到降低或减缓事故的影响或后果的严重程度，如加大建筑物的安全距离，工厂选址的安全规划，减少危险物品的存量，设置防护墙以及开展公众教育等。从长远看，低成本、高效率的预防措施是减少事故损失的关键。

2. 应急预防的具体情形

① 事先进行危险源辨识和风险分析，预测可能发生的事故、事件，采取控制措施尽可能避免事故的发生。

② 进行现场应急专项检查、安全检查，查找问题，通过动态监控，预防事故发生。

③ 在出现事故征兆的情况下，及时采取防范措施，消除事故的发生。

④ 假定事故必然发生的前提下，通过预先采取的预防措施，最大限度地减少事故造成的人员伤亡、财产损失和社会影响或后果的严重程度。

3. 应急预防的工作方法

（1）危险辨识　危险源辨识是应急管理的第一步。要首先把本单位、本辖区所存在的危险源进行全面认真的辨识、分析、普查、登记。

（2）风险评价　在危险源辨识、分析完成后，要采用适当的评价方法，对危险源进行风险评价，确定可能存在不可接受风险的危险源，从而确定应急管理的重点控制对象。

（3）预测预警　根据危险源的危险特性，对应急控制对象可能发生的事故进行预测，对出现的事故征兆和紧急情况及时发布相关信息进行预警，采取相应措施，将事故消灭在萌芽状态。

（4）预警预控　假定事故必然发生，在预警的同时必须预先采取必要的防范、控制措施，将可能出现的情形事先告知相关人员进行预警，将预防措施及相应处理程序告知相关人员，以便在事故发生时，能有备而战，预防事故的恶化或扩大。

二、应急准备

应急准备是应急管理过程中一个极其关键的过程。针对可能发生的事故，为迅速、有序地开展应急行动而预先进行的组织准备和应急保障工作。

1. 应急准备的目的

应急准备的目的就是通过充分的准备，满足事故征兆、事故发生状态下各种应急救援活动顺利进行的需求，从而实现预期的应急救援目标。

2. 应急准备的内容

① 应急组织的成立。
② 应急队伍的建设。
③ 应急人员的培训。
④ 应急预案的编制。
⑤ 应急物资的储备。
⑥ 应急装备的配备。
⑦ 应急技术的研发。
⑧ 应急通信的保障。
⑨ 应急预案的演练。
⑩ 应急资金的保障。
⑪ 外部救援力量的衔接，以及其他。

3. 应急准备的工作方法

（1）应急预案编制　应急救援不能打无准备之仗，应急准备的第一步就是要编制应急救援预案。应急预案有利于做出及时的应急响应，降低事故后果。应急行动对时间要求十分敏感，不允许有任何拖延。应急预案预先明确了应急各方职责和响应程序，在应急资源、培训、演练等方面进行先期准备，可以指导应急救援迅速、高效、有序地开展，将事故造成的人员伤亡、财产损失和环境破坏降到最低限度。

（2）应急资源保障　根据应急预案的要求，进行人力、物力、财力等资源的准备，为应急救援的具体实施提供保障。各项应急保障是否到位，对应急救援行动的成败起着至关重要的作用。

（3）应急培训　应急培训工作，是提高各级领导干部处置突发事件能力的需要，是增强公众公共安全意识、社会责任意识和自救、互救能力的需要，是最大限度预防和减少突发事件发生及其造成损害的需要。应急培训是应急准备中极其重要的一项内容和工作方法之一。

（4）应急演练　应急演练活动是检验应急管理体系的适应性、完备性和有效性的最好方式。定期进行应急演练，不仅可以强化相关人员的应急意识，提高参与者的快速反应能力和实战水平，还能暴露应急预案和管理体系中的不足，检测制定的突发事件应变计划是否实际、可行。同时，有效的应急演练还可以减少应急行动中的人为错误，降低现场宝贵的应急资源和响应时间的耗费。

三、应急响应

应急响应是在出现事故险情、事故发生状态下，在对事故情况进行分析评估的基础上，有关组织或人员按照应急救援预案立即采取的应急救援行动，包括事故的报警与通报、人员的紧急疏散、急救与医疗、消防和工程抢险措施、信息收集与应急决策和外部求援等。

1. 应急响应的目的

应急响应的目的有两个。

① 接到事故预警信息后，采取相应措施，将事故扼制于萌芽状态。

② 尽可能地抢救受害人员，保护可能受威胁的人群，尽可能控制并消除事故。事故发生后，按照应急预案，采取相应措施，展开抢险、救援行动，及时控制事故，防止其恶化或扩大，最终控制住事故，使现场局面恢复到常态，最大限度地减少人员伤亡、财产损失和社会影响。

2. 应急响应的工作方法

（1）事态分析　它包括现状分析和趋势分析。现状分析：分析事故险情、事故初期事态现状；趋势分析：预测分析和评估事故险情、事故发展趋势。

（2）启动预案　根据事态分析的结果，迅速启动相应应急预案并确定相应的应急响应级别。

（3）救援行动　预案启动后，根据应急预案中相应响应级别的程序和要求，有组织、有计划、有步骤、有目的地调配应急资源，迅速展开应急救援行动。

（4）事态控制　通过一系列紧张有序的应急行动，事故得以消除或控制，事态不会扩大或恶化，特别是不会发生次生或衍生事故，具备恢复常态的条件。应急响应可划分为两个阶段：初级响应和扩大应急。初级响应是指在事故初期，企业利用自身的救援力量，使事故得到有效控制。但如果事故的性质、规模超出本单位的应急能力，则必须寻求社会或其他应急救援力量的支持，请求增援、扩大应急，以便最终控制事故。

3. 应急结束

当事故现场得以控制，环境符合标准，导致次生、衍生事故的隐患消除后，经事故现场应急指挥机构批准后，现场应急救援行动结束。应急结束后，应明确以下事项：

① 事故情况上报事项；

② 需向事故调查处理组移交的相关事项；

③ 事故应急救援工作总结报告。

应急结束，特指应急响应行动的结束，并不意味着整个应急救援过程的结束。在宣布应急结束后，还要经过后期处置，即应急恢复。

四、应急恢复

应急恢复是指在事故得到有效控制之后，为使生产、生活、工作和生态环境尽快恢复到正常状态，针对事故造成的设备损坏、厂房破坏、生产中断等后果，采取的设备更新、厂房维修、重新生产等措施。

1. 应急恢复的情形

恢复工作应在事故发生后立即进行。首先应使事故影响区域恢复到相对安全的基本状态，然后逐步恢复到正常状态。要求立即进行的恢复工作包括事故损失评估、原因调查、清理废墟等。在短期恢复工作中，应注意避免出现新的紧急情况。

长期恢复包括厂区重建和受影响区域的重新规划和发展。在长期恢复工作中，应汲取事故和应急救援的经验教训，开展进一步的预防工作和减灾行动。

2. 应急恢复的目的

应急恢复的目的就是在事态得到控制之后，尽快让生产、生活、工作和生态环境等恢复到正常状态，从根本上消除事故隐患，避免重新演化为事故状态。另外，通过迅速恢复到常态，减少事故损失，弱化不良影响。

3. 应急恢复的工作方法

（1）清理现场　清理废墟，化学洗消，垃圾外运等。

（2）常态恢复　灾后重建，各方力量配合，使生产、生活、工作和生态环境等恢复到事故前的状态或比事故前状态变得更好。

（3）损失评估，保险理赔。

（4）事故调查。

（5）应急预案复查、评审和改进。

事故应急救援管理过程 4 个阶段的工作内容，见表 3-1。

表 3-1　事故应急救援管理过程 4 个阶段的工作内容

阶段	工作内容
预防阶段： 　为预防、控制和消除事故对人类生命财产长期危害所采取的行动（无论事故是否发生，企业和社会都处于风险之中）	风险辨识、评价与控制 安全规划 安全研究 安全法规、标准制定 危险源监测监控 事故灾害保险 税收激励和强制性措施等
准备阶段： 　事故发生之前采取的各种行动，目的是提高事故发生时的应急行动能力	制定应急救援方针与原则 应急救援工作机制 编制应急救援预案 应急救援物资、装备筹备 应急救援培训、演习 签订应急互助协议 应急救援信息库等
响应阶段： 　事故即将发生前、发生期间和发生后立即采取的行动。目的是保护人员的生命、减少财产损失、控制和消除事故	启动相应的应急系统和组织 报告有关政府机构 实施现场指挥和救援 控制事故扩大并消除 人员疏散和避难 环境保护和监测 现场搜寻和营救等
恢复阶段： 　事故后，使生产、生活恢复到正常状态或得到进一步的改善	损失评估 理赔 清理废墟 灾后重建 应急预案复查 事故调查

第三节　应急救援体系

应急救援体系是开展应急救援管理工作的基础，一个完整的应急救援体系应由组织体制、运作机制、法制基础和应急保障系统4部分组成。

一、应急救援体系的基本构成

应急救援体系是指为在风险事件（突发事件、事故）发生的紧急状态下，尽可能消除、减少或降低其（可能）带来的各种损失，针对人们的组织管理活动等所制定的一系列相互联系或相互作用的要求而形成的有机统一整体。由于潜在的重大事故风险多种多样，所以相应每一类事故灾难的应急救援措施可能千差万别，但其基本应急模式是一致的。构建应急救援体系，应贯彻顶层设计和系统论的思想，以事件为中心，以功能为基础，分析和明确应急救援工作的各项需求，在应急能力评估和应急资源统筹安排的基础上，科学地建立规范化、标准化的应急救援体系，保障各级应急救援体系的统一和协调。一个完整的应急救援体系应由组织体制、运作机制、法制基础和应急保障系统4个部分构成。应急救援体系（CSEMS）的构成和基本内容，如图3-3所示。

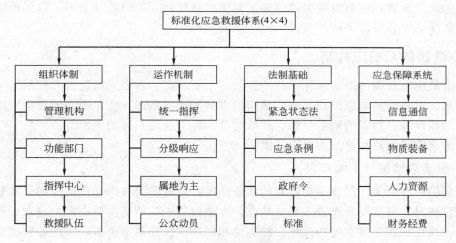

图 3-3　应急救援体系结构图

1. 组织体制

应急救援体系组织体制建设中的管理机构是指维持应急日常管理的负责部门；功能部门包括与应急活动有关的各类组织机构，如消防、医疗机构等；指挥中心是在应急预案启动后，负责应急救援活动场外与场内指挥系统；而救援队伍则由专业和志愿人员组成。

2. 运作机制

应急救援活动一般划分为应急准备、初期反应、扩大应急和应急恢复4个阶段，应急运作机制与这4个阶段的应急活动密切相关。应急运作机制主要由统一指挥、分级响应、属地为主和公众动员4个基本机制组成。统一指挥是应急活动的最基本原则。应急指挥一般可分为集中指挥与现场指挥，或场外指挥与场内指挥等。无论采用哪一种指挥系统，都必须实行统一指挥的模式，无论应急救援活动涉及单位的行政级别高低和隶属关系不同，都必须在应急指挥部的统一组织协调下行动，有令则行，有禁则止，统一号令，步调一致。分级响应是指在初级响应到扩大应急的过程中实行的分级响应的机制。扩大或提高应急级别的主要依据是事故灾难的危害程度、影响范围和控制事态能力。影响范围和控制事态能力是"升级"的最基本条件。扩大应急救援主要是提高指挥级别、扩大应急范围等。属地为主，强调"第一反应"的思想和以现场应急、现场指挥为主的原则。公众动员机制是应急机制的基础，也是整个应急体系的基础。

3. 法制基础

法制建设是应急体系的基础和保障，也是开展各项应急活动的依据。与应急有关的法规可分为4个层次：由立法机关通过的法律，如紧急状态法、公民知情权法和紧急动员法等；由政府颁布的规章，如应急救援管理条例等，包括预案在内的以政府令形式颁布的政府法令、规定等；与应急救援活动直接有关的标准或管理办法等。

4. 应急保障系统

列于应急保障系统第一位的是信息与通信系统，构筑集中管理的信息通信平台是应急体系最重要的基础建设。应急信息通信系统要保证所有预警、报警、警报、报告、指挥等活动的信息交流快速、顺畅、准确，以及信息资源共享；物资与装备不但要保证有足够的资源，而且还要实现快速、及时供应到位；人力资源保障包括专业队伍的加强、志愿人员以及其他有关人员的培训教育；应急财务保障应建立专项应急科目，如应急基金等，以保障应急管理运行和应急反应中各项活动的开支。

二、应急救援体系响应机制

重大事故应急救援体系应根据事故的性质、严重程度、事态发展趋势和控制能力实行分级响应机制，对不同的响应级别，相应地明确事故的通报范围、应急中心的启动程度、应急力量的出动和设备、物资的调集规模、疏散的范围、应急总指挥的职位等。

典型的响应级别通常可分为以下三级。

1. 一级紧急情况（Ⅰ响应）

必须利用所有有关部门及一切资源的紧急情况，或者需要各个部门同外部机构联合处理的各种紧急情况，通常要宣布进入紧急状态。在该级别中，做出主要决定的通常是紧急事务管理部门。现场指挥部可在现场做出保护生命和财产以及控制事态所必需的各种决定。解决整个紧急事件的决定，应该由紧急事务管理部门负责。

2. 二级紧急情况（Ⅱ响应）

需要两个或更多个部门响应的紧急情况。该事故的救援需要有关部门的协作，并且提供人员、设备或其他资源。该级响应需要成立现场指挥部来统一指挥现场的应急救援行动。

3. 三级紧急情况（Ⅲ响应）

能被一个部门正常可利用的资源处理的紧急情况。正常可利用的资源指在该部门权力范围内通常可以利用的应急资源，包括人力和物力等。必要时，该部门可以建立一个现场指挥部，所需的后勤支持、人员或其他资源增援由本部门负责解决。

三、应急救援体系响应程序

事故应急救援系统的应急响应程序按过程可分为接警、响应级别确定、应急启动、救援行动、应急恢复和应急结束等几个阶段，如图3-4所示。

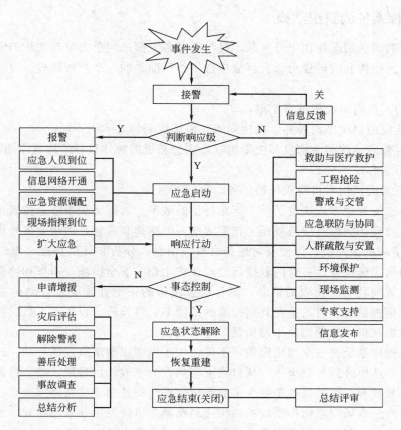

图 3-4 重大事故应急救援体系响应程序

1. 接警与响应级别的确定

接到事故报警后，按照工作程序，对警情做出判断，初步确定相应的响应级别。如果事故不足以启动应急救援体系的最低响应级别，响应关闭。

2. 应急启动

应急响应级别确定后，按所确定的响应级别启动应急程序，如通知应急中心有关人员到位，开通信息与通信网络，通知调配救援所需的应急资源（包括应急队伍和物资、装备等），成立现场指挥部等。

3. 救援行动

有关应急队伍进入事故现场后，迅速开展事故侦测、警戒、疏散、人员救助、工程抢险等有关应急救援工作，专家组为救援决策提供建议和技术支持。当事态超出响应级别无法得到有效控制时，向应急中心请求实施更高级别的应急响应。

4. 应急恢复

救援行动结束后，进入临时应急恢复阶段。该阶段主要包括现场清理、人员清点和撤离、警戒解除、善后处理和事故调查等。

5. 应急结束

执行应急关闭程序，由事故总指挥宣布应急结束。

四、现场指挥系统的组织结构

重大事故的现场情况往往十分复杂，且汇集了各方面的应急力量与大量的资源，应急救援行动的组织、指挥和管理成为重大事故应急工作所面临的一个严峻挑战。应急过程中存在的主要问题有：

① 太多的人员向事故指挥官汇报；

② 应急响应的组织结构各异，机构间缺乏协调机制，且术语不同；

③ 缺乏可靠的事故相关信息和决策机制，应急救援的整体目标不清或不明；

④ 通信不兼容或不畅；

⑤ 授权不清或机构对自身现场的任务、目标不清。

对事故势态的管理方式决定了整个应急行动的效率。为保证现场应急救援工作的有效实施，必须对事故现场的所有应急救援工作实施统一的指挥和管理，即建立事故应急指挥系统（ICS），形成清晰的指挥链，以便及时地获取事故信息，分析和评估势态，确定救援的优先目标，决定如何实施快速、有效的救援行动和保护生命的安全措施，指挥和协调各方应急力量的行动，高效地利用可获取的资源，确保应急决策的正确性和应急行动的整体性和有效性。事故应急指挥系统的目的是在共同标准的结构下，将设施、设备、人员、程序和通信连为一个整体，提高事故管理的效率与质量。

事故应急指挥系统是一个通用模板，不仅适用于组织短期事故现场行动，还适用于长期应急管理行为，从单纯到复杂事故，从自然灾害到人为事故均可适用。应急指挥系统适用于各级政府、各领域和行业，以及多数企事业单位，可广泛适用于包括恐怖袭击在内的各类突发公共安全事件。现场应急指挥系统的结构应当在紧急事件发生前就已建立，预先对指挥结构达成一致意见，将有助于保证应急各方明确各自的职责，并在应急救援过程中更好地履行职责。应急指挥模式按照事故性质与规模，大致可以划分为三种类型：单一应急指挥、区域应急指挥和联合应急指挥。这三种应急指挥模式也不是一成不变的，可单独存在，也可互相结合，如多起事故并发、影响性质严重、波及范围广泛时，则可采用区域联合指挥，以提高应急指挥效率和质量。

无论哪一种类型或哪一个级别应急指挥，其组织机构基本原型都可以由指挥、行动、策划、后勤和财政/行政5部分核心应急响应职能组成，如图3-5所示。这是构成应急指挥系统的基本要素并具有特定的功能。

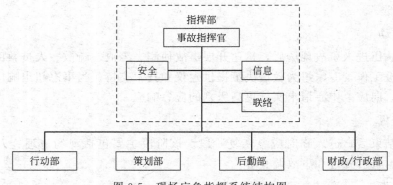

图 3-5　现场应急指挥系统结构图

1. 指挥部

事故应急指挥部成员包括事故指挥员和各类专职岗位。应急指挥员主要职责是：实施应急指挥；协调有效的通信；协调资源、分配；确定事故优先级；建立相互一致的事故目标及批准应急策略；将事故目标落实到响应机构；审查和批准事故行动计划；确保整个响应组织与事故指挥系统/联合指挥融为一体；建立内外部协议；确保响应人员与公众的健康、安全和沟通媒体等。专职岗位是指直接向事故应急指挥员负责并在指挥部门内负责专门事务的岗位，在特殊情况下，有权处理一些事先并未预测到的重大问题。事故应急指挥系统中主要有三类专职岗位：公共信息官员、安全官员和联络官员。

（1）公共信息官员（PIO）　负责与公众或媒体沟通，以及与其他相关机构交流事故信息。公共信息官员准确而有序地报告有关事故原因、规模和现状的信息，还包括资源使用状况等内外部需要的一般信息。公共信息官员要发挥监督公共信息的重要作用。无论是哪一类指挥机构，仅能任命唯一的公共信息官员。所有事故重要信息的发布必须经事故指挥员批准。

（2）安全官员（SO）　监测事故行动并向事故指挥员提出关于行动安全的建议，包括应急响应人员的安全与健康。安全官员直接对事故应急指挥负责，安全问题最终由各级事故指挥员负责。在应急行动过程中，安全官员有权制止或防止危及生命安全的行为。在应急指挥系统内，无论有多少机构参与，仅任命唯一的安全官员，联合指挥结构下其他部门或机构可以根据需要委派安全官员助手。行动部门领导和策划部门领导，必须在应急响应人的安全与健康问题上与安全官员密切配合。

（3）联络官员（INO）　是应急指挥系统与其他机构，包括政府机构、非政府机构和企事业单位等的连接点。联络官员征求并收集参加应急救援的各个功能负责单位和支援单位意见，及时向指挥员报告，同时也把指挥部的战略、战术意图传达给各参战单位，使所有应急救援行为更加统一、协调、有序。各参战部门也可以任命来自其他事故管理部门的助手或人员协助安全官员开展协调工作。

针对大型或复杂事故，总指挥员可以配备一名或多名副职（副总指挥），协助指挥员行使应急管理功能。指挥员负责组织管理其副职，每个副职都对总指挥负责，在其指定权力范围内可以发挥更大的作用。

2. 行动部

行动部负责管理事故现场战术行动，在第一线直接组织现场抢险，减少各类危害，抢救生命财产，维护事故现场秩序，恢复正常状态。以功能为单元，行动部门的机构类型可能包括消防、执法、工程抢险、医疗救护、卫生防疫、环境保护、现场监测和组织疏散等应急活动。根据现场实际情况，可采用一个单位独立行动或几个单位联合行动。

根据事故的类型、参与机构、事故应急目标等情况，事故行动部可以采用多种组织与执行方式，也可以根据辖区的边界和范围来选择对应的组织方式。当应急活动或资源协调超出行动部管理的范围时，则应在行动部之下建立分片、分组或分部。分片是根据地理分界线来划分事故应急、区域。分组则根据事故应急执行任务的实际活动划分出负责某些具体行动的功能组别。

出现以下三种情况时，应考虑建立分部。

① 分片或分组的数量和任务若超出行动部领导控制范围，则分部之下再配备相应的分片或分组。

② 可以根据事故性质设置功能分部。例如，如果大型的飞行器在城市坠落，城市的各

部门（包括警察、消防、应急服务、公共卫生服务）均应建立功能分部，在统一行动指挥的指挥下行动。一般这类事故的行动部领导来自消防部，副手来自警察、公共卫生部。

③ 事故已扩散到多个区域。在事故涉及多辖区情况下，可能要求国家、省、市、社区或企事业单位建立各自分部并在统一行动指挥下联合响应。

3. 策划部

策划部负责收集、评价、传输事故相关的战略信息。该部门应掌握最新情报，了解事故发展变化态势和事故应急资源现状与分配情况。策划部门的功能是制定应急活动方案（IAP）和事故指挥地图，并在指挥员批准后下达到相关应急功能单位。策划部一般是由部门领导、资源配置计划、现状分析、文件管理、撤离善后和技术支持这6个基本单位组成。

① 策划部领导组织和监督所有事故相关的资料收集和分析工作，提出替代战略行动，指导策划会议，制定各行动期间应急活动方案。

② 资源配置计划单位是负责提出有关人员、队伍、设施、供给、物资材料和主要设备的需求计划，确认所分配资源的最新位置与使用现状，制定当前和下期行动所用资源的管理清单。

③ 现状分析单位收集、处理和组织管理现状信息，准备现状概述报告，提出事故有关工作的未来发展方向，准备地图等资料，收集并传输用于应急活动方案的信息与情报。

④ 文件管理单位准确而完善地保存事故文件，包括解决事故应急问题重大步骤的完整记录，为事故应急人员提供文件资料复制服务，归档、维护并保存文件，以备法律、事故分析和留作历史资料之用。

⑤ 撤离善后单位负责制定事故解散计划，具体指示所有人员采取善后行动。该单位应在事故的一开始就开展工作。一旦事故善后计划获得批准，善后单位确保将计划通知到现场及其他有关部门，并指导监督其实施。

⑥ 技术支持可由专家群（组）和专业技术支撑单位两部分组成。根据事故风险分析的需求，选择各专业领域，包括气象、消防、急救、环境、防疫、化学和法律等各类技术专家。依据事故应急管理需要，请专家参加策划部的工作，也可直接作为总指挥的顾问。另外，还应选择一些专业科技单位作为技术支撑单位，包括一些防灾中心和安全科技研究院。

4. 后勤部

后勤部支持所有的事故应急资源需求，包括通过采购部门订购资源，向事故应急人员提供后勤支持和服务。后勤部一般是由领导、供应、食品、运输、设施、通信、医疗7个部门组成。

① 供应单位负责订购、接收、储存和处理事故应急资源、人力和供应。供应单位为所有的需求部门提供支持。供应单位还处理工具的运送，包括所有工具和便携式非消耗性设备的储存、支付和服务。

② 装备与设施单位负责建立、保持和解散用于事故应急行动的设施。该单位还为事故应急行动提供必要的设施维护和保安服务支持。设施单位还在事故区域或周边地区设立应急指挥工作站、基地和营地，移动房屋或其他形式的掩体。事故救援基地与营地往往设立在有现成建筑物的场所，可以部分或全部利用现有建筑。设施单位还提供和建立应急人员必需的生活设施。

③ 交通运输支持单位工作主要包括维护并修复主要战略性设备、车辆、移动式地面支持设备。记录所有分配到事故工作的地面设备（包括合同设备）的使用时间，为所有移动设备提供燃料，提供支持事故应急行动交通工具；制定并实施事故交通计划，维持并保证交通

顺畅有序。

④ 通信单位制定通信计划，以提高通信设备与设施使用效率，安装和检测所有通信设备，监督并维护事故通信中心，向个人分配并修复通信设备，在现场对设备进行维护与维修。通信单位的主要责任之一是为应急指挥系统进行有效的通信策划。尤其是在多机构参与事故应急时，这类策划对无线网的建立、机构间频率的分配、确保系统的相容性、优化通信能力都非常有意义。通信单位领导应参与所有的事故策划会议，确保通信系统能支持下一步行动期间的战略性行动。如无特殊情况，无线通信不得使用代码，避免复杂词汇或噪声引发的误解，降低出错的概率。

大型事故的无线通信网络通常可按下列要求组建 5 大网络。

a. 指挥网络　将各有关方联系起来，包括事故指挥、指挥人员、部门领导、分管主任、分片和分组监督人员等。

b. 战术性网络　建立几个战术性网络，将各机构、部门和地理区域、具体功能单位联系起来。应建立网络联合策划，通信单位领导应制订总体计划以保证网络运行。

c. 支持网络　主要用来处理资源现状的变化，但也可能处理后勤方面的要求或外部支持的要求。

d. 地面-空中网络　协调地面、空中交通，建立专项战略性频率或常规战略性网络。

e. 空中-空中网络　事前往往预先设计并指定空对空网络。

⑤ 食品供应单位确定食品和水的需求，尤其在事故扩散范围很大时更为重要。食品供应单位必须能够预测事故需求，包括需要饮食的人员数量、类型、地点，或因为事故复杂性而对食品的特殊要求。该单位应为事故应急响应全过程提供食品服务，包括所有的偏远地点（如营地和集结区域），以及向不能离开岗位的行动人员提供饮食。食品单位应密切保持与其他策划、供应和交通运输等有关部门联系。为确保食品安全，饮食服务前与服务中必须仔细策划和监测，包括请公共卫生、环境卫生和检验安全专家参与。

⑥ 医疗单位的主要责任：为事故人员制定事故医疗计划；制定事故人员重大医疗紧急处理程序；提供 24 小时持续医护，包括对事故人员提供接种免疫和对带菌者预控；提供职业卫生、预防、精神健康服务；为受伤事故人员提供交通服务；确保从起点到最终处置点，全程跟踪护送事故伤病人员，帮助处理人员受伤或死亡的文字登记工作；协调人员死亡时的人事和丧葬工作。

5. 财政/行政部

事故管理活动需要财务和行政服务支持时，必须建立财政/行政部。对于大型复杂事故，需要征集来自多个机构的大量资金运作，财政/行政部则是应急指挥系统的一个关键部门，为各类救援活动提供资金。该部门领导必须向指挥员跟踪报告财务支出的进展情况，以便指挥员预测额外开支，以免造成不良后果。该部门领导还应监督开支是否符合相关法纪规定，注意与策划以及后勤部紧密配合，行动记录应与财务档案一致。

当事故的强度与范围都较小或救援活动比较单一时，不必建立专门的财政/行政部，可在策划时设一位这方面的专业人员行使这方面的职能。

第四节　事故发生与报告

事故一旦发生，尤其是火灾、爆炸、透水、交通和倒塌等大型事故一旦发生，是非常可怕的，也是非常恐惧的。特别是事故的本身决定了事故是突如其来的，会瞬间导致人员伤亡或物资设备、设施损坏，使事故中活着的当事人晕头转向，甚至于自己也受了伤或处在十分的恐惧中……此时应冷静对待，进行紧急处置，首先要做到如下方面。

一、事故当事人对待事故的发生

（1）事故当事人如果在事故中没有受伤，应当立即想法使自己冷静，观察事故发生的源头和原因，关闭事故的起因物或导致事故进一步扩大的助力物（如煤气、毒气、电气和蒸气阀门或开关），用可能联系的方法（如电话、手机、发响或发光的，能使外界听到或看到的东西）进行报告联系或呼救，同时呼喊在场人员向着安全方向（逆风、逆水和事故源相反的方向）逃生或避难。在逃生或避难的过程中一定要沉着冷静，大量的事故抢救现场和事实证明，在事故中乱窜乱跑往往是导致事故中人员进一步伤亡的重要之因。

（2）事故当事人如果在事故中受了伤，应当立即想法自救（止血、通风和脱离危险地带或致害物）。如果难以自救，应呼喊或昭示在场或有关人员给以救护。然后，用可能联系的方法（如电话、手机、发响或发光的，能使外界听到或看到的东西）进行报告联系或呼救。

（3）事故当事人如果在事故中受了伤且伤势较重，甚至到了奄奄一息的地步，也应当想法自救（止血、通风和脱离危险地带或致害物），并且用可能联系的方法（如电话、手机、发响或发光的，能使外界听到或看到的东西）进行报告联系或呼救，万万不可自暴自弃，等待死亡。因为外界人员正在千方百计进行营救和寻找或确定所在的位置以及生存的信息等情况。

（4）作为专业的安全人员，在事故现场还必须做到：

① 在保证自身安全的情况下，通过直观感觉和经验、手段，仔细观察分析事故造成的各种异常变化和迹象，如温度、烟雾、风流状况、空气成分、涌水、支护等，分析判断事故的性质、原因及灾害的严重程度，准确地分析灾情，以便快速报告和为应急救援队伍到来提供可靠的施救信息或方法；

② 尽快关闭事故源或导致事故进一步扩大的助力物（如煤气、毒气、电气和蒸气阀门或开关）；

③ 分析事故的发生地点，对灾害可能波及的范围和危害程度做出判断；

④ 根据事故的地点、性质，结合现场布置、通风系统、人员分布，分析判断有无诱发和伴生其他灾害的可能性；

⑤ 了解、掌握自己所在的地点人员伤亡情况，判断现场有无进行抢救的手段和条件；

⑥ 分析判断自己所在地点的安全条件，为抢险救灾和安全避灾提供依据，做好准备；

⑦ 利用一切可能利用的手段与外界进行联系，尽快取得外界的支持和救护；

⑧ 指挥、团结和带领事故现场人员进行有效的救护和避难。

二、事故当事人在事故现场的紧急避难或逃生

事故在瞬间发生了，在事故现场存活的当事人，除积极进行自救和互救外，应该积极进行冷静的避难或逃生（如矿山发生透水、火灾、爆炸，楼房发生火灾、倒塌等事故，地震、洪水等灾害）。

事故初起，因事故刚刚发生，在事故现场生存的人员及附近的工作人员应注意做好以下几点工作。

（1）利用可能利用的手段及时报告　迅速向事故可能波及的区域发出警报，争取救护工作人员尽快救援，使其他区域的工作人员尽快撤离。

（2）积极稳妥地开展自救互救，安全地消除和控制事故　在事故或灾害发生后，灾区的

工作人员应沉着、冷静，分析判断灾情的发展，在保证自身安全的前提下，采取积极有效的措施和方法进行现场抢救，尽最大可能将事故控制在初期的最小灾害范围内，最大限度地减少财产损失和人员伤亡。

（3）尽快安全撤离或避难 当现场不具备抢救的条件或可能危及现场人员生命安全时，应想办法迅速安全地撤离灾区。撤离时要统一行动，听指挥，不要盲目乱跑。

（4）妥善避难、自救互救 当灾害严重危及人员生命安全，而安全通道又被切断的情况下，遇险人员要妥善进行互救自救，首先寻找避难场所和有利生存的空间，并努力维护和改善生存的环境条件，树立坚强的信心，等待救护人员救援，切忌盲目行动。

三、事故当事人在事故现场被围困时的避灾自救

因通道堵塞，有毒有害气体含量高、能见度低等原因，无法安全撤离灾区时，遇险人员应妥善进行避灾自救，其应遵循以下行动准则或要求：

① 尽快选择安全的避难地点；

② 应尽量保持良好的精神、心理状态和坚定的信念；

③ 加强避灾地点的安全防护，如发生火灾而被困在房间内，应立即将房间的自来水打开，将被子或衣服弄湿，堵住进入房间的烟气或火势；

④ 不断改善避难地点的生存条件，减少体力消耗；

⑤ 积极同救护人员取得联系，用电话、手机、发响或发光的，能使外界听到或看到的东西进行报告联系或呼救；

⑥ 积极配合救护人员，争取尽快安全脱险。

遇险避难人员应保持稳定的情绪和良好的心理状态，树立坚定的获救脱险的信念，互相鼓励，以极大的毅力克服一切困难，直到最后胜利。特别在遇险时间较长时，这是比较关键的。千万不可悲观失望和过分忧虑，更不得急躁盲动、冒险乱闯，坚信国家和政府一定会派人来进行救护。

四、事故局外人对待事故的发生

（1）看见或得知事故与灾害将要发生，以及事故发生了（不管发生什么性质的事故或灾害），都应该利用一切可能利用的通信工具向当地人民政府、公安机关和安全生产监督管理部门报告，或根据事故情况，立即拨打119火警电话和120急救电话，请求进行救灾或救护。

（2）对事故现场遇险或遇难人员实施积极的救护或救援，既利用身边或身上所有能利用的东西和条件，对遇难人员实施正确而又科学的方法进行救护与救援，这是每个人的责任和义务。对事故中遇险、遇难人员实施积极的救护或救援，不仅是做人的一种美德和高尚的道德情操的表现，而且也是每个公民的义务和责任。

在这里笔者不提倡盲目冒险或蛮干的态度，以牺牲个人或他人的生命去救护遇险人员或财物的行为（如看到有人掉到水中或湖里，发生了落水事故，你不会游泳，就不要往水中跳，应快速地呼救和组织会游泳的人下水施救；或使用救人工具如救生圈、救生衣、杆子、绳子等施于遇险者；如果这些都没有，立即组织身边的人，将身上的衣服和裤子脱掉，系成绳子施于遇险者进行救护）。当然，当国家或民族处于危难之时，为国家或民族献身是每位国民的责任和义务，是必须提倡的一种伟大的爱国主义精神。

五、事故报告的规定

事故发生后马上报告和进行应急处置，是做人的必备条件和素质。2002年11月1日实

施的《中华人民共和国安全生产法》，对生产事故的报告和调查处理做出了原则性的规定，适合于各行业发生的生产事故的报告和调查处理。2007 年 6 月 1 日国务院颁布施行的《生产安全事故报告和调查处理条例》对事故的报告做出了详细、具体的规定，适合于各行业发生的事故的报告和调查处理。2007 年 11 月 1 日起施行的《中华人民共和国突发事件应对法》对事故与灾害的报告也提出了要求。

《中华人民共和国安全生产法》对事故的报告做出了以下具体的规定。

（1）当生产经营单位发生生产事故后，事故现场人员或有关人员应该立即报告本单位负责人。

（2）单位负责人接到事故报告后，应当迅速采取有效措施，组织抢救，防止事故扩大，减少人员伤亡和财产损失，并按照国家有关规定立即如实报告当地负有安全生产监督管理职责的部门，不得隐瞒不报、谎报或者拖延不报，不得故意破坏事故现场、毁灭有关证据。

（3）负有安全生产监督管理职责的部门接到事故报告后，应当立即按照国家有关规定上报事故情况。负有安全生产监督管理职责的部门和有关地方人民政府对事故情况不得隐瞒不报、谎报或者拖延不报。

六、事故的报告

生产事故报告分为事故月报和事故快报。

事故月报是按照国家安全生产监督管理总局《生产安全事故统计报表制度》的规定，各地区每月向其上级管辖的安全生产监督管理部门报送一次专业事故报表，是一种专业对口要求，国家对此有其严格的专业规定，在此不做介绍。下面主要介绍事故快报的报送在实际工作中的具体做法。

1. 事故快报的范围

事故快报，是指用电话、传真或特殊传递等方式快速向上级有关部门报告事故或突发性事件的一种报告形式。根据国家安全生产监督管理部门制定的有关规定，事故快报的范围包括：工矿商贸企业伤亡事故，火灾，道路交通、水上交通、铁路运输、民航飞行、农用机械和职业船舶伤亡事故，其他社会影响较大的事故。其中包括社会影响较大的事件或灾难和生产事故两大类。

（1）社会影响较大的事故（事件）或灾难

① 造成 10 人以上（含 10 人）受伤（中毒、灼烫及其他伤害）的。

② 紧急疏散人员 100 人以上（含 100 人）的。

③ 住院观察治疗 50 人以上（含 50 人）的。

④ 对环境造成严重污染（饮用水源、湖泊、河流、水库、空气等）的。

⑤ 危及重要场所和设施安全（车站、码头、港口、机场、人员密集场所、水利设施、军用设施、核设施、危险化学品库、油气站等）的。

⑥ 大面积火灾事故、人员密集和重要场所发生的事故或严重爆炸事故。

⑦ 轮船翻沉、列车脱轨、城市地铁、轨道交通及民航飞行事故。

⑧ 建筑物大面积坍塌，大型水利、电力设施事故，海上石油钻井平台垮塌倾覆事故。

⑨ 涉及外宾、重要人员的伤亡事故。

⑩ 其他社会影响较大的事故或事件或灾难。

（2）生产事故

① 一般事故，指造成 1～2 人死亡，或者 9 人以下重伤（包括急性工业中毒），或者直

接经济损失不超过 1000 万元的事故。

② 较大事故，指造成 3～9 人死亡，或者 10～49 人重伤（包括急性工业中毒），或者直接经济损失 1000 万元以上、不超过 5000 万元的事故。

③ 重大事故，指造成 10～29 人死亡，或者 50～99 人重伤（包括急性工业中毒），或者直接经济损失 5000 万元以上、不超过 1 亿元的事故。

④ 特别重大事故，指造成 30 人以上死亡，或者 100 人以上重伤（包括急性工业中毒），或者 1 亿元以上直接经济损失的事故。

2. 事故报告的时限

2007 年 6 月 1 日国务院颁布实行的《生产安全事故报告和调查处理条例》规定如下。

（1）生产事故发生后，事故现场有关人员应当立即向本单位负责人报告。单位负责人接到报告后，应当于 1 小时内向事故发生地县级以上人民政府安全生产监督管理部门和负有安全生产监督管理职责的有关部门报告。情况紧急时，事故现场有关人员可以直接向事故发生地县级以上人民政府安全生产监督管理部门和负有安全生产监督管理职责的有关部门报告。

（2）安全生产监督管理部门和负有安全生产监督管理职责的有关部门逐级上报事故情况，每级上报的时间不得超过 2 小时。

（3）特别重大事故、重大事故逐级上报至国务院安全生产监督管理部门和负有安全生产监督管理职责的有关部门。

（4）较大事故逐级上报至省、自治区、直辖市人民政府安全生产监督管理部门和负有安全生产监督管理职责的有关部门。

（5）一般事故上报至设区的市级人民政府安全生产监督管理部门和负有安全生产监督管理职责的有关部门。

总之，当事故或灾难发生后，任何人和部门都有责任和义务向当地人民政府或安全生产监督管理部门进行报告。必要时，安全生产监督管理部门和负有安全生产监督管理职责的有关部门可以越级上报事故情况。

3. 事故报告的内容

（1）发生事故的单位概况（单位全称、经济类型）。

（2）事故发生的时间（年、月、日、时、分）、地点（省、市、区、县、乡、镇、村、街道或小区）以及事故现场情况。

（3）事故简要情况（事故的经过及事故原因初步分析）。

（4）发生事故的车辆、船舶、飞行器、容器的牌号、名称及核载、实载情况。

（5）事故已经造成或者可能造成的伤亡人数（包括下落不明的人数）和初步估计的直接经济损失。

（6）已经采取的措施。

（7）其他应当报告的情况。

需要说明的是，事故情况发生变化的，应当及时续报。受伤人员在受伤后 30 日内死亡的，应当及时补报。

第五节 事故应急处置措施

生产事故发生后，事故当事人及现场有关人员应立即向单位领导进行报告，对事故现场进行保护，为抢救受伤人员需要移动现场物体时，应记录现场原始状况，并做好标记。事故单位领导接到事故报告后，应立即派出事故调查人员赶赴事故现场，积极抢救伤者，并控制事故后果的进一步扩大。同时，还应该向上级部门和安全生产监督管理机构报告事故发生情况。本节着重从安全组织管理的角度介绍事故应急处置措施。

一、应急救援的组织措施

根据我国最新制定的有关法律和法规要求，任何生产经营单位都应该制定《事故应急救援预案》，成立相应的应急救援组织，确定抢险救援人员、救生设备、运输车辆、医疗器械和救护医生，以便在事故发生后，马上启动救援系统。救援组织应由单位领导挂帅。对于特大、重大和较大事故，一方面要积极组织抢救，一方面要及时向上级部门和当地人民政府报告，并取得政府主管部门和专业救援机构的指导和支持，以尽量减少人员伤亡和财产损失。

二、事故现场的控制措施

事故救援人员和事故调查人员进入事故现场后，在积极组织救援的同时，应对事故现场进行局部封闭，如设置路障、圈定事故现场边界、布置现场警戒等。事故发生后，有的事故可能会再生或会继续发展，为此事故现场管理人员应当做好充分准备。救援指挥人员应当具有应对紧急情况的能力和较为丰富的指挥经验，做到科学果断，危而不乱，调动一切力量控制事故或灾情扩大或蔓延。

三、应急救援的技术措施

事故的发生本质上是由于能量不正常转移或不希望的能量意外释放所造成的结果。由于不同形式的能量突然释放所酿成的事故不同，事故的后果也就不同，即通常人们所说的事故大小、事故范围不同。

一些波及范围较大、性质严重、致因复杂的事故，在实施救援的过程中往往存在继续发生事故的可能。如较大的坍塌事故、煤矿瓦斯爆炸事故、火灾事故、化学事故等，这些事故显然性质不同，但又相互联系，因此必须采取技术控制措施阻断事故连锁反应的渠道，如采用通风稀释、应急、照明、临时支护等安全技术手段，控制事故再次发生的危险或可能。同时要加强对参加现场救援人员的保护，做到承担救援风险而不盲目冒险。

四、负伤人员的紧急救护措施

事故发生后，救护车辆和医护人员应及时到达现场，对伤员实施紧急救护。在负伤人员撤离现场前，救援人员应根据负伤人员的伤势情况做好简易处置，如人工呼吸、止血、骨折临时固定等，并注意救护姿势和使用担架，尽量避免拖、拽，以免加重伤情。对重危人员在送往医院途中，应有医护人员护理陪送，真正做到安全、救护。

第六节　事故救援典型实例介绍

一、矿井透水事故成功救援实例

2010 年 3 月 28 日，华晋焦煤公司王家岭矿"3·28"透水事故，事发时共有 261 人在井下作业，其中 108 人升井，153 人被困井下。4 月 5 日共有 115 人在被困 8 天 8 夜后获救，创造了中国救援史上的奇迹。下面回忆当时的救援现场。

3月28日13时40分左右，王家岭煤矿发生透水事故。事故发生以后，相关领导立即奔赴一线指挥救援……

3月29日，事故救援指挥部迅速成立，救援有序展开……上午，王家岭煤矿透水事故救援指挥部成立，设救援、救护协调、医疗、宣传、善后、后勤保障等7个小组。下午又成立了3个专项工作小组：钻孔打眼组、水情分析组和安全措施专家组。9:30，第一次新闻发布会通报：已经安装了水泵5台，目前每小时的抽水量在150～200m³/h。晚20点，第二次新闻发布会：传达国家领导人的重要批示和指示，要做好干7天7夜的救援准备。当日，7支专业救护队的200余名救援人员，每4小时一轮换，轮番下井抢险作业。直接投入抢险的人员达到670人，加上从外地紧急调集的300多人，参与事故抢险的人数已近千名。

3月30日，地上打孔排水的新方案有力推进了救援的进展……上午，国家安监总局和山西省政府在王家岭矿难事故现场召开会议，对抢险救援工作做出了进一步的详细安全和部署。12时，抢险救援指挥部紧急商量最新救援方案，采取地面上打孔排水进行施救。17时，地面垂直钻孔1号孔开始打钻，2号孔选址已确定。当日，国家安监总局、国家煤监局联合通报该事故。最高检渎职侵权检察厅派员前往山西指导山西省检察机关，对王家岭矿透水事故的调查工作。

3月31日，井下水位首次出现下降，井下巷道钻通……中午，国家安监总局、国家煤矿安监局以及山西省政府的领导下井勘察救援情况。17:10，第三次新闻发布会通报：经再次核查，目前井下被困施工人员人数为153名，抢险人数已达两千人，已制定四个抢险救人方案。18时，井下总排水量达26000m³，每小时排水量1100m³，井下透水水位首次出现下降，垂直下降了18cm。23:50有一处钻通了巷道。

4月1日，救援人数超三千，开始为井下输送营养品……9:18，2号孔一次成功打通，将为井下输送营养品。17时，国务院领导与抢险指挥部视频通话，要求不抛弃，不放弃，抱着被困人员都能生还的信念，尽最大努力把他们解救出来。18时，第四次新闻发布会：救援人数超三千，587名家属已赶到山西。当日，排水取得进展，截至18时，水位累计下降已达115厘米。

4月2日，井下传来生命迹象……14:10，2号钻口出现敲击钻杆的声音，钻头上也发现人为缠绕的铁丝，钻杆上用于绑营养液的布条已被撕破，井下的生命迹象鼓舞了所有救援人员。17:10，救援人员继续通过钻杆往井下输送营养液，同时稍带了两封信，内容是请井下被困人员继续坚持，井上救援人员正在全力营救。20时，第六次新闻发布会：井下水位下降3.3米。被困人员家属已得到妥善安置。

4月3日，救援队员和四名"蛙人"下井搜寻，无功而返……截至6时，井下水位下降5.3米。13时，汾西矿山大队7名队员与乡宁救护队6名队员一共13名搜救队员携带各种急救设备配合潜水员下井进行搜救。15时，潜入井下的救援队员与四名"蛙人"陆续返回地面，称情况不乐观。当日，举行第七次新闻发布会：逐一宣读受困人员名单，4种方式核对此名单。

4月4日，排水在继续，救护车在等待，这一天从失望到惊喜……井下有20台泵在不停地排水，总排量为每小时2535立方米，水位每小时下降2厘米，截至中午12点，总排水量达到13.2万立方米，水位下降10.2米。自从2日矿井下传出生命迹象后，截至4日上午都未能收到来自井下的生命信息。救援人员心情沉重，在胳膊上系上红带……抢险救护人员将急救设备运送至井下，6名潜水员也将同时下井。五只皮筏运送至井下辅助实施救援。救护车现场24小时待命，随时准备急救从井下获救的矿工，并将其送往医院。22:53，救护队员陆续下井，传出消息说井下有灯光晃动。

4月5日，115名被困矿工成功升井，创造了中国救援史的奇迹……。0:30，井下传来消息说找到9名幸存者，随后这9名幸存者顺利升井。国务院领导向救援人员发来慰问信，并要求加大救援力度。13:20分左右开始，救援现场不断传出被困人员获救的好消息。15时，事故抢险救援指挥部通报称，井下153名被困人员中已有115人获救。王家岭救援可以说创造了两个奇迹，一个是被困人员的生命奇迹，一个是事故救援的奇迹。

二、天然气泄漏事故应急救援成功实例

2009年10月20日20时许，一辆载有19.68吨液化天然气的罐装车，在行驶过程中，坠入312国道商洛市商州区陈塬街道办事处上河村附近的土沟中，造成天然气泄漏的重大安全事故隐患。事件发生后，商洛市政府高度重视，立即启动相关预案，并带领相关部门赶赴现场紧急处置，在省政府应急管理专家组的现场指导下，经过市、区、乡三级政府的共同努力，历经惊心动魄的48小时后，及时有效控制了天然气泄漏，消除了衍生灾害隐患。

1. 基本情况

10月20日20时20分，广东省梅州市大埔县大疆运输有限责任公司驾驶员徐某，驾驶一辆载有19.68吨液化天然气的罐装车，由青海省西宁市往广东省潮州市方向行驶，当行驶至312国道商洛市商州区陈塬街道办事处上河村附近时，车辆失控，撞断路边4根警示桩后，坠入路南边25米下的土沟中，驾驶员徐某及乘车人牛某受伤，天然气出现泄漏，发出"咻咻"的声响，一旦发生燃烧爆炸，近20吨液化天然气将产生相当于180吨TNT炸药的威力，严重威胁上河村371户1412名群众的生命财产安全，情况十分危急。

2. 应对处置过程

事件发生后，商洛市消防支队立即启动应急预案，派出21名消防官兵、3台消防车赶赴现场，展开应急处置，按照"救人第一"的原则，成功救出2名受伤人员，由120急救车送往医院救治。救援攻坚组着重型防化服，在1支喷雾水枪的掩护下实施堵漏，对泄漏点周围冰块进行了清除，发现泄漏的液化天然气压力过大，液位阀处仍在泄漏。在确保安全的情况下，对罐体内的液化气进行了适量放空，待压力减小后再实施第二次堵漏，由于液位阀泄漏口破损异常不规则，堵漏效果不佳，破损处仍有液化天然气外泄。虽经仪器检测，现场的液化天然气浓度已降低，但仍然超出安全范围。

21时45分，商洛市消防支队根据现场实际情况，向商洛市政府进行了报告，请求启动市政府重大危化事故应急预案。接到报告后，商洛市委领导立即带领市公安局、安监局、质检局、市政局、商州区政府、交警支队、燃气公司等部门负责人赶赴现场，开展应急处置工作。一是成立了由市政府副秘书长为指挥长，市安监局局长、商州区政府区长为副指挥长的应急抢险救援现场指挥部；指挥部下设综合协调组、专家技术组、安全保卫组、抢险救援组、医疗救护组、宣传报道组、维护稳定组和善后处理组等8个职能小组，具体承担事故救援和处置工作。二是由商州区政府全权负责，立即将周围群众撤离到事发现场500米以外。三是由市公安局立即实施社会治安和道路交通管制，按照重、中、轻三类警戒层次，对现场150米，300米和500米的范围划定三道警戒线，并对现场无关人员和当地居民逐一进行清理，严禁现场产生烟火。四是由市供电局立即对该区域拉闸断电，消除衍生灾害隐患。五是由市消防支队、市质检局、市燃气公司各抽调技术骨干1人，对事故车辆进行现场勘查、鉴定。六是请求省消防总队特勤处联合处置此次事故，对泄漏处继续进行堵漏，然后利用重型吊车对液化天然气槽车起吊至平板车上，运送到液化天然气站进行倒灌；若堵漏不成，由消防部门协助事故方原地倒灌。

21日13时，前来增援的省消防总队特勤处两辆消防车、19名官兵到达事故现场，迅速对泄漏点进行侦查，发现泄漏部位呈严重不规则状，堵漏十分困难。虽然经过4个多小时奋战，但封堵任务仍未完成。

22日7时，在省政府应急管理专家组的现场技术支持下，商洛市政府开始组织实施倒灌作业前期工作，划定了100米的核心警戒范围，做好了现场风向监测工作，派出了两辆救护车，做好抢救伤员的准备。8时15分，两台吊车、一台平板车、一台槽车以及一辆氮气车到达事故现场，为救援行动的顺利开展提供了保障。11时20分，倒灌在长庆石油管理局和杨凌光明气体公司技术人员的协助下正式开始。到17时10分倒灌完成，气体排空结束，氮气置换处理合格，19时5分罐体起吊成功，险情完全排除，救援行动取得圆满成功，中断48小时的312国道恢复通行。

3. 经验和启示

（1）组织领导到位，是此次液化天然气泄漏事故得到有效应对的根本保证。事件发生后，市委领导亲自带领20多个工作部门主要负责人在现场进行处置工作，大大提高了组织领导能力，为缩短处置时间赢得了宝贵的时间。省政府应急办领导根据商洛实际需求，及时协调长庆集团公司骨干技术力量驰援，帮助实施倒灌作业，解决了商洛技术力量缺乏的燃眉之急。

（2）响应迅速及时，才能抓住处置液化天然气泄漏事故的有利时机。由于这次事故报告及时准确，应急响应迅速，应对措施主动有力，为成功处置天然气泄漏事故、减少和降低次生灾害造成的损失起到了较为重要的作用。

（3）群众支持参与，是应对处置液化天然气泄漏事故的重要保证。天然气属于易燃易爆气体，为了安全起见，政府紧急疏散了周围1412名群众，实施了社会治安管制和交通管制。300余户群众连续两天没有生火、做饭，没有使用手机，停止了现场周围一切生产活动。群众自觉投亲靠友，村民组成义务现场秩序维护队，协助政府做好管制工作，为应对处置液化天然气泄漏事故提供了重要保证。

（4）部门协作配合，是应对处置液化天然气泄漏事故的有力支撑。在这次泄漏事故的应急处置中，市级各部门相互全力支持和配合，使泄漏事故得到迅速有效控制，避免了进一步恶化的趋势。如环保部门开展了环境监测工作；公安部门组织警力对事故现场及周边地区进行警戒、管制，维护了现场秩序；卫生部门组织医疗单位对受伤司乘人员进行了及时救护；消防、应急救援部门、燃气公司在现场实施了救援、抢险处置和堵漏工作；商州区组织镇村干部，对事故现场周边群众进行了有序疏散。

三、较大火灾事故救援典型实例

2016年8月14日4时51分许，东莞市大朗镇巷头社区富康北路4巷15号一出租屋（局部工商登记为东莞大朗宏贸针织时装厂）发生一起较大火灾事故，过火面积约150平方米，火灾烧损部分建筑结构、生产设备、半成品、成品及物品一批，造成9人死亡、2人重伤，直接经济损失8650090.27元（直接财产损失982560元，善后费用7667530.27元）。

事故发生后，省领导作出专门批示。省公安厅、省消防总队、省安监局、市委和市政府等省、市领导亲临现场指导。市人民政府迅速召开现场会，成立六个工作小组，全力做好事故处置工作。

依据《中华人民共和国安全生产法》和《生产安全事故报告和调查处理条例》（国务院令第493号）等有关法律法规规定，东莞市政府迅速成立了由副秘书长为组长，市纪委监察局、市安监局、市公安局、市公安消防局、市总工会、市检察院及大朗镇政府有关人员参加的东莞市大朗镇"8.14"较大火灾事故调查组，开展事故调查工作。事故调查组按照"四不放过"和"科学严谨、依法依规、实事求是、注重实效"的原则，通过现场勘察、调查取证，基本查清了事故发生的经过、原因、应急处置、人员伤亡和直接经济损失情况，认定了事故性质和责任，提出了对有关责任人员的处理建议，并针对事故原因及暴露的突出问题，提出了事故相关防范措施。有关情况报告如下。

1. 基本情况

（1）起火建筑基本情况　起火建筑位于东莞市大朗镇巷头社区富康北路 4 巷 15 号一出租屋，由陈敏伦于 2001 年 12 月向大朗镇政府申办报建手续并经同意后建设，符合当地土地利用总体规划，地类为村庄建设用地，未办理用地手续。2010 年 2 月，陈海叩从陈敏伦手中购买该出租屋，并继续租给李坤国（台湾籍）经营东莞市大朗宏贸针织时装厂。该出租屋 1~5 楼为钢筋混凝土结构，6 楼（天面层）为搭建铁皮房，占地面积 150 平方米，建筑面积 750 平方米。1、3、4 楼为车间（其中 3、4 楼为 24 小时生产的车间），2、5 和 6 楼（天面层）为宿舍，其中 2 楼为经营者一家居住和办公使用，5 楼对外出租给他人居住，6 楼（天面层）供员工居住使用。

（2）事故伤亡情况及直接经济损失　该起火灾事故过火面积约 150 平方米，火灾烧损部分建筑结构、生产设备、半成品、成品及物品一批，造成 9 人死亡、2 人重伤，直接经济损失 8650090.27 元，属较大火灾事故。

2. 事故发生经过和救援情况

（1）事故发生经过　2016 年 8 月 14 日凌晨，张祯祯在富康北 5 巷 14 号富利达服饰厂一楼进行打包出货，4 时 50 分许，张祯祯突然看到斜对面富康北 4 巷 15 号（即起火建筑）一楼后面排风口冒浓烟，并且发出"吱吱吱"的声音，当时张祯祯立即用手机拨打 119 报火警，接着拨打 110 报警。在报警的同时，听到该楼房二楼有人叫"救命"。此时周边的群众也发现起火，都积极报警和参与救人，但由于火势和浓烟过大，无法扑灭大火。

（2）应急救援情况　8 月 14 日 4 时 51 分许，东莞市公安消防局指挥中心接到报警，称大朗镇巷头社区富康北路 4 巷一出租屋发生火灾，先后调派大朗中队、特勤一中队、寮步中队、寮步专职队、松山湖中队、大岭山中队、常平中队、黄江专职队等共 18 辆消防车、90 名指战员到场处置，市公安消防局局长、政委率全勤指挥部随行出动。4 时 56 分，大朗中队 6 台消防车（3 台泡沫水罐车、1 台抢险救援车、1 台多功能主战车、1 台云梯车）、25 名指战员到达现场。据周边群众反映，1 名被困人员通过 2 楼北面逃生窗自行跳楼逃生，1 名被困人员通过 3 楼出货窗口跳楼逃生。消防官兵侦察发现着火建筑内存放有大量毛织物品，火势已处于猛烈燃烧状态并伴有声响，其中 1 楼已完全被大火笼罩，南面楼梯口不断有浓烟及火苗冒出。消防官兵坚持"救人第一"的指导思想和第一时间控制灾情发展的救援原则，现场分为灭火组和搜救组。灭火组用出水枪对一楼进行灭火，对着火建筑进行冷却，防止火势向周边蔓延，5 时 25 分，明火被扑灭，但现场燃烧后的毛织物品产生大量的浓烟，现场温度高达约 100℃。搜救组同时对着火建筑一楼的卷帘门和楼梯通道进行破拆，第一时间打开救援通道，同时利用拉梯和云梯车对楼上被困人员开展救援，通过破拆防盗网和房阀门等方式，先后从楼上抢救出 12 名被困人员，并立即送往医院进行救治。14 名被困人员（含跳楼逃生）中，9 人因伤情过重，经全力抢救无效后死亡，2 人重伤在监护治疗，3 人经检查未受伤。

（3）应急救援评估　消防官兵到达现场后，现场已处于猛烈燃烧阶段，救援环境复杂。

消防官兵坚持"救人第一"的指导思想和第一时间控制灾情发展的救援原则，战术运用合理，现场部署得当、及时、科学，处置、保障措施得力，成功扑灭大火，疏散周边群众，避免了火灾事故的进一步扩大和次生灾害。经评估，本次事故救援处置行动成功。

3. 事故原因及性质

按照生产安全事故调查处理"四不放过"原则，为进一步查明事故的原因、性质和类型，事故调查组进行了大量的调查询问取证工作，对事故现场进行详细的内外围反复勘查，收集和掌握了大量的第一手材料，基本查清了事故原因和性质。

（1）事故直接原因

① 排除纵火引起火灾的可能性。根据东莞市公安局和东莞市公安局大朗分局调查走访情况、视频监控和现场勘验情况，排除纵火刑事犯罪的嫌疑。

② 排除自燃、遗留火种引起火灾的可能性。经调查，起火部位处没有点蚊香或存放自燃类物品；火灾现场无阴燃起火痕迹特征，排除自燃、吸烟和遗留火种引起火灾因素。

③ 排除雷击引起火灾的可能性。发生火灾时，东莞市大朗巷头区域无雷电现象发生。

④ 经现场勘验、调查询问、物证鉴定，认定起火原因为东莞大朗宏贸针织时装厂一楼夹层东北角处电线短路引燃周围可燃物所致，依据如下：

a. 经现场勘验，起火点处有电线经过，电线上发现有熔痕，提取该熔痕，经广东震华痕迹司法鉴定所鉴定，电线熔痕（2号检材）为一次短路形成电熔痕，具备引起火灾的条件；

b. 起火点处有大量可燃物，具备电线短路引发火灾的条件；

c. 现场勘查发现东莞大朗宏贸针织时装厂生产区域中部烧损最重，并形成以此为中心向四周递减的烧损痕迹。

综上所述，根据现场勘验痕迹、证人证言、司法鉴定结论等证据，认定该起火灾起火原因是：东莞大朗宏贸针织时装厂一楼夹层东北角处电线短路引燃周围可燃物所致。

（2）事故性质　事故调查组经调查认定：东莞市大朗镇"8·14"较大火灾事故是一起由于消防安全责任制不落实，事故责任主体消防安全管理混乱、消防安全意识淡薄而引发的较大火灾责任事故。

4. 整改措施及建议

（1）进一步落实消防安全工作责任制。

（2）进一步加强落实消防安全"网格化"管理。

（3）进一步加强消防隐患排查整治力度。

（4）进一步加强消防安全宣传教育。

第四章

事故应急救援预案编制与管理

第一节 应急救援预案

一、应急救援预案概念

应急救援预案最早是化工生产企业为预防、预测和应急处理"关键生产装置事故""重点生产部位事故""化学泄漏事故"而预先制定的对策方案，其有三个方面的含义：

① 事故预防 通过危险辨识、事故后果分析，采用技术和管理手段，降低事故发生的可能性，且使可能发生的事故控制在局部，防止事故蔓延；

② 应急处理 万一发生事故（或故障），有应急处理程序和方法，能快速反应处理故障或将事故消除在萌芽状态；

③ 抢险救援 采用预定现场抢险和抢救的方式，控制或减少事故造成的损失。

根据 ILO（国际劳工组织）《重大工业事故预防规程》，应急救援预案（又称应急救援计划）的定义如下：

① 基于在某一处发现的潜在事故及其可能造成的影响所形成的一个正式书面计划，该计划描述了在现场和场外如何处理事故及其影响；

② 重大危害设施的应急计划应包括对紧急事件的处理；

③ 应急计划包括现场计划和场外计划两个重要组成部分；

④ 企业管理部门应确保遵守国家法律并符合法定标准的要求，不应把应急计划作为在设施内维持良好标准的替代措施。

应急救援预案，又可称为"预防和应急处理预案""应急处理预案""应急计划"或"应急预案"，是事先针对可能发生的事故（件）或灾害进行预测而预先制定的应急与救援行动，降低事故损失的有关救援措施、计划或方案。应急预案实际上是标准化的反应程序，以使应急救援活动能迅速、有序地按照计划和最有效的步骤来进行。应急预案以应急救援体系的各项要求为内容，是应急救援体系的有形载体。应急救援体系是个抽象的概念，即人们针对突发事件事故的应急管理和处置活动所提出的一系列相互联系、相互作用的要求。应急预案是按照专门的文件格式并满足这些要求的规范性文件，是应急救援体系的文件化。这就是应急预案和应急救援体系两者之间的关系和区别。应急预案是在辨识和评估潜在的重大危险、事故类型、事故发生的可能性及发生过程、事故后果及影响严重程度的基础上，对应急机构职责、人员、技术、装备、设施（设备）、物资、救援行动及其指挥与协调等方面预先做出的具体安排。应急预案应明确在突发事故发生之前、发生过程中以及刚结束之后，谁负责做什么、何时做以及相应的策略和资源准备等。

二、有关应急救援预案的法律法规要求

近年来，我国相继颁布的一系列法律法规，如《中华人民共和国安全生产法》《中华人民共和国消防法》《中华人民共和国职业病防治法》《中华人民共和国突发事件应对法》《危险化学品安全管理条例》《特种设备安全监察条例》等，对政府和生产经营单位制定事故应急预案提出了相应的规定和要求。

《中华人民共和国安全生产法》第十七条规定"生产经营单位的主要负责人应当组织制定并实施本单位的生产安全事故应急救援预案的职责。"该法第三十三条规定"生产经营单位对重大危险源应当制定应急救援预案，并告知从业人员和相关人员在紧急情况下应当采取的应急措施。"该法第六十八条规定"县级以上地方各级人民政府应当组织有关部门制定本行政区域内特大生产安全事故应急救援预案，建立应急救援体系。"

《中华人民共和国消防法》（自 2009 年 5 月 1 日起施行）第十六条规定"机关、团体、企业、事业等单位应当制定灭火和应急疏散预案；并组织进行有针对性的消防演练。"

《中华人民共和国职业病防治法》规定"用人单位应当建立、健全职业病危害事故应急救援预案。"

《中华人民共和国突发事件应对法》第十七条规定"国家建立健全突发事件应急预案体系。国务院制定国家突发事件总体应急预案，组织制定国家突发事件专项应急预案；国务院有关部门根据各自的职责和国务院相关应急预案，制定国家突发事件部门应急预案。地方各级人民政府和县级以上地方各级人民政府有关部门根据有关法律、法规、规章、上级人民政府及其有关部门的应急预案以及本地区的实际情况，制定相应的突发事件应急预案。应急预案制定机关应当根据实际需要和情势变化，适时修订应急预案。应急预案的制定、修订程序由国务院规定。"

该法第二十三条规定"矿山、建筑施工单位和易燃易爆物品、危险化学品、放射性物品等危险物品的生产、经营、储运、使用单位，应当制定具体应急预案，并对生产经营场所、有危险物品的建筑物、构筑物及周边环境开展隐患排查，及时采取措施消除隐患，防止发生突发事件。"

该法第二十四条规定"公共交通工具、公共场所和其他人员密集场所的经营单位或者管理单位应当制定具体应急预案，为交通工具和有关场所配备报警装置和必要的应急救援设备、设施，注明其使用方法，并显著标明安全撤离的通道、路线，保证安全通道、出口的畅通。有关单位应当定期检测、维护其报警装置和应急救援设备、设施，使其处于良好状态，确保正常使用。"

《危险化学品安全管理条例》（自 2011 年 12 月 1 日起施行）第六十九条规定"县级以上地方人民政府安全生产监督管理部门应当会同工业和信息化、环境保护、公安、卫生、交通运输、铁路、质量监督检验检疫等部门，根据本地区实际情况，制定危险化学品事故应急预案，报本级人民政府批准。"

该条例第七十条规定"危险化学品单位应当制定本单位危险化学品事故应急预案，配备应急救援人员和必要的应急救援器材、设备，并定期组织应急救援演练。危险化学品单位应

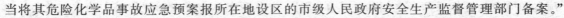

当将其危险化学品事故应急预案报所在地设区的市级人民政府安全生产监督管理部门备案。"

《特种设备安全监察条例》（2009 年版）第六十五条规定"特种设备使用单位应当制定事故应急专项预案，并定期进行事故应急演练。"

《使用有毒物品作业场所劳动保护条例》规定"从事使用高毒物品作业的用人单位，应当配备应急救援人员和必要的应急救援器材、设备，制定事故应急救援预案，并根据实际情况变化对应急预案适时进行修订，定期组织演练。事故应急救援预案和演练记录应当报当地卫生行政部门、安全生产监督管理部门和公安部门备案。"

三、应急预案的目的和作用

1. 制定应急预案的目的

为了在重大事故发生后能及时予以控制，防止重大事故的蔓延，有效地组织抢险和救助，政府和企业应对已初步认定的危险场所和部位进行重大危险源的评估。对所有被认定的重大危险源，应事先进行重大事故后果定量预测，估计在重大事故发生后的状态、人员伤亡情况及设备破坏和损失程度，以及由于物料的泄漏可能引起的爆炸、火灾、有毒有害物质扩散对单位及周边地区可能造成危害程度。依据预测，提前制定重大事故应急预案，组织、培训抢险队伍和配备救助器材，以便在重大事故发生后，能及时按照预定方案进行救援，在短时间内使事故得到有效控制。

综上所述，制定事故应急预案的主要目的有两个：采取预防措施使事故控制在局部，消除蔓延条件，防止突发性重大或连锁事故发生；能在事故发生后迅速有效控制和处理事故，尽力减轻事故对人和财产的影响。

2. 应急预案的作用

应急预案在应急系统中起着关键作用，它明确了在突发事件发生之前、发生过程中，以及刚刚结束之后，谁负责做什么，何时做，相应的策略和资源准备等。它是针对可能发生的突发环境事件及其影响和后果严重程度，为应急准备和应急响应的各个方面所预先做出的详细安排，是开展及时、有序和有效事故应急救援工作的行动指南。编制重大事故应急预案，是应急救援准备工作的核心内容，是及时、有序、有效地开展应急救援工作的重要保障。

应急预案在应急救援中的重要作用和地位体现在以下几个方面。

（1）应急预案确定了应急救援的范围和体系，使应急准备和应急管理不再是无据可依、无章可循。尤其是培训和演习，它们依赖于应急预案：培训可以让应急响应人员熟悉自己的任务，具备完成指定任务所需的相应技能；演习可以检验预案和行动程序，并评估应急人员的技能和整体协调性。

（2）制定应急预案，有利于做出及时的应急响应，降低事故后果。应急行动对时间要求十分敏感，不允许有任何拖延。应急预案预先明确了应急各方的职责和响应程序，在应急力量、应急资源等方面做了大量准备，可以指导应急救援迅速、高效、有序地开展，将事故的人员伤亡、财产损失和环境破坏降到最低限度。此外，如果预先制定了预案，对重大事故发生后必须快速解决的一些应急恢复问题，也就很容易解决。

（3）成为各类突发重大事故的应急基础。通过编制基本应急预案，可保证应急预案足够的灵活性，对那些事先无法预料到的突发事件或事故，也可以起到基本的应急指导作用，成为开展应急救援的"底线"。在此基础上，可以针对特定危害编制专项应急预案，有针对性地制定应急措施，进行专项应急准备和演习。

（4）当发生超过应急能力的重大事故时，便于与上级应急部门的联系和协调。

（5）有利于提高风险防范意识。预案的编制、评审以及发布和宣传，有利于各方了解可能面临的重大风险及其相应的应急措施，有利于促进各方提高风险防范意识和能力。

四、应急预案的分级分类

1. 应急预案的分级

在我国建立事故应急救援体系时，根据可能的事故后果的影响范围、地点、应急方式，以及行政管理权限的大小和范围，将事故应急预案分成5个层级，如图4-1所示。

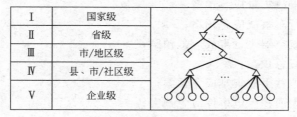

Ⅰ	国家级
Ⅱ	省级
Ⅲ	市/地区级
Ⅳ	县、市/社区级
Ⅴ	企业级

图 4-1 事故应急预案的级别

企业一旦发生事故，应即刻实施应急程序。如需上级援助，应同时报告当地县（市）或社区政府事故应急主管部门，根据预测的事故影响程度和范围，需投入的应急人力、物力和财力，逐级启动事故应急预案。在任何情况下都要对企业意外事故情况的发展进行连续不断的监测，并将信息传送到社区级事故应急指挥中心。社区级事故应急指挥中心根据事故严重程度，将核实后的信息逐级报送上级应急机构。社区级事故应急指挥中心可以向科研单位、地（市）或全国专家、数据库和实验室，就事故所涉及的危险物质的性能、事故控制措施等方面征求专家意见。企业或社区级事故应急指挥中心应不断向上级机构报告事故控制的进展情况、所做出的决定与采取的行动。后者对此进行审查、批准或提出替代对策。将事故应急处理移交上一级指挥中心的决定，应由社区级指挥中心和上级政府机构共同做出。做出这种决定（升级）的依据是事故的规模、社区及企业能够提供的应急资源及事故发生的地点是否使社区范围外的地方处于风险之中。

（1）Ⅰ级（国家级） 对事故后果超过省、直辖市、自治区边界以及列为国家级事故隐患、重大危险源的设施或场所，应制定国家级应急预案。

（2）Ⅱ级（省级） 对可能发生的特大火灾、爆炸、毒物泄漏事故，以及属省级特大事故隐患、省级重大危险源，应建立省级事故应急反应预案。它可能是一种规模极大的灾难事故，也可能是一种需要用事故发生的城市或地区所没有的特殊技术和设备进行处理的特殊事故。这类意外事故需用全省范围内的力量来控制。

（3）Ⅲ级（市/地区级） 事故影响范围大，后果严重，或是发生在两个县或县级市管辖区边界上的事故。应急救援需动用地区的力量。

（4）Ⅳ级（县、市/社区级） 所涉及的事故及其影响可扩大到公共区（社区），但可被该县（市、区）或社区的力量，加上所涉及的工厂或工业部门的力量所控制。

（5）Ⅴ级（企业级） 事故的有害影响局限在一个单位（如某个化工厂）的界区之内，并且可被现场的操作者遏制和控制在该区域内。这类事故可能需要投入整个单位的力量来控制，但其影响预期不会扩大到社区（公共区）。

政府主管部门应建立适合的报警系统，且有一个标准程序，将事故发生、发展的信息传递给相应级别的应急指挥中心，根据对事故状况的评价，实施相应级别的应急预案。

2. 应急预案的分类

（1）按照突发事件的种类划分 《国家突发公共事件总体应急预案》把突发公共事件划分为4大类：自然灾害、事故灾难、公共卫生事件和社会安全事件。针对每一大类突发公共事件下不同具体种类的事件，分别编制应急预案。为了规范事故灾难类突发公共事件的应急管理和应急响应程序，及时有效地实施应急救援工作，最大程度地减少人员伤亡、财产损失，维护人民群众生命财产安全和社会稳定，国务院针对事故灾难类突发公共事件发布了9部相应的应急预案：

① 国家安全生产事故灾难应急预案；

② 国家处置铁路行车事故应急预案；

③ 国家处置民用航空器飞行事故应急预案；

④ 国家海上搜救应急预案；

⑤ 国家处置城市地铁事故灾难应急预案；

⑥ 国家处置电网大面积停电事件应急预案；

⑦ 国家核应急预案；

⑧ 国家突发环境事件应急预案；

⑨ 国家通信保障应急预案。

（2）按单位性质和责任主体的不同来划分 按单位性质和责任主体的不同，可将应急预案划分为政府应急预案（场外预案）、生产经营单位应急预案（场内、现场预案）。政府预案和单位预案之间的联系和区别，概括起来有以下几点。

① 两者具有共同的目的和最终目标。

② 两者的框架、结构基本相同。

③ 政府预案针对的是行政辖区内的社会活动，并不具体针对特定的人、物、组织，可以看做是外向型预案，是最主要的"场外预案"之一；单位预案针对的是本单位的生产经营活动以及特定的人员范围及财产，可以看做是内向型预案，也可称为"现场预案"或"场内预案"。两者在处置的事故性质、规模和后果上存在较大差异。

④ 政府预案是社会性的，由政府来主导和负责，并承担主要责任；单位预案是自我管理性的，是单位承担安全保障责任的一种体现，立足自救的具体方案，由单位自己主导和负责，并承担主要责任。

⑤ 政府预案作为"场外预案"和单位预案作为"现场预案"，两者之间必须具有良好的衔接。

⑥ 政府预案和单位预案在启动时，必须做到双向畅通和联动。

（3）按预案功能和适用对象范围的不同来划分 根据应急预案的不同功能、不同适用范围，应急预案可划分为三种类型：综合预案、专项预案和现场预案（现场处置方案、单项预案）。应急预案的类别和层次之间的内在基本关系如图4-2所示。

① 综合预案也称总体预案，从总体上阐述应急目标、原则、应急组织结构及相应职责，以及应急行动的整体思路等。通过综合预案，可以较为清晰地了解应急体系和预案体系，更重要的是可以作为应急工作的基础和"底线"，即使对那些没有分析到的紧急情况或没有预案的事故也能起到一定的应急指导作用。综合预案有时也称为"管理预案"。在综合预案中需要说明对各级各类预案的基本要求，对整体预案体系和事故应急各环节提出管理上的要求。综合预案针对的是整体，着重于共性的、突出的事故风险的处理，而且是对各类事故应急处理的共性方式、方法、原则的说明，对于特定类型的事故风险的特殊处理放在"专项预

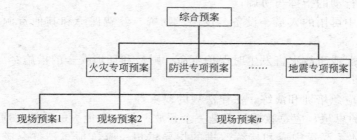

图 4-2 应急预案的类别和层次

案"中说明。综合预案一般不会涉及过多的现场工作内容,而将现场处理工作放在"专项预案"和"现场预案"中,而且主要放在"现场预案"中,因此,综合预案的可操作性较弱。一般来说,综合预案是总体、全面的预案,以场外指挥与集中指挥为主,侧重在应急救援活动的组织协调。一般大型企业或行业集团,下属很多分公司,比较适于编制这类预案,可以做到统一指挥和资源的最大利用。

② 专项预案是针对某一种具体的、特定类型的紧急情况的应急处理而制定的,例如人身伤亡事故预案、自然灾害事故预案等。专项预案是建立在对特定风险分析基础上的,它以综合预案为前提,对应急策划、应急准备等做了更加详尽的描述,专项预案比综合预案的可操作性进一步加强,是"现场预案"的基础。专项预案往往是针对较为突出或集中的事故风险,一个专项预案所针对的事故一般是存在于多个生产场所的,所以同一个专项预案可以对多个事故现场的应急起到指导作用。专项预案注重于某一项事故的应急处理,应尽量避免在专项预案中涉及过多的现场条件,以防缩小专项预案的适用范围,或导致专项预案与现场预案界限不清。专项预案主要针对某种特有和具体的事故灾难风险(灾害种类),如重大事故,采取综合性与专业性的减灾、防灾、救灾和灾后恢复行动。

③ 现场预案(现场处置方案)是在综合预案和专项预案的基础上,根据具体情况需要而编制的。它是针对特定的具体场所而制定的预案,通常是事故风险较大的场所。现场预案的特点是针对某一具体现场的特殊危险,在详细分析的基础上,对应急救援中的各个方面都做出具体、周密的安排,因而现场预案具有更强的针对性、指导性和可操作性。现场预案的编制要以实用、简洁为标准,过于庞大的现场预案不便于应急情况下使用。现场预案的另一特殊形式为单项预案。单项预案可以是针对一大型公众聚集活动(如经济、文化、体育、民俗、娱乐、集会等活动)或高风险的建设施工或维修活动(如人口高密度区建筑物的定向爆破、生命线施工维护等活动)而制定的临时性应急行动方案。随着这些活动的结束,预案的有效性也随之终结。单项预案主要是针对临时活动中可能出现的紧急情况,预先对相关应急机构的职责、任务和预防性措施做出安排。单项应急救援方案,主要是针对一些单项、突发的紧急情况所设计的具体行动计划。一般是针对有些临时性的工程或活动,这些活动不是日常生产过程中的活动,也不是规律性的活动,但这类作业活动由于其临时性或发生的概率很少,对于可能潜在的危机常常被忽视。

五、应急救援预案的核心要素

应急预案是针对可能发生的重大事故所需的应急准备和应急响应行动而制定的指导性文件,其核心内容包括:

① 对紧急情况或事故灾害及其后果的预测、辨识和评估;

② 规定应急救援各方组织的详细职责;

③ 应急救援行动的指挥与协调;

④ 应急救援中可用的人员、设备、设施、物资、经费保障和其他资源,包括社会和外部援助资源等;

⑤ 在紧急情况或事故灾害发生时保护生命、财产和环境安全的措施;

⑥ 现场恢复;

⑦ 其他,如应急培训和演练,法律法规的要求等。

按照系统论的思想,应急救援预案是一个开放、复杂和庞大的系统,应急预案的设计和组织实施应遵循体系要素构成和持续改进的指导思想。应急预案是整个应急管理体系的反映,它不仅应包括事故发生过程中的应急响应和救援措施,还应包括事故发生前的各种应急准备和事故发生后的紧急恢复,以及预案的管理与更新等。因此,一个完善的应急预案按相应的过程可分为 6 个一级关键要素:

① 方针与原则;

② 应急策划;

③ 应急准备;

④ 应急响应;

⑤ 现场恢复;

⑥ 预案管理与评审改进。

上述 6 个一级要素相互之间既相对独立又紧密联系,从应急的方针、策划、准备、响应、恢复到预案的管理与评审改进,形成了一个有机联系并持续改进的体系结构。根据一级要素中所包括的任务和功能,其中应急策划、应急准备和应急响应三个一级关键要素可进一步划分成若干个二级小要素,所有这些要素构成了事故应急预案的核心要素。这些要素是重大事故应急预案编制应当涉及的基本方面。在实际编制应急预案时,可根据职能部门的设置和职责分配、风险性质和规模等具体情况,将要素进行合并、增加、重新编排或适当的删减等,以便于组织编写。原则上,无论综合预案、专项预案、现场预案都可以由上述这些要素构成,只是不同类型预案中各要素阐述的侧重点不同。重大事故应急预案的核心要素见表4-1。下面对这些要素的基本内容及要求分别进行介绍。

表 4-1　重大事故应急预案的核心要素

1. 方针与原则	2. 应急策划	3. 应急准备	4. 应急响应	5. 现场恢复	6. 预案管理与评审改进
	2.1　危险分析 2.2　资源分析 2.3　法律法规要求	3.1　机构与职责 3.2　应急资源 3.3　教育、训练与演习 3.4　互助协议	4.1　接警与通知 4.2　指挥与控制 4.3　警报和紧急公告 4.4　通信 4.5　事态监测与评估 4.6　警戒与治安 4.7　人群疏散与安置 4.8　医疗与卫生 4.9　公共关系 4.10　应急人员安全 4.11　消防和抢险 4.12　泄漏物控制		

1. 方针与原则

应急救援体系首先应有一个明确的方针和原则作为指导应急救援工作的纲领。方针与原则反映了应急救援工作的优先方向、政策、范围和总体目标，如保护人员安全优先、防止和控制事故蔓延优先、保护环境优先。此外，方针与原则还应体现预防为主、常备不懈、事故损失控制、统一指挥、高效协调以及持续改进的思想。

2. 应急策划

应急预案是有针对性的，具有明确的对象，其对象可能是某一类或多类可能的重大事故类型。应急预案的制定必须基于对所针对的潜在事故类型有一个全面系统的认识和评价，识别出重要的潜在事故类型、性质、区域、分布及事故后果，同时，根据危险分析的结果，分析应急救援的应急力量和可用资源情况，并提出建设性意见。在进行应急策划时，应当列出国家、地方相关的法律法规，以作为预案的制定、应急工作的依据和授权。应急策划包括危险分析、资源分析以及法律法规要求三个二级要素。

（1）危险分析　危险分析是应急预案编制的基础和关键过程。危险分析的结果不仅有助于确定需要重点考虑的危险，提供划分预案编制优先级别的依据，而且也为应急预案的编制、应急准备和应急响应提供了必要的信息和资料。危险分析的最终目的是要明确应急的对象（可能存在的重大事故）、事故的性质及其影响范围、后果严重程度等。危险分析应依据国家和地方有关的法律法规要求，根据具体情况进行。危险分析包括危险识别、脆弱性分析和风险分析。

① 危险识别。要调查所有的危险并进行详细的分析是不可能的。危险识别的目的是要将城市中可能存在的重大危险因素识别出来，作为下一步危险分析的对象。危险识别应分析本地区的地理、气象等自然条件，工业和运输、商贸、公共设施等的具体情况，总结本地区历史上曾经发生的重大事故，来识别出可能发生的自然灾害和重大事故。危险识别还应符合国家有关法律法规和标准的要求。危险识别应明确下列内容：

- 危险化学品工厂（尤其是重大危险源）的位置和运输路线；
- 伴随危险化学品的泄漏而最有可能发生的危险（如火灾、爆炸和中毒），城市内或经过城市进行运输的危险化学品的类型和数量；
- 重大火灾隐患的情况，如地铁、大型商场等人口密集场所；
- 其他可能的重大事故隐患，如大坝、桥梁等；
- 可能的自然灾害，以及地理、气象等自然环境的变化和异常情况。

② 脆弱性分析。脆弱性分析要确定的是：一旦发生危险事故，哪些地方、哪些人及人群、什么财物和设施等容易受到破坏、冲击和影响。脆弱性分析结果应提供下列信息：

- 受事故或灾害严重影响的区域，以及该区域的影响因素（如地形、交通、风向等）；
- 预计位于脆弱带中的人口数量和类型（如居民，职员，敏感人群——医院、学校、疗养院、托儿所），可能遭受的财产破坏，包括基础设施（如水、食物、电、医疗）和运输线路，可能的环境影响。

③ 风险分析。风险分析是根据脆弱性分析的结果，评估事故或灾害发生时，对城市造成破坏（或伤害）的可能性，以及可能导致的实际破坏（或伤害）程度。通常可能会选择对最坏的情况进行分析。风险分析可以提供下列信息：

- 发生事故和环境异常（如洪涝）的可能性，或同时发生多种紧急事故的可能性；
- 对人造成的伤害类型（急性、延时或慢性的）和相关的高危人群；
- 对财产造成的破坏类型（暂时、可修复或永久的）；
- 对环境造成的破坏类型（可恢复或永久的）。

要做到准确分析事故发生的可能性是不太现实的，一般不必过多地将精力集中到对事故或灾害发生的可能性进行精确的定量分析上，可以用相对性的词汇（如低、中、高）来描述发生事故或灾害的可能性，关键是要在充分利用现有数据和技术的基础上进行合理的评估。

（2）资源分析　针对危险分析所确定的主要危险，明确应急救援所需的资源，列出可用的应急力量和资掘，包括以下几方面：

- 各类应急力量的组成及分布情况；
- 各种重要应急设备、物资的准备情况；
- 上级救援机构或周边可用的应急资源。

通过资源分析，可为应急资源的规划与配备、与相邻地区签订互助协议和预案编制提供指导。

（3）法律法规要求　有关应急救援的法律法规是开展应急救援工作的重要前提保障。应急策划时，应列出国家、省、地方涉及应急各部门职责要求以及应急预案、应急准备和应急救援的法律法规文件，以作为预案编制和应急救援的依据和授权。

3. 应急准备

应急预案能否在应急救援中成功地发挥作用，不仅取决于应急预案自身的完善程度，还取决于应急准备的充分与否。应急准备应当依据应急策划的结果开展，包括各应急组织及其职责权限的明确、应急资源的准备、公众教育、应急人员培训、预案演练和互助协议的签署等。

（1）机构与职责　为保证应急救援工作的反应迅速、协调有序，必须建立完善的应急机构组织体系，包括城市应急管理的领导机构、应急响应中心以及各有关机构部门等。对应急救援中承担任务的所有应急组织，应明确相应的职责、负责人、候补人及联络方式。

（2）应急资源　应急资源的准备是应急救援工作的重要保障，应根据潜在事故的性质和后果分析，合理组建专业和社会救援力量，配备应急救援中所需的消防手段、各种救援机械和设备、监测仪器、堵漏和清消材料、交通工具、个体防护设备、医疗设备和药品、生活保障物资等，并定期检查、维护与更新，保证始终处于完好状态。另外，对应急资源信息应实施有效的管理与更新。

（3）教育、训练与演习　为全面提高应急能力，应急预案应对公众教育、应急训练和演习做出相应的规定，包括其内容、计划、组织与准备、效果评估等。

公众意识和自我保护能力是减少重大事故伤亡不可忽视的一个重要方面。作为应急准备的一项内容，应对公众的日常教育做出规定，尤其是位于重大危险源周边的人群，使他们了解潜在危险的性质和对健康的危害，掌握必要的自救知识，了解预先指定的主要及备用疏散路线和集合地点，了解各种警报的含义和应急救援工作的有关要求。

应急训练的基本内容主要包括基础培训与训练、专业训练、战术训练及其他训练等。基础培训与训练的目的是保证应急人员具备良好的体能、战斗意志和作风，明确各自的职责，熟悉城市潜在重大危险的性质、救援的基本程序和要领，熟练掌握个人防护装备和通信装备的使用等。专业训练关系到应急队伍的实战能力，训练内容主要包括专业常识、堵源技术、抢运和清消及现场急救等技术。战术训练是各项专业技术的综合运用，使各级指挥员和救援人员具备良好的组织指挥能力和应变能力。其他训练应根据实际情况选择开展，如防化、气象、侦检技术、综合训练等项目的训练，以进一步提高救援队伍的救援水平。

预案演习是对应急能力的综合检验。应急演习包括桌面演习和实战模拟演习。组织由应急各方参加的预案训练和演习，使应急人员进入"实战"状态，熟悉各类应急处理和整个应急行动的程序，明确自身的职责，提高协同作战的能力。同时，应对演练的结果进行评估，分析应急预案存在的不足，并予以改进和完善。

（4）互助协议　当有关的应急力量与资源相对薄弱时，应事先寻求与邻近区域签订正式的互助协议，并做好相应的安排，以便在应急救援中及时得到外部救援力量和资源的援助。此外，也应与社会专业技术服务机构、物资供应企业等签署相应的互助协议。

4. 应急响应

应急响应包括应急救援过程中一系列需要明确并实施的核心应急功能和任务，这些核心功能具有一定的独立性，但相互之间又密切联系，构成了应急响应的有机整体。应急响应的核心功能和任务包括接警与通知、指挥与控制、警报和紧急公告、通信、事态监测与评估、警戒与治安、人群疏散与安置、医疗与卫生、公共关系、应急人员安全、消防和抢险、泄漏物控制。

（1）接警与通知　准确了解事故的性质和规模等初始信息，是决定启动应急救援的关键。接警作为应急响应的第一步，必须对接警要求做出明确规定，保证迅速、准确地向报警人员询问事故现场的重要信息。接警人员接受报警后，应按预先确定的通报程序，迅速向有关应急机构、政府及上级部门发出事故通知，并采取相应的行动。

（2）指挥与控制　重大事故的应急救援往往涉及多个救援机构，因此，对应急行动的统一指挥和协调是应急救援有效开展的关键。因此应建立分级响应、统一指挥、协调和决策程序，以便对事故进行初始评估，确认紧急状态，迅速有效地进行应急响应决策，建立现场工作区域，确定重点保护区域和应急行动的优先原则，指挥和协调现场各救援队伍开展救援行动，合理高效地调配和使用应急资源。

（3）警报和紧急公告　当事故可能影响到周边地区，对周边地区的公众可能造成威胁时，应及时启动警报系统，向公众发出警报，同时通过各种途径向公众发出紧急公告，告知事故性质、对健康的影响、自我保护措施、注意事项等，以保证公众能够及时做出自我防护响应。决定实施疏散时，应通过紧急公告，确保公众了解疏散的有关信息，如疏散时间、路线、随身携带物、交通工具及目的地等。该部分应明确在发生重大事故时，如何向受影响的公众发出警报，包括什么时候，谁有权决定启动警报系统，各种警报信号的不同含义，警报系统的协调使用，可使用的警报装置的类型和位置，以及警报装置覆盖的地理区域。如果可能，应指定备用措施。

（4）通信　通信是应急指挥、协调和与外界联系的重要保障，在现场指挥部、应急中心、各应急救援组织、新闻媒体、医院、上级政府和外部救援机构等之间，必须建立畅通的应急通信网络。该部分应说明主要通信系统的来源、使用、维护以及应急组织通信需要的详细情况等，并充分考虑紧急状态下的通信能力和保障，建立备用的通信系统。在该应急功能中应明确以下事项：

① 维护自己的通信设备，尽量维持应急通信系统，按照已建立的程序与在现场行动的组织成员之间通信，并保持与应急中心的通信联络；

② 准备和必要时启动备用的通信系统，使用移动电话或者便携式无线通信设备，提供与应急中心和人员安置场所之间的备用通信连接；

③ 恢复正常运转时或者保管期间对所有通信设备进行清洁、维修和维护。

不同的应急组织有可能使用不同的无线频率，为保证所有组织之间在应急过程中准确和有效地通信，应当做出特别规定。可以考虑建立统一的"现场"指挥无线频率，至少应该在执行类似功能的组织之间建立一个无线通信网络。在易燃易爆危险物质事故中，所有的通信设备都必须保证本质安全。

（5）事态监测与评估　事态监测与评估在应急救援和应急恢复决策中具有关键的支持作用。消防和抢险、应急人员的安全、公众的就地保护措施或疏散、食物和水源的使用、污染物的围堵收容和清消、人群的返回等，都取决于对事故性质、事态发展的准确监测和评估。在应急救援过程中必须对事故的发展势态及影响及时进行动态的监测，建立对事故现场及场外进行监测和评估的程序。可能的监测活动包括事故规模及影响边界，气象条件，对食物、饮用水卫生以及水体、土壤、农作物等的污染，可能的二次反应有害物，爆炸危险性和受损建筑垮塌危险性，以及污染物质滞留区等。事态监测与评估在应急决策中起着重要作用。在该应急功能中应明确以下事项：

① 由谁来负责监测与评估活动；

② 监测仪器设备及现场监测方法的准备；

③ 实验室化验及检验支持；

④ 监测点的设置及现场工作的报告程序。

（6）警戒与治安　为保障现场应急救援工作的顺利开展，在事故现场周围建立警戒区域，实施交通管制，维护现场治安秩序是十分必要的。其目的是防止与救援无关的人员进入事故现场，保障救援队伍、物资运输和人群疏散等的交通畅通，并避免发生不必要的伤亡。此外，警戒与治安还应该协助发出警报、现场紧急疏散、人员清点、传达紧急信息、执行指挥机构的通告、协助事故调查等。对危险物质事故，必须列出警戒人员有关个体防护的准备。

该项功能的具体职责如下：

① 实施交通管制，对危害区外围的交通路口实施定向、定时封锁，严格控制进出事故现场的人员，避免出现意外的人员伤亡或引起现场的混乱；

② 指挥危害区域内人员的撤离，保障车辆的顺利通行；指引不熟悉地形和道路情况的应急车辆进入现场，及时疏通交通堵塞；

③ 维护撤离区和人员安置区场所的社会治安工作，保卫撤离区内和各封锁路口附近的重要目标和财产安全，打击各种犯罪分子。

除上述职责以外，警戒人员还应该协助发出警报、现场紧急疏散、人员清点、传达紧急信息以及事故调查等。在该部分应明确承担上述职责的组织及其指挥系统。该职责一般由公安、交通、武警部门负责，必要时，可启用联防、驻军和志愿人员。对已确认的可能重大事故地点，应标明周围应驻守的控制点。由于警戒和治安人员往往是第一个到达现场，对危险物质事故必须规定有关培训安排，并列出警戒人员有关个体防护的准备。

（7）人群疏散与安置　人群疏散是减少人员伤亡扩大的关键，也是最彻底的应急响应。当事故现场的周围地区人群的生命可能受到威胁时，将受威胁人群及时疏散到安全区域，是减少事故人员伤亡的一个关键。事故的大小、强度、爆发速度、持续时间及其后果严重程度，是实施人群疏散应予考虑的一个重要因素，它将决定疏散人群的数量、疏散的可用时间以及确保安全的疏散距离。人群疏散可由公安、民政部门和街道居民组织抽调力量负责具体实施，必要时可吸收工厂、学校中的骨干力量或组织志愿者参加。对人群疏散所做的规定和准备主要如下：

① 针对不同的疏散规模或现场紧急情况的严重程度，明确谁有权发布疏散命令；

② 明确进行人群疏散时可能出现的紧急情况和通知疏散的方法；

③ 对预防性疏散的规定；

④ 列举有可能需要疏散的地区（例如位于生产、使用、运输、存储危险物品的企业周边地区等）；

⑤ 对疏散人群数量、所需的警报时间、疏散时间以及可用的疏散时间等作出评估。

（8）医疗与卫生　对受伤人员采取及时有效的现场急救以及合理地转送医院进行治疗，是减少事故现场人员伤亡的关键。在该部分应明确针对城市可能的重大事故，为现场急救、伤员运送、治疗及健康监测等所做的准备和安排，包括可用的急救资源列表，如急救中心、救护车和现场急救人员的数量；医院、职业中毒治疗医院及烧伤等专科医院的列表，如数量、分布、可用病床、治疗能力等；抢救药品、医疗器械、消毒、解毒药品等城市内、外来源和供给。医疗人员必须了解城市内主要危险对人群造成伤害的类型，并经过相应的培训，掌握对危险化学品受伤害人员进行正确消毒和治疗的方法。

（9）公共关系　重大事故发生后，不可避免地会引起新闻媒体和公众的关注。因此，应将有关事故的信息、影响、救援工作的进展等情况及时向媒体和公众进行统一发布，以消除公众的恐慌心理，控制谣言扩散，避免公众的猜疑和不满。该应急功能负责与公众和新闻媒体的沟通，向公众和社会发布准确的事故信息、公布人员伤亡情况，以及政府已采取的措施。在该应急功能中应明确以下事项：

① 信息发布的审核和批准程序，保证发布信息的统一性，避免出现矛盾信息；

② 指定新闻发言人，适时举行新闻发布会，准确发布事故信息，澄清事故传言；

③ 为公众了解事故信息、防护措施以及查找亲人下落等有关咨询提供服务安排；

④ 接待、安抚死者及受伤人员的家属。

（10）应急人员安全　城市重大事故尤其是涉及危险物质的重大事故的应急救援工作危险性极大，必须对应急人员自身的安全问题进行周密的考虑，包括安全预防措施、个体防护等级、现场安全监测等，明确应急人员进出现场和紧急撤离的条件和程序，保证应急人员的安全。应急响应人员自身的安全是城市重大工业事故应急预案应予考虑的一个重要因素，在该应急功能中应明确保护应急人员安全所做的准备和规定，包括以下事项：

① 应急队伍或应急人员进入和离开现场的程序，包括向现场总指挥报告、有关培训确认等；

② 根据事故的性质，确定个体防护等级，合理配备个人防护设备，并在收集到事故现场更多的信息后，重新评估所需的个体防护设备，以确保选配和使用的是正确的个体防护设备；

③ 应急人员的消毒设施及程序；

④ 对应急人员有关保证自身安全的培训安排，包括各种情况下的自救和互救措施，正确使用个体防护设备等。

（11）消防和抢险　消防和抢险是应急救援工作的核心内容之一，其目的是尽快地控制事故的发展，防止事故的蔓延和进一步扩大，从而最终控制住事故，并积极营救事故现场的受害人员。尤其是涉及危险物质的泄漏、火灾事故时，其消防和抢险工作的难度和危险性巨大。该部分应对消防和抢险工作的组织，相关消防抢险设施、器材和物资，人员的培训、行动方案以及现场指挥等做好周密的安排和准备。消防与抢险在城市重大事故应急救援中对控制事态的发展起着决定性的作用，承担着火灾扑救、救人、破拆、堵漏、重要物资转移与疏散等重要职责。该应急功能应明确以下事项：

① 消防、事故责任单位、市政及建设部门、当地驻军（包括防化部队）等的职责与任务；

② 消防与抢险的指挥与协调；

③ 消防及抢险的力量情况；

④ 可能的重大事故地点的供水及灭火系统情况；

⑤ 针对可能事故的性质，拟采取的扑救和抢险对策和方案；

⑥ 消防车、供水方案或灭火剂的准备；

⑦ 堵漏设备、器材及堵漏程序和方案；

⑧ 破拆、起重（吊）、推土等大型设备的准备。

（12）泄漏物控制　危险物质的泄漏以及灭火用的水由于溶解了有毒蒸气，都可能对环境造成重大影响，同时也会给现场救援工作带来更大的危险，因此必须对危险物质的泄漏物进行控制。该部分应明确可用的收容装备（泵、容器、吸附材料等）、洗消设备（包括喷雾洒水车辆）及洗消物资，并建立洗消物资供应企业的供应情况和通信名录，保证对泄漏物的及时围堵、收容、洗消和妥善处置。

5. 现场恢复

现场恢复是指将事故现场恢复至相对稳定、安全的基本状态。应避免现场恢复过程中可能存在的危险，并为长期恢复提供指导和建议。现场恢复也可称为紧急恢复，是指事故被控制住后所进行的短期恢复，从应急过程来说意味着应急救援工作的结束，进入另一个工作阶段，即将现场恢复到一个基本稳定的状态。大量的经验教训表明，在现场恢复的过程中仍存在潜在的危险，如余烬复燃、受损建筑倒塌等，所以应充分考虑现场恢复过程中可能的危险。该部分主要内容应包括以下事项：

① 撤点、撤离和交接程序；

② 宣布应急结束的程序；

③ 重新进入和人群返回的程序；

④ 现场清理和公共设施的基本恢复；

⑤ 受影响区域的连续检测；

⑥ 事故调查与后果评价。

6. 预案管理与评审改进

应急预案是应急救援工作的指导文件，具有法规权威性，所以应当对预案的制定、修改、更新、批准和发布做出明确的管理规定，并保证定期或在应急演习、应急救援后对应急预案进行评审，针对实际情况以及预案中所暴露出的缺陷，不断地更新、完善和改进。

第二节　事故应急救援预案编制方法

一、应急救援预案的基本结构

不同的应急预案由于各自所处的层次和适用的范围不同，因而在内容的详略程度和侧重点上会有所不同，但都可以采用相似的基本结构。如图 4-3 所示的"1＋4"预案编制结构，是由一个基本预案加上应急功能设置、特殊风险管理、标准操作程序和支持附件构成的。

1. 基本预案

基本预案是应急预案的总体描述，主要阐述应急预案所要解决的紧急情况、应急的组织体系、方针、应急资源、应急的总体思路，并明确各应急组织在应急准备和应急行动中的职责以及应急预案的演练和管理等规定。

2. 应急功能设置

应急功能是对在各类重大事故应急救援中通常都要采取的一系列基本的应急行动和任务

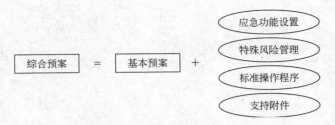

图 4-3　应急预案基本结构

而编写的计划，如指挥和控制、警报、通信、人群疏散、人群安置、医疗等。它着眼于城市对突发事故响应时所要实施的紧急任务。由于应急功能是围绕应急行动的，因此它们的主要对象是那些任务执行机构。针对每一应急功能，应明确其针对的形势、目标、负责机构和支持机构、任务要求、应急准备和操作程序等。应急预案中包含的功能设置的数量和类型因地方差异会有所不同，主要取决于所针对的潜在重大事故危险类型，以及城市的应急组织方式和运行机制等具体情况。

　　尽管各类重大事故的起因各异，但其后果和影响却是大同小异。例如，地震、洪灾和台风等都可能迫使人群离开家园，都需要实施"人群安置与救济"，而围绕这一任务或功能，可以基于城市共同的资源在综合预案上制定共性的计划，而在专项预案中针对每种具体的不同类型灾害，可根据其爆发速度、持续时间、袭击范围和强度等特点，只需对该项计划做一些小的调整。同样，对其他的应急任务也是相似的情况。而关键是要找出和明确应急救援过程中所要完成的各种应急任务或功能，并明确其有关的应急组织，确保都能完成所承担的应急任务。为直观地描述应急功能与相关应急机构的关系，可采用应急功能矩阵表。表 4-2 直观地描述了应急功能与相关应急机构的关系。

表 4-2　应急功能矩阵表

部门	应急功能						
	接警与通知	警报和紧急公告	事态监测与评估	警戒与管制	人群疏散	医疗与卫生	消防和抢险
应急中心	R	R	S		S		
生产		S	S		S		S
消防	S	S	S	S	S	S	R
保卫	S			R	R	S	S
卫生			S			R	
安环	S	S	R			S	S
技术			S				S

注：R—负责部门；S—支持部门。

3. 特殊风险管理

　　特殊风险是指根据某类事故灾难、灾害的典型特征，需要对其应急功能做出针对性安排的风险。应说明处置此类风险应该设置的专有应急功能或有关应急功能所需的特殊要求，明确这些应急功能的责任部门、支持部门、有限介入部门以及它们的职责和任务，为制定该类风险的专项预案提出特殊要求和指导。根据具体情况，可能要做出规定的特殊风险有以下几方面：

 ① 地震；

 ② 洪水；

 ③ 火灾；

 ④ 暴风雪；

 ⑤ 台风；

 ⑥ 长时间停电；

 ⑦ 空难；

 ⑧ 重大建筑工程事故；

 ⑨ 重大交通事故；

 ⑩ 危险化学品事故；

 ⑪ 核泄漏事故；

 ⑫ 中毒事故；

 ⑬ 突发公共卫生事件；

 ⑭ 社会突发事件；

 ⑮ 极度高温或低温天气；

 ⑯ 大型社会活动；

 ⑰ 其他，如敏感日期。

4. 标准操作程序

由于基本预案、应急功能设置并不说明各项应急功能的实施细节，因此各应急功能的主要责任部门必须组织制定相应的标准操作程序，为应急组织或个人提供履行应急预案中规定职责和任务的详细指导。标准操作程序应保证与应急预案的协调和一致性，其中重要的标准操作程序可作为应急预案附件或以适当方式引用。如图 4-4 所示，部门标准化操作程序结构包括：机构和人员、职责、技术装备和能力、行动检查表。

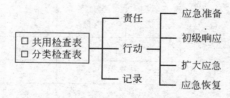

图 4-4 部门标准化操作程序结构

5. 支持附件

支持附件是指应急救援的有关支持保障系统的描述及有关的附图表，主要包括危险分析附件，通信联络附件，法律法规附件，机构和应急资源附件，教育培训、训练和演习附件，技术支持附件，互助协议附件，其他支持附件等，如图 4-5 所示。在应急预案或标准操作程序中，常常应当提供下列附图表等支持附件信息、资料：

 ① 通信系统；

 ② 信息网络系统；

 ③ 警报系统分布及覆盖范围；

 ④ 技术参考（手册、后果预测和评估模型及有关支持软件等）；

 ⑤ 专家名录；

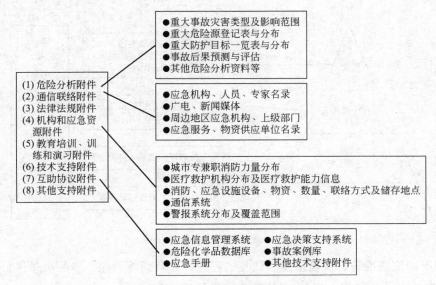

图 4-5　应急预案的支持附件

⑥ 重大危险源登记表、分布图；

⑦ 重大事故灾害影响范围预测图；

⑧ 重要防护目标一览表、分布图；

⑨ 应急机构、人员通信联络一览表；

⑩ 消防队等应急力量一览表、分布图；

⑪ 医院、急救中心一览表；

⑫ 应急装备、设备（施）、物资一览表；

⑬ 应急物资供应企业名录；

⑭ 外部机构通信联络一览表；

⑮ 战术指挥图；

⑯ 疏散路线图；

⑰ 庇护及安置场所一览表、分布图；

⑱ 电视台、广播电台等新闻媒体联络一览表。

二、应急救援预案的文件体系

应急预案是一个由各级文件构成的文件体系，它不仅是应急预案本身，也包括针对某个特定的应急任务或功能所制定的工作程序等。要使应急预案的作用得到充分发挥，成为应急行动的有效工具，应急预案就必须形成完整的文件体系。一个完整的应急预案文件体系包括预案、程序、说明书（指导书）、记录等，是一个 4 级文件体系（图 4-6）。

1. 一级文件——总预案或称为基本预案，是综合性的事故应急预案

它主要阐述应急方针、政策、预案的目标、应急组织与职责、预测与预警、应急准备、应急报告与应急指令、应急处置、应急终止与后期处置、新闻发布、应急保障、监督管理等内容。概括起来有 4 个方面的内容：对紧急情况的管理政策；预案的目标；应急组织；责任。

一级文件由一系列为实现紧急管理政策和预案目标而制定的紧急情况管理程序组成，包

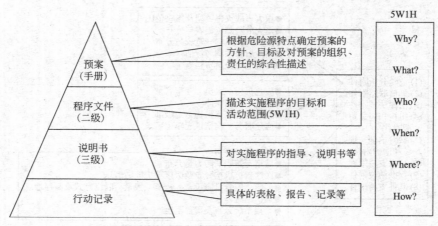

图 4-6　应急预案文件体系结构

括对紧急情况的应急准备、现场应急、恢复的程序，以及训练程序、事故后果评价程序等。

2. 二级文件——程序，说明某个行动的目的和范围

程序内容十分具体，比如该做什么、由谁去做、什么时间和什么地点等。它的目的是为应急行动提供指南，但同时要求程序和格式简洁明了，以确保应急队员在执行应急步骤时不会产生误解。格式可以是文字叙述、流程图表，或是两者的组合等，应根据每个应急组织的具体情况选用最适合本组织的程序格式。

（1）内容　行动的目的；行动的范围。

（2）模式　5WlH——为什么、做什么、谁去做、什么时间、什么地点、如何做。

（3）目的　为应急行动提供信息参考和行动指导。

（4）格式　文字叙述、流程图表，或是两者的组合等。

（5）确保　执行步骤无误；最适合本组织的程序。

在工作实践中，二级文件是指各专项应急预案，即特殊风险预案。它们是针对某种具体的、特定类型的紧急情况，如火灾、爆炸、地震灾害、洪涝灾害、突发公共卫生事件、公共聚集场所突发事件等所制定的应急预案。专项预案是在总体预案的基础上充分考虑其特定危险的特点，对应急的形势、组织机构、应急活动等进行更具体的阐述，具有较强的针对性。

不同类型的应急预案所要求的程序文件是不同的，应急预案的内容取决于它的类型。一个完整的应急预案应包括以下内容：

（1）预案概况　对紧急情况应急管理提供简述并做必要说明；

（2）预防程序　对潜在事故进行分析并说明所采取的预防和控制事故的措施；

（3）准备程序　说明应急行动前所需采取的准备工作；

（4）基本应急程序　给出任何事故都可适用的应急行动程序；

（5）专项应急程序　针对具体事故危险性的应急程序；

（6）恢复程序　说明事故现场应急行动结束后所需采取的清除和恢复行动。

需要编写的应急程序如表 4-3 所示，应当制定的应急管理制度如表 4-4 所示。

3. 三级文件——说明书

说明书对程序中的特定任务及某些行动细节进行说明，供应急组织内部人员或其他个人使用，例如应急队员职责说明书、对程序中的特定任务进行说明、对程序中的某些行动细节说明、对应急组织内部人员或其他个人的职责说明、对应急组织人员使用应急监测设备的职

表4-3 应急预案中需要编写的应急程序

项目	内容	项目	内容
准备程序	风险评价程序	基本应急行动程序	交通管制程序
	应急资源和能力评估程序		政府协调程序
	人员培训程序		公共关系处理程序
	演练程序		应急关闭程序
	物质供应与应急设备	专项应急程序	火灾和泄漏事故应急程序
	记录保存		爆炸事故应急程序
	应急宣传		其他事故应急程序
基本应急行动程序	报警和应急启动程序	恢复程序	事故调查程序
	通信联络程序		事故损失评价程序
	疏散程序		事故现场净化和恢复程序
	指挥与控制程序		生产恢复程序
	医疗救援程序		保险索赔程序

表4-4 应急管理制度清单

项目	内容	项目	内容
应急工作制度	学习、培训制度	应急工作制度	财务管理制度
	绩效考核制度		定期演练、检查制度
	值班制度		总结评比制度
	例会制度		应急设备管理制度
	救灾物资管理制度		应急预案管理制度

责说明、应急监测设备仪器使用说明书等。

4. 四级文件——应急行动的记录

记录包括在应急行动期间所做的通信记录、每一步应急行动的记录、应急行动期间所做的通信记录、应急队员进出危险区的记录、向指挥中心或向现场指挥报告的记录、向地区或政府部门提交报告的记录、每一步应急行动的记录表格、报告等。

从记录到总预案，层层递进，组成了一个完善的预案文件体系。从管理角度而言，可以根据这4类预案文件等级分别进行归类管理，既保持了预案文件的完整性，又因其清晰的条理性便于查阅和调用，保证应急预案能得到有效运用。

三、策划应急救援预案应考虑的因素

策划应急预案时应进行合理策划，做到重点突出，反映主要的重大事故风险，并避免预案相互孤立、交叉和矛盾。策划重大事故应急预案时，应充分考虑下列因素：

① 重大危险普查的结果，包括重大危险源的数量、种类及分布情况，重大事故隐患情况等；

② 本地区的地质、气象、水文等不利的自然条件（如地震、洪水、台风等）及其影响；

③ 本地区以及国家和上级机构已制定的应急预案的情况；

④ 本地区以往灾难事故的发生情况；

⑤ 功能区布置及相互影响情况；

⑥ 周边重大危险可能带来的影响；

⑦ 国家及地方相关法律法规的要求。

四、应急救援预案编制步骤

应急预案的目标是提高整体应急能力，编写预案的原则是：写要做的，按照写的来做；做所写的，写上的要做到。编制应急预案的完整过程可以划分为 6 大阶段，如图 4-7 所示。

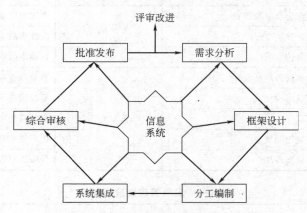

图 4-7　应急预案编制的完整过程

第一阶段是需求分析　对现有应急计划和应急救援工作有关资料做汇总分析。充分应用已有危害辨识和风险评价的结果，包括重大危险源识别、脆弱性分析和重大事故灾害风险分析等。应急救援能力评估和应急资源整合分析，包括人力、装备、物质和财政资源，对曾发生事故灾害应急救援案例做回顾性分析。

第二阶段是框架设计　包括提出预案整体框架设计和各级文件目录清单。文件框架中应包括应急预案要素的所有内容，包括现有的文件、将要起草的文件以及它们之间的联系等。

第三阶段是分工编制　这是编写应急预案文件的重要实际步骤。首先应组成编制小组，落实各成员职责。小组成员应由各方面的专家和专业人员组成，按框架设计和文件明确编制任务。明确各阶段的目标和完成期限，并经常监督检查进度和完成情况。

第四阶段是系统集成　主要任务有两项：一是把编写整理出的各类文件集成为一个统一有机的系统；二是检查评估各级文件与同级程序中的互相交叉、重复和遗漏、失误等。

第五阶段是综合审核　侧重在对框架文件的技术内容科学性、应急救援活动的可行性、行政管理需要的协调性以及应急救援组织适应性等进行严格审核评估等。涉及专业技术内容应聘请有关专家来评价和审定。

第六阶段是批准发布　应明确具有批准发布权的部门及人员，发布的范围、时间、人员，发布的时效性等。一般是由立法机构或政府以法规形式颁布，由当地最高行政长官签署发布实施。

编写应急预案文本文件，仅是应急预案的第一步，其有效性必须经过评估和演练才能得以检验并不断持续改进。

应急预案编制工作流程具体可以分为下面 5 个步骤：成立预案编制小组，危险分析和应急能力评估，编制应急预案，应急预案的评审和发布，应急预案的实施。如图 4-8 所示。

1. 成立预案编制小组

应急预案的成功编制需要有关职能部门和团体的积极参与，并达成一致意见，尤其是应

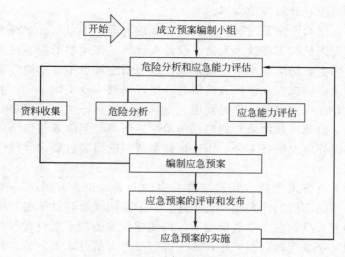

图 4-8　应急预案编制的具体流程

寻求与危险直接相关的各方进行合作。成立预案编制小组是将各有关职能部门、各类专业技术有效结合起来的最佳方式，可有效地保证应急预案的准确性和完整性，而且为应急各方提供了一个非常重要的协作与交流机会，有利于统一应急各方的不同观点和意见。

重大事故的应急救援行动涉及来自不同部门、不同专业领域的应急各方，需要应急各方在相互信任、相互了解的基础上进行密切配合和相互协调。因此，应急预案的成功编制需要城市各个有关职能部门和团体的积极参与，并达成一致意见，尤其是应寻求与危险直接相关的各方进行合作。

预案编制小组的成员一般应包括：市长或其代表，应急管理部门，下属区或县的行政负责人，消防、公安、环保、卫生、市政、医院、医疗急救、卫生防疫、邮电、交通和运输管理部门，技术专家，广播、电视等新闻媒体，法律顾问，有关企业，以及上级政府或应急机构代表等。预案编制小组的成员确定后，必须确定小组领导，明确编制计划，保证整个预案编制工作的组织实施。

应急预案编制小组的规模取决于应急预案的适用领域和涉及范围等情况。成立预案编制小组应符合下列一些原则和要求。

（1）部门参与　应鼓励更多的人投入编制过程，尤其是与应急相关部门，因为编制的过程本身就是一个磨合和熟悉各自活动、明确各自责任的过程。编制本身也是最好的培训过程。

（2）时间和经费　时间和必要的经费保证，使参与人员能投入更多的时间和精力。应急预案是一个复杂的工程，从危险分析、评价，脆弱性分析、资源分析，到法律法规要求的符合性分析，从现场的应急过程到防护能力及演练，如果没有充足的时间保证，难以保证预案的编制质量。

（3）交流与沟通　各部门必须及时沟通，互通信息，提高编制过程的透明度和水平。在编制过程中，经常会遇到一些问题，或是职责不明确，或是功能不全，有些在编制过程中由于不能及时沟通，导致出现功能和职责的重复、交叉或不明确等现象。

（4）专家系统支持　应急预案涉及多个领域的内容，预案的编写不仅是一个文件化的过程，更重要的是依据客观和科学的实际情况对事故或事件进行评价。编制一个与之相适应的应急响应能力的预案，其科学性、严谨性和可行性都是非常强的，只有对于这些领域的情况有深入的了解才能写出有针对性的内容。

对于企业来讲，这个专家系统既可以利用外部的资源，也可充分发挥本企业的资源，如企业的设备管理操作人员、工程技术人员、设计人员等，在预案的编制过程中可以起到至关重要的作用。有时因企业的风险水平较高，或在进行安全评价中技术的要求难度较大，也可聘请一些专业的应急咨询机构和评价人员帮助开展其中的一些工作。

对于政府部门，在应对突发事件过程中，专家咨询也是一个不可或缺的环节，对突发环境事件的事态评估、监测环境污染物的控制与消除方法等起到决策与咨询作用。因此，建立专家信息库，分类指导应急准备工作，正确评估事故时的事态进展，并科学指导抢险和救援工作是十分必要的。

(5) 编制小组人员要求　这些人员应有一定的专业知识，有团队精神，有社会责任感等。另外，应具有不同部门的代表性及公正性。一定要明确参与具体编制的小组成员和专家系统，以及其他相关人员。在大多数情况下，可能该预案编制小组只有一两个人承担大量的工作，负责具体的文字编写和组织工作，其他部门参与人员是非固定的，可各自负责需要编写的部分。编制过程应有一定时间的集中讨论。编制小组应得到各相关功能部门的人员参与和保证，并应得到高层管理者的授权和认可。应以书面的形式或以企业下发文件的形式，明确指定各部门的参加人员，并得到本部门的认可。

(6) 人员构成　针对企业，应有以下部门人员参与：高层管理者，各级管理人员，财务部门，消防、保卫部门，各岗位工人，人力资源部，工程与维护部，安全健康与环境事务部，安全主管，对外联系部门（如办公室等），后勤与采购部，医疗部门，以及其他人员。政府部门在应急预案编制过程中也应将突发事件应急功能和相关职能部门人员纳入预案编制小组之中。

(7) 授权、任务及进度

① 应急管理承诺　明确应急管理的各项承诺；通过授权，应急编制小组采取编制计划所需的措施，以形成团队精神。该小组应由最高管理者或者主要管理者直接领导。小组成员和小组领导之间的权力应予以明确，但应保证充分的交流机会，保持必要的沟通。

② 发布任务书　最高管理者或主要管理者应发布任务书，来明确对应急管理所做出的承诺；确定编制应急预案的目的，指明将涉及的范围（包括整个组织）；确定应急预案编制小组的权力和结构。

③ 时间进度和预算　要明确确定工作时间进度表和预案编制的最终期限，明确任务的优先顺序，情况发生变化时可以对时间进度进行修改。

2. 危险分析和应急能力评估

(1) 收集、整理资料　在编制预案前，需进行全面、详细的资料收集、整理。需要收集、调查的资料主要包括以下内容：

① 适用的法律、法规和标准　收集国家、省和地方有关法律法规、规章以及国家标准、行业标准；

② 周围条件　地质、地形、地理、周围环境、气象条件及资料、交通条件等；

③ 厂区（地区）平面布局　功能区划分、危险物品分布、工艺流程分布、建筑物（构筑物）平面布置、安全距离等；

④ 生产工艺过程，生产设备、装置，特殊单体设备，库区（危险品库等）等；

⑤ 本企业、相关（相邻）企业及当地政府的应急预案等；

⑥ 国内外同行业、同类企业事故案例资料，本单位安全记录、事故情况和相关技术资

料等。

（2）初始评估　编制应急预案的单位应根据实际情况，通过实施初始评估，对现有的应急能力、可能发生的危险和突发事件紧急情况，掌握有关的信息，并对目前在处理紧急事件时的基本能力进行评估。初始评估工作应由应急编制小组中的专业人员进行，并与相关部门及重要岗位工作人员进行交流。

① 危险分析　危险分析是应急预案编制的基础和关键过程。危险分析的结果不仅有助于确定需要重点考虑的危险，提供划分预案编制优先级别的依据，而且也为应急预案的编制、应急准备和应急响应提供必要的信息和资料。危险分析包括危险识别、脆弱性分析和风险分析。

② 应急能力评估　依据危险分析的结果，对已有的应急资源和应急能力进行评估，包括城市应急资源的评估和企业应急资源的评估，明确应急救援的需求和不足。应急资源包括应急人员、应急设施（备）、装备和物资等。应急能力包括人员的技术、经验和接受的培训等。应急资源和能力将直接影响应急行动的快速、有效性。

制定预案时，应当在评价与潜在危险相适应的应急资源和应急能力的基础上，选择最现实、最有效的应急策略和方案。

3. 编制应急预案

应急预案的编制必须基于重大事故风险分析结果、应急资源的需求和现状以及有关的法律法规要求。此外，编制预案时应充分收集和参阅已有的应急预案，尽可能地减少工作量，避免应急预案重复和交叉，并确保与其他相关应急预案的协调和一致性。以城市突发事件应急为例，应急预案的编制必须基于城市重大事故风险的分析结果、城市应急资源的需求和现状以及有关的法律法规要求。

应急预案的编写过程主要包括如下几个关键性工作：

① 确定目标和行动的优先顺序；

② 确定具体的目标和重要事项，列出完成任务的清单、工作人员清单和时间表，明确脆弱性分析中发现的问题和资源不足的解决方法；

③ 编写计划，分配编制小组每个成员相应的编写内容，确定最合适的格式，对具体的目标明确时间期限，同时保证为完成任务提供足够和必要的时间；

④ 制定时间进度表（表 4-5）。

表 4-5　预案编制工作时间进度表

月份	1	2	3	4	5	6	7	8	9	10
第一稿	■	■	■							
评审				■						
第二稿					■	■				
桌面演习							■			
最终稿								■	■	
打印										■
批准发布										■

预案编制小组在设计应急预案编制格式时，应考虑以下几个方面：

① 合理组织　应合理地组织预案的章节，以便每个不同的读者能快速地找到各自所需要的信息，避免从一堆不相关的信息中去查找所需要的信息；

② 连续性　保证应急预案各个章节及其组成部分在内容上相互衔接，避免内容出现明显的位置不当；

③ 一致性　保证应急预案的每个部分都采用相似的逻辑结构来组织内容；

④ 兼容性　应急预案的格式应尽量采取与上级机构一致的格式，以便各级应急预案能更好地协调和对应。

4. 应急预案的评审与发布

为确保应急预案的科学性、合理性以及与实际情况的符合性，城市重大事故应急预案必须经过评审，包括组织内部评审和专家评审，必要时请上级应急机构进行评审。预案编制单位或管理部门应依据我国有关应急的方针、政策、法律、法规、规章、标准和其他有关应急预案编制的指南性文件与评审检查表，组织开展预案评审工作，取得政府有关部门和应急机构的认可。应急预案经评审通过和批准后，按有关程序进行正式发布和备案。

5. 应急预案的实施

实施应急预案是应急管理工作的重要环节主要包括：应急预案宣传、教育和培训；应急资源的定期检查落实；应急演习和训练；应急预案的实践；应急预案的电子化；事故回顾等。

五、应急救援预案编制格式和要求

1. 封面

应急预案封面主要包括应急预案编号、应急预案版本号、生产经营单位名称、应急预案名称、编制单位名称、颁布日期等内容。

2. 批准页

应急预案必须经发布单位主要负责人批准方可发布。

3. 目次

应急预案应设置目次，目次中所列的内容及次序如下：

——批准页；

——章的编号、标题；

——带有标题的条的编号、标题（需要时列出）；

——附件，用序号表明其顺序。

4. 印刷与装订

应急预案采用 A4 版面印刷，活页装订。

第三节　应急救援预案管理

应急预案管理工作是应急管理工作的重要组成部分，是开展应急救援的一项基础性工作。做好应急预案管理工作是降低事故风险，及时有效地开展应急救援工作的重要保障，是促进安全生产形势稳定好转的重要措施。根据《生产安全事故应急预案管理办法》（国家安全生产监督管理总局令第 17 号）的规定，广义的应急预案管理是指应急预案的编制、评审、发布、备案、培训、演练和修订等环节的过程完整、协调一致。狭义的应急预案管理主要是指应急预案的评审、发布、实施及修改与修订等过程。

一、应急预案的评审

为切实解决生产经营单位应急预案的规范、实用、好用问题，真正发挥应急预案在事故抢险救援中的作用，减少人民生命和财产损失，就应当在应急预案发布实施前进行应急预案评审工作。预案的评审是保证预案质量的关键，这是应急预案管理很重要的一个环节。应急预案的管理遵循综合协调、分类管理、分级负责、属地为主的原则。

1. 关于应急预案评审的相关规定

《生产安全事故应急预案管理办法》（国家安全生产监督管理总局令第 17 号）对生产经营单位应急预案的评审做出了明确规定。具体内容如下。

① 矿山、建筑施工单位和易燃易爆物品、危险化学品、放射性物品等危险物品的生产、经营、储存、使用单位和中型规模以上的其他生产经营单位，应当组织专家对本单位编制的应急预案进行评审。评审应当形成书面纪要并附有专家名单。其他生产经营单位应当对本单位编制的应急预案进行论证。

② 应急预案的评审或者论证应当注重应急预案的实用性、基本要素的完整性、预防措施的针对性、组织体系的科学性、响应程序的操作性、应急保障措施的可行性、应急预案的衔接性等内容。

2. 应急预案评审的基本要求

（1）评审目的

① 发现应急预案存在的问题，完善应急预案体系。

② 提高应急预案的针对性、实用性和可操作性。

③ 实现生产经营单位应急预案与相关单位应急预案衔接。

④ 增强生产经营单位事故防范和应急处置能力。

（2）评审原则

① 实事求是，符合生产经营单位应急管理工作实际。

② 对照相关标准，发现预案中存在的问题与不足。

③ 依靠专家、综合评定，及时补充完善应急预案。

（3）评审依据

应急预案的评审应依据以下文件并结合本单位实际情况展开：

① 国家及地方政府有关法律、法规、规章和标准，以及有关方针、政策和文件；

② 地方政府、上级主管部门以及本行业有关应急预案及应急措施；

③ 生产经营单位可能存在事故风险和生产安全事故应急能力。

（4）评审人员

参加应急预案评审的人员应满足以下要求：

① 熟悉并掌握国家有关安全生产法律、法规及规章；

② 熟悉并掌握《事故应急预案编制导则》和应急管理知识；

③ 熟悉生产经营单位生产工艺流程和安全生产管理工作。

（5）评审准则

① 符合性。预案的内容是否符合有关法规、标准和规范的要求。

② 适用性。预案的内容及要求是否符合本单位实际情况。

③ 完整性。预案的要素是否符合本指南评审表规定的要素。

④ 针对性。预案是否针对可能发生的事故类别、重大危险源、重点岗位部位。

⑤ 科学性。预案组织体系、预警、信息报送、响应程序和处置方案是否合理。

⑥ 规范性。预案的层次结构、内容格式、语言文字等是否简洁、便于阅读和理解。

⑦ 衔接性。综合应急预案、专项应急预案、现场处置方案以及其他部门或单位预案是否衔接。

3. 评审方法

应急预案的评审方法和类型有多个。按照组织应急预案评审的主体的不同，应急预案的评审类型可划分为内部评审和外部评审，内部评审是指由编制单位组织本单位编制人员或有关人实施的评审，外部评审是指由外部有关单位组织人员实施的评审。按照组织评审的外部单位的不同类型，外部评审还可划分为同行评审、上级评审、社区评审、政府评审；按照评审内容的不同，应急预案的评审类型可划分为形式评审和要素评审。这些应急预案评审类型之间，在组织者、参加人员以及目标作用上存在一定的差别，如表4-6所示。另外，这些评审方法也存在相互联系，如图4-9所示。

表 4-6　应急预案的评审方法和类型

评审类型		组织者	评审人员	评审目标
内部评审		编制单位	编制单位的编制组成员或有关人员	预案语句通畅、内容完整
外部评审	同行评审	同行业有关单位	同行业具有相应资格的专业人员	听取同行对预案的客观意见
	上级评审	上级主管单位	对预案有监督职责的上级组织或人员	对预案中要求的资源予以授权和做出相应的承诺
	社区评审	编制单位所在的社区组织	社区公众、媒体	对预案完整性；促进公众对预案的理解和为各社区接受
	政府评审	编制单位所在的地方政府	政府部门的有关专家	确认预案符合法律法规、标准和上级政府规定要求；确认预案与其他预案协调一致；对预案进行认可，予以备案
形式评审		有关政府部门	同"政府评审"	同"政府评审"
要素评审		编制单位	同"内部评审"	同"内部评审"
		同行业有关单位	同"同行评审"	同"同行评审"
		上级主管单位	同"上级评审"	同"上级评审"

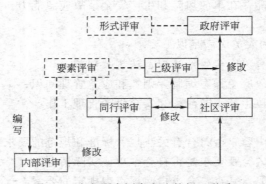

图 4-9　应急预案评审方法的相互联系

应急预案评审可采取符合、基本符合、不符合三种方式简单判定。

（1）形式评审　依据有关规定和要求，对应急预案的层次结构、内容格式、语言文字和制定过程等内容进行审查。形式评审的重点是应急预案的规范性和可读性。应急预案形式评审内容及要求，见表4-6。

（2）要素评审　依据有关规定和标准，从符合性、适用性、针对性、完整性、科学性、规范性和衔接性等方面对应急预案进行评审。要素评审包括关键要素和一般要素。为细化评审，可采用列表方式分别对应急预案的要素进行评审。评审应急预案时，将应急预案的要素内容与表中的评审内容及要求进行对应分析，判断是否符合表中要求，发现存在的问题及不足。应急预案评审表见表4-7～表4-11。

表4-7　应急预案形式评价表

评审项目		评审内容及要求	评审意见
总则	编制目的	编制目的明确，内容简明扼要	□符合 □基本符合 □不符合
	编制依据	a. 引用文件均为应急预案编制时期最新版本 b. 不得越级引用应急预案	
	应急预案体系	a. 能够清晰描述本单位的预案体系构成 b. 应急预案体系基本能够覆盖本单位可能发生的事故类型	
	应急工作原则	a. 能够体现以人为本、预防为主、依法规范 b. 能够体现统一指挥、协调有序、平战结合、快速响应	

表4-8　综合应急预案要素评价表

评审项目	评审内容及要求	评审意见
封面	a. 应急预案编号、应急预案版本号、应急预案名称、生产经营单位名称、颁布日期等内容 b. 应急预案封面反映的内容正确	□符合 □基本符合 □不符合
批准页	a. 有批准页（仅适用于备案评审） b. 批准页对应急预案的发布及实施提出具体要求 c. 批准页经过预案发布单位主要负责人签批或经发布单位签章 d. 应急预案签发日期（年、月、日）与预案封面的颁布日期一致	□符合 □基本符合 □不符合
目录	a. 有目录（预案简单时可省略） b. 目录结构完整，包含批准页、章的编号和标题、条的编号和标题、附件等内容 c. 目录层次清晰、合理 d. 目录的页码与实际内容页码对应	□符合 □基本符合 □不符合
正文	a. 文字通顺、语言精练、通俗易懂 b. 正文段落结构清晰、层次明显，可快速、方便地查找有关内容 c. 正文中的图表、文字清楚，编排合理（名称、顺序、大小等） d. 正文无错别字，同类文字的字体、字号相互统一 e. 文字通常从左至右横排，特殊除外 f. 正文文字通常采用宋体或仿宋体，不采用特殊的艺术字体	□符合 □基本符合 □不符合

续表

评审项目		评审内容及要求	评审意见
附件		a. 应急预案附件齐全,编排顺序清晰、合理 b. 附件如有序号,使用阿拉伯数码(如"附件:L×××××") c. 附件左上角标识"附件",有序号时标识序号 d. 附件名称及序号应在目录中体现,做到前后标识一致 e. 特殊情况下,附件可以独立装订	□符合 □基本符合 □不符合
编制过程		a. 全面分析本单位危险因素,确定可能发生的事故类型及危害程度 b. 针对事故危险源和存在的问题,确定相应的防范措施 c. 客观评价本单位应急能力 d. 建立了安全生产应急预案体系,制定了相关专项预案和现场处置方案 e. 充分征求预案相关部门意见,并有意见汇总及采纳情况记录 f. 必要时,与相关应急救援单位签订应急救援协议	□符合 □基本符合 □不符合
适用范围 *		a. 应急预案适用范围明确 b. 适用的事故类型和级别明确	
危险性 分析	生产经营 单位概况	a. 突出单位性质以及与危险性有关的设施、装置、设备,以及重要目标、场所和周边布局情况等 b. 能够让各方应急力量(包括外部应急力量)事先熟悉单位的基本情况及周边环境	
	危险源与 风险分析 *	a. 能够客观分析本单位存在的危险源及危险程度 b. 能够客观分析引发事故的诱因、事故影响范围及危害后果	
组织机构 及职责	应急组织 体系 *	a. 能够清晰描述本单位的应急组织体系 b. 明确成员单位或领导在日常及应急状态下的工作职责 c. 规定的工作职责合理、相互衔接	
	指挥机构 及职责 *	a. 能够清晰描述本单位应急指挥体系 b. 明确应急救援的总指挥、副总指挥各应急救援小组及其相关职责 c. 各应急救援小组设置合理、应急工作明确	
预防与 预警	危险源 管理	a. 明确事故预防和应急准备 b. 明确重大危险源所采取的主要技术性预防措施	
	预警行动	a. 按照事故发生的紧急程度和危害程度进行预警 b. 预警级别与采取的预警措施能有机衔接 c. 明确预警信息发布的方式及流程	
	信息报告 与处置 *	a. 明确本单位24小时应急值守电话 b. 明确本单位内部信息的报告形式及要求 c. 明确本单位内部信息的报告与处置流程	
		a. 明确事故信息上报的部门及通信方式 b. 明确向上级有关部门报告的内容和时限 c. 信息上报内容和时限符合国家有关规定要求	
		a. 明确事故发生后向可能遭受事故影响的单位发出通报的方式、方法 b. 明确事故发生后向有关单位发出请求支援信息的方式、方法 c. 信息的通报或请求信息的发出应符合国家有关规定和要求	

续表

评审项目		评审内容及要求	评审意见
应急响应	响应分级*	a. 应急响应分级清晰,符合企业实际 b. 响应分级能够体现事故紧急和危害程度 c. 明确事故状态下的决策方法,以及应急行动程序和保障措施	
	响应程序*	a. 响应程序立足于控制事态发展和扩大、减少事故影响 b. 明确救援过程中各专项应急功能的实施程序 c. 明确扩大应急的基本要求及内容 d. 能够辅以图表等方式提高应急响应程序的直观性	
	应急结束	a. 明确应急救援行动结束的条件和相关事宜 b. 明确发布应急终止命令的组织机构和程序 c. 明确事故应急救援结束工作总结部门	
信息沟通与后期处置		a. 明确事故发生后,与外界信息沟通的责任人,以及具体办法 b. 明确事故发生后,污染物处理、生产恢复、善后赔偿等内容 c. 明确应急救援能力评估及应急预案的修订等内容	
保障措施*		a. 明确与应急工作相关单位或人员的通信方式,确保应急期间信息通畅 b. 明确应急装备、设施和器材清单,以及存放位置,并保证其有效性 c. 明确各类应急资源,包括专业应急队伍、兼职应急队伍的组织与保障方案	
培训与演练		a. 明确对本单位人员开展应急管理培训的计划、方式方法 b. 如果预案涉及社区和居民,明确应急宣传教育工作 c. 明确应急演练的方式、频次、范围、内容、组织、评估、总结等内容	
奖惩		明确事故应急救援工作中奖励和处罚的条件和内容	
附则	应急预案备案	a. 明确本预案的报备部门,包括上级主管部门及地方政府有关部门 b. 相关内容应符合国家关于预案备案的相关要求	
	制定与修订	a. 明确应急预案负责制定与解释的部门 b. 明确应急预案修订的条件和年限	
	应急预案实施	明确应急预案生效实施的具体时间	

注:"*"代表应急预案的关键要素。

表 4-9　专项应急预案要素评审表

评审项目		评审内容及要求	评审意见
事故类型和危害程度分析*		a. 能够客观分析本单位存在的危险源及危险程度 b. 能够客观分析引发事故的诱因、事故影响范围及危害后果 c. 能够提出相应的事故预防和应急措施	□符合 □基本符合 □不符合
组织机构及职责*	应急组织体系	a. 能够清晰描述本单位的应急组织体系 b. 明确成员单位或领导在日常及应急状态下的工作职责 c. 规定的工作职责合理,相互衔接	
	指挥机构及职责	a. 能够清晰描述本单位应急指挥体系,并能表述相互之间的关系 b. 明确应急救援的总指挥、副总指挥和各应急救援小组及其相应职责 c. 规定的工作任务及职责合理,应急工作明确	

续表

评审项目		评审内容及要求	评审意见
预防与预警	危险源监控	a. 明确危险源的监测监控方式、方法 b. 明确对危险源所采取的技术性预防措施 c. 必要时,相关内容可采用附件方式表述	
	预警行动	a. 能够按照事故发生的紧急程度和危害程度进行预警 b. 预警级别与采取的预警措施能有机衔接 c. 明确预警信息发布的方式及流程	
信息报告程序*		a. 确定报警系统及程序 b. 确定现场报警方式,如电话、警报器等 c. 确定 24 小时与相关部门的通信、联络方式 d. 明确相互认可的通告、报警形式和内容 e. 明确应急反应人员向外求援的方式	
应急处置*	响应分级	a. 响应分级清晰,符合企业实际 b. 响应分级能够体现紧急和危害程度	
	响应程序	a. 明确事故状态下的应急响应程序和保障措施 b. 明确救援过程中各专项应急功能的实施程序 c. 明确扩大应急的基本要求及内容 d. 响应程序描述的内容力求简单易懂、表达直观清晰	
	处置措施	a. 针对可能发生的事故采取的应急处置措施合理,符合技术要求 b. 符合单位实际,措施可行	
应急物资与装备保障*		a. 对应急救援所需的物资和装备有明确的要求 b. 应急物资与装备保障符合单位实际,满足应急要求	

注:"＊"代表应急预案的关键要素。如果专项应急预案作为综合应急预案的附件,综合应急预案已经明确的要素,专项应急预案可省略。

表 4-10　现场处置方案要素评审表

评审项目	评审内容及要求	评审意见
事故特征*	a. 对作业现场风险描述比较清晰,明确可能发生事故的类型和危害程度 b. 明确事故判断的基本征兆及条件 c. 明确事故可能带来的不良影响	□符合 □基本符合 □不符合
应急组织与职责*	a. 基层单位应急自救组织形式及人员构成清晰 b. 应急自救组织机构、人员的具体职责与本单位或车间、班组人员工作职责紧密结合,明确具体	
应急处置*	a. 明确事故第一发现者对事故进行初步判定的要点,以及报警时需要提供的必要信息 b. 明确事故报警、各项应急措施启动、应急救护人员的引导、事故扩大应急程序 c. 针对可能发生的事故,从操作程序、工艺流程、现场处置、事故控制,人员救护等方面制定有明确的应急处置措施 d. 明确报警电话,报告单位联络方式或联系人员,事故报告基本要求和内容	

续表

评审项目	评审内容及要求	评审意见
注意事项	a. 佩戴个人防护器具方面的注意事项 b. 使用抢险救援器材方面的注意事项 c. 采取救援对策或措施方面的注意事项 d. 现场自救和互救注意事项 e. 现场应急处置能力确认和人员防护等事项 f. 应急救援结束后的注意事项 g. 其他需要特别警示的事项	

注:"＊"代表应急预案的关键要素。现场处置方案落实到岗位每个人,可以只保留应急处置。

表 4-11　预案附件要素评审表

评审项目	评审内容及要求	评审意见
有关应急部门、机构或人员的联系方式	a. 列出应急工作需要联系的部门、机构或人员的多种联系方式,并保持有效 b. 列出所有参与应急指挥、协调人员的姓名、所在部门、职务和联系电话,并定期更新	□符合 □基本符合 □不符合
重要物资装备的名录或清单	a. 以表格形式明确应急装备、设施和器材清单,清单应当包括种类、名称、数量以及存放位置、规格、性能、用途和用法等信息,以利于在紧急状态下使用 b. 规定应急装备定期检查和维护措施,以保证其有效性	
规范化格式文本	信息接报、处理、上报等规范化格式文字清晰、简洁	
关键的路线、标识和图纸	a. 警报系统分布及覆盖范围 b. 重要防护目标一览表、分布图 c. 应急救援指挥位置及救援队伍行动路线 d. 疏散路线、重要地点等标识 e. 相关平面布置图纸、救援力量分布图等	
相关应急预案名录、协议或备忘录	列出与本应急预案相关的或相衔接的应急预案名称,以及与相关应急救援部门签订的应急支援协议或备忘录	

① 关键要素。指应急预案构成要素中必须规范的内容。这些要素内容涉及生产经营单位日常应急管理及应急救援时的关键环节,如应急预案中的危险源与风险分析、组织机构及职责、信息报告与处置、应急响应程序与处置技术等要素。

② 一般要素。指应急预案构成要素中简写或可省略的内容。这些要素内容不涉及生产经营单位日常应急管理及应急救援时的关键环节,而是预案构成的基本要素,如应急预案中的编制目的、编制依据、适用范围、工作原则、单位概况等要素。

4. 评审程序

应急预案编制完成后,应在广泛征求意见的基础上,采取会议评审的方式进行审查。会议审查应由生产经营单位主管安全的领导组织,会议审查规模和参加人员根据应急预案涉及范围和重要程度确定。

（1）评审准备

应急预案评审应做好以下准备工作:

① 成立应急预案评审组,明确参加评审的单位或人员;

② 通知参加评审的单位或人员具体评审时间;

③ 将被评审的应急预案在评审前送达参加评审的单位或人员。

（2）会议评审

会议评审可按照以下程序进行：

① 介绍应急预案评审人员构成，推选会议评审组组长；

② 应急预案编制单位或部门向评审人员介绍应急预案编制或修订情况；

③ 评审人员对应急预案进行讨论，提出修改和建设性意见；

④ 应急预案评审组根据会议讨论情况，提出会议评审意见；

⑤ 讨论通过会议评审意见，参加会议评审人员签字。

（3）意见处理　评审组组长负责对各位评审人员的意见进行协调和归纳，综合提出预案评审的结论性意见，对于基本符合和不符合的项目，应提出指导性意见或建议。最后，评审组应当形成书面评审纪要并附有专家名单和本人签字，见表4-12和表4-13。

表4-12　生产经营单位生产安全事故应急预案评审纪要

单位名称			
评审时间		评审地点	
预案类别	综合预案□	专项应急预案□	现场处置方案□

专家组评审意见

一、与会专家认真听取企业预案编制情况的介绍，经评审×××有限公司编制的综合、专项和现场处置等预案基本符合编制导则规范；各要素构成、内容基本符合评审指南的规定，××××××××××××××××××××××××××××××。

二、企业应当对应急预案进行如下修改：

综合预案：

1.×××××；　2.×××××；　3.×××××。（问题及修改意见）

专项应急预案：

1.×××××；　2.×××××；　3.×××××。（问题及修改意见）

现场处置方案：

1.×××××；　2.×××××；　3.×××××。（问题及修改意见）

附件：

1.×××××；　2.×××××；　3.×××××。（问题及修改意见）

专家组认为，《预案》根据专家组意见进行修改完善后，报×××市（县）安监局备案。

专家组成员：×××、×××、×××

专家组组长：×××

　　　　年　　　月　　　日

表4-13　×××有限公司应急预案评审人员名单

姓名	单位	职务（职称）	联系电话	签名
本单位人员	×××有限公司			
本单位人员				
本单位人员				
评审专家				
评审专家				
评审专家				
安监人员				
安监人员				
……				

生产经营单位应按照评审意见，对应急预案存在的问题以及不合格项进行分析研究，对应急预案进行修订或完善。反馈意见要求重新审查的，应按照要求重新组织审查。

二、应急预案的发布

应急预案经评审通过后，应由最高行政负责人（主要负责人）签署发布，并报送有关部门和应急机构备案，同时建立发放登记表，记录发放日期、发放份数、文件登记号、接收部门、接收日期、签收人等有关信息，如表4-14所示。向社会或媒体分发用于宣传教育的预案，可不包括有关标准操作程序、内部通信簿等不便公开的专业、关键或敏感信息。

表4-14 预案发放登记表示例

序号	发放日期	发放份数	文件登记号	接收部门	接收日期	签收人	备注

遵循"综合协调、分类管理、分级负责、属地为主"的应急预案管理原则，在工作实践中，应急预案的签署发布一般可按下列方式操作：

① 综合预案必须由本单位行政一把手（主要负责人）签署批准发布；

② 专项预案可由本单位行政一把手（主要负责人）授权本单位分管领导签署批准发布；

③ 现场处置方案可由责任部门、分厂或车间的主管领导签署批准发布，但必须向本单位应急管理部门备案；

④ 一个单位如有多个管理层级，各个层级所制定的预案由本层级的主要负责人签署批准发布，但必须向上级单位应急管理部门备案。

三、应急预案的实施

应急预案经批准发布后，应急预案的实施便成了城市应急管理工作的重要环节。应急预案的实施包括：开展预案的宣传贯彻；进行预案的培训；落实和检查各个有关部门的职责、程序和资源准备；组织预案的演练；定期评审和更新预案，使应急预案有机地融入城市的公共安全保障工作之中，真正将应急预案所规定的要求落到实处。根据《生产安全事故应急预案管理办法》的规定，对生产经营单位应急预案的实施要求如下：

① 生产经营单位应当采取多种形式开展应急预案的宣传教育，普及生产安全事故预防、避险、自救和互救知识，提高从业人员安全意识和应急处置技能；

② 生产经营单位应当组织开展本单位的应急预案培训活动，使有关人员了解应急预案内容，熟悉应急职责、应急程序和岗位应急处置方案，应急预案的要点和程序应当张贴在应急地点和应急指挥场所，并设有明显的标志；

③ 生产经营单位应当制定本单位的应急预案演练计划，根据本单位的事故预防重点，每年至少组织一次综合应急预案演练或者专项应急预案演练，每半年至少组织一次现场处置方案演练；

④ 应急预案演练结束后，应急预案演练组织单位应当对应急预案演练效果进行评价，撰写应急预案演练评价报告，分析存在的问题，并对应急预案提出修订意见。

四、应急预案的修改和修订

应急预案的修改与修订两者很接近，但又有一定的区别。应急预案的修改与修订，都是对预案中不适合的内容根据实际情况和需要所做出的调整。但是，应急预案的修改是指制定单位在日常工作中发现了预案文本中个别内容不适合，对预案所做出的及时改动，特别是支持附件信息的更新、完善；而预案的修订是指由于某种特定情形的出现，对预案做出的全面修改，包括版本的更换。

1. 应急预案的修改

在日常工作中，一旦发现预案文本中有个别内容不适合，应及时做出调整。特别是当发现支持附件的信息出现了不准确、错误等情况，必须马上做出修正，以确保支持附件信息的准确完整。应急预案的修改不会涉及预案版本的变化。

2. 应急预案的修订

及时修订应急预案，是保证其针对性、实效性的重要措施，《生产安全事故应急预案管理办法》不仅对修订条件做出原则规定，还明确了具体时间。生产经营单位制定的应急预案应当至少每三年修订一次，预案修订情况应有记录并归档。应急预案的修订往往会引起预案版本的更新和变化。有下列情形之一的，应急预案应当及时修订：

① 生产经营单位因兼并、重组、转制等导致隶属关系、经营方式、法定代表人发生变化的；

② 生产经营单位生产工艺和技术发生变化的；

③ 周围环境发生变化，形成新的重大危险源的；

④ 应急组织指挥体系或者职责已经调整的；

⑤ 依据的法律、法规、规章和标准发生变化的；

⑥ 应急预案演练评价报告要求修订的；

⑦ 应急预案管理部门要求修订的。

生产经营单位应当及时向有关部门或者单位报告应急预案的修订情况，并按照有关应急预案报备程序重新备案。

第五章
事故应急救援培训与演练

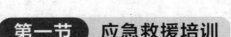 **第一节** **应急救援培训**

　　培训是一种有组织的知识传递、技能传递、标准传递、信息传递、信念传递、管理训诫行为。为了达到统一的科学技术规范、标准化作业，通过目标规划设定、知识和信息传递、技能熟练演练、作业评测、结果交流等现代信息化的流程，让受训者通过一定的教育训练技术手段，达到预期的目标。应急培训工作，是提高各级领导干部处置突发事件能力的需要，是增强公众公共安全意识、社会责任意识和自救、互救能力的需要，是最大限度预防和减少突发事件发生及其造成损害的需要。《国务院关于全面加强应急管理工作的意见》中指出，要积极开展对地方和部门各级领导干部应急处置能力的培训，并纳入各级党校和行政学院培训内容。根据国务院有关精神，各地将应急管理培训纳入干部教育总体安排，对各级应急管理干部进行较为全面、系统的培训，形成以应急管理理论为基础、以应急管理相关法律法规和应急预案为核心、以提高应急处置和安全防范能力为重点的培训体系，健全培训和管理制度，优化配置培训资源，落实各项保障措施，完善培训激励和约束机制，不断提高培训质量，建立以实际需要为导向，政府主导和社会参与相结合，注重实效、充满活力的应急管理培训工作格局。

一、领导干部培训

　　党中央、国务院高度重视和关注对领导干部的应急管理培训，领导干部培训的内容包括法律法规、应急预案、应急决策方法、应急指挥程序与交流沟通方式等。

1. 认识水平与能力

　　领导干部应急管理培训的重点是增强应急管理意识，提高应急管理能力。学习党中央、国务院关于加强应急管理工作的方针政策和工作部署，以及相关法律法规和应急预案，提高思想认识和应对突发事件的综合素质。加强对突发事件风险的识别，深入分析我国自然灾害发生的特点和运行规律，跟踪和把握各种社会矛盾的变化规律和发展方向，从而采取有针对性的疏导和管理措施，制定可行预案，争取把问题解决于萌芽状态之中，或降低突发事件的破坏程度。

2. 决策技术与方法

面对突发事件，要头脑冷静，科学分析，准确判断，果断决策，整合资源，调动各种力量，共同应对。在发生突发事件的紧急情况下，高效决策是正确应对事件的关键，又是一个较复杂、难度高的过程，要求领导者有良好的素质和决策能力。而很多领导者未接受过基本的应对突发事件的培训，缺乏起码的决策知识，因而决策失误，造成巨大损失。有的不能从突发事件中接受教训，导致类似事件再度发生。因此必须通过培训，不断提高领导干部科学决策的能力和应对突发事件的能力，帮助决策者总结经验教训，提高实战能力。现代决策手段和工具日益朝着程序化、自动化、科学化、规范化的方向发展，作为决策者要学会利用各种信息技术、人工智能技术以及运筹学、系统分析等决策技术和方法，改进固有的运作方式、组织结构和办事流程，强化和尊重决策智囊机构的地位和作用，为领导提供突发事件的信息，提供各种决策方案以供选择。

3. 法制观念与意识

依法治国，依法行政。我国已相继制定突发事件应对法以及应对自然灾害、事故灾难、公共卫生事件和社会安全事件的法律、法规 60 多部，基本建立了以宪法为依据、以《中华人民共和国突发事件应对法》为核心，以相关单项法律法规为配套的应急管理法律体系，突发事件应对工作已进入制度化、规范化、法制化轨道。领导干部必须认真学习这些法律法规，在紧急情况下行使行政紧急权，依法应对突发事件，保护公民权利。

4. 现场控制与执行能力

要通过培训，使担任事故现场应急指挥的领导干部具备下列能力：协调与指导所有的应急活动；负责执行一个综合性的应急救援预案；对现场内外应急资源的合理调用；提供管理和技术监督，协调后勤支持；协调信息发布和政府官员参与的应急工作；负责向国家、省、市、当地政府主管部门递交事故报告；负责提供事故和应急工作总结。各级政府要将对领导干部的培训纳入应急体系建设规划，坚持脱产培训与在职学习相结合。根据领导干部脱产培训工作的总体安排，依托培训机构，将应急管理内容纳入政府系统领导干部培训、轮训课程体系，有组织有计划地举办领导干部应急管理专题培训班等。

二、公务员培训

政府应急管理的成功程度取决于多方面的因素，其中最重要的就是政府的应急管理能力，它表现为政府的组织能力和整合程度。从组织层次分析的角度来看，政府应急能力体现为政府机构和公务员的能力。公务员是应急管理的主要力量，其应急管理能力的高低直接代表和体现了政府应急管理能力的高低，因此，加强公务员应急管理能力的培训就显得尤为重要。有效的培训，可以打破公务员常规的思维方式和观念，提高公务员参与应急管理时的素质和应对能力；通过对不同类型、不同程度、不同性质的突发事件的了解和熟悉，增加其对潜在突发事件的警惕性和处理突发事件的经验，可以在最短的时间内迅速提出控制突发事件影响的解决方案并参与相应的行动。

1. 公务员应急培训的原则

（1）理论联系实际，学以致用　理论联系实际，是我国学习理论、培训干部的一条重要原则，也是国际上各国公务员培训的通用规则。例如，加拿大联邦政府的公务员培训，理论占 30%，实战占 70%。应对突发事件能力的培训，要把应对突发事件的理论与我国和当地突发事件的产生和应对的实际情况结合起来，有针对性，有侧重点。例如，历年洪涝灾害产生多的地方，就要结合当地地质水文资料（包括洪涝灾害发生的情况、目前的气象预报、水库堤防的工程质量、江河堤坝的加固）、低洼地公众的迁移、抗洪抢险的落实等，采取相应的措施，使培训过程既成为提高思想和应对能力的过程，又成为发现、解决问题的过程，而不是漫无目的，言不及实。

（2）因人、因时、因地制宜，有的放矢　公务员自身所学专业、知识基础、工作经历各不相同，所从事的工作、所要经常面对和防范的突发事件的性质不同，必须按照他们的实际需要、实际程度进行培训。其次，不同时期社会经济发展、国家的重大经济举措可能会引发社会矛盾，有针对性地对公务员施以他们所需要的应对突发事件的知识技能，必要时进行分级分类培训，使学员对课程听得懂、用得上。突发事件发生还有地域特点，如交通事故易发区，生产烟花爆竹容易发生爆炸事故区，容易发生瓦斯爆炸、漏水的矿区，这些地域和相关职能部门的公务员，要有针对性地学习有关防范和应对相关类型突发事件的知识，不能学用脱节，于事无补。

（3）前瞻性与持续性相结合　在突发事件发生之前就进行化解，是应急管理的最高境界，也是应急培训的最终目的。"曲突徙薪无恩泽，不念预防之力大；焦头烂额为上客，徒知救急之功宏。"这句话见于《汉书·霍光传》，说的是一个古人对待应急管理的故事。"曲突徙薪"的意思是使烟囱弯曲，将柴草搬走。突是烟囱，徙是迁移。这是劝人防患于未然，避免发生火灾。焦头烂额是形容因救火头部被烧成重伤，是说帮助失火人家救火，两者都是对突发事件的应急管理，只是前者是预防，后者是事后处理，主人对劝他防患于未然的人无感激之心，却只是对帮他救火的人才奉为上客。公务员应急管理培训一般都是针对未来可能发生的突发事件，因此培训要具有前瞻性，针对可能发生的事件做好应对准备，甚至在突发事件发生之前就进行化解消除。在日常生活中消除事故隐患，排除险情，化解矛盾，使危机消除于无形，也是公务员培训的最佳目的和最终成果。当然，由于突发事件的经常性和难以预见性，公务员的培训不能一成不变，一劳永逸，而是要经常进行，以更新知识，提高能力和水平，才能应对不断变化的世界，应对新的突发事件。

2. 公务员培训的重点和方法

（1）培训重点　应急管理培训的重点根据培训对象而有所不同，对应急管理干部，包括各级各类应急管理机构负责人和工作人员，培训的重点是熟悉、掌握应急预案和相关工作制度，提高为领导决策服务和开展应急管理工作的能力。各级应急管理机构要采取多种形式，加强工作人员综合业务培训，有针对性地提高应急值守、信息报告、组织协调、技术通信、预案管理等方面的业务能力。对其他公务员的培训，重点是增强公共安全意识，提高排除安全隐患和快速高效应对处置突发事件的能力。要通过培训，使受训人员的应急知识得到拓展，形成以应急管理理论为基础，以提高各级应急管理人员的应急处理和事故防范能力为重点，以提高各类人员事故预防、应急处置、指挥协调能力为基本内容的教育培训课程体系。培训是一个逐步提高认识、提高能力的过程，需要以实际需要为导向，逐步形成多渠道、多层次、全方位的工作格局。

（2）培训方式和方法　在培训的具体安排上可以多种多样，可以采取脱产培训与在职学习相结合，分级分类组织培训。对基层干部，可以充分利用各类教育培训机构及远程教育渠道，开展应急知识和技能培训。可以发挥高等学校、科研机构培养应急管理人才和专业人才的作用，充分利用现有各类培训教育资源和广播、电视、远程教育等手段，依托各级党校和各类专业院校以及应急领域科研院所，开展联合培训。

有计划地举办专题培训班，推进培训手段的现代化。在培训方法上可以多种形式并存，不拘一格，常用的有讲授法、案例法、情境模拟法等。讲授法是一种常用的方法，在培训的开始阶段常常需要采用。但应急培训对象多为中年人，有一定的知识基础和社会生活经验，分析理解能力较强，如讲授过程比较枯燥，容易出现注意力不集中，降低培训效果，可采用启发式、多样性教学。教师除讲解传授基础知识、基本技能外，可启发学生提问，相互讨论，共同寻找答案。可采取讲课、讲座和专题报告等多种形式授课，课后组织讨论，将意见反馈，调动教学双方的积极性，相互促进，将课堂教学引向深入。案例法是使受训公务员通过分析现实案例而得到应对突发事件的知识和训练的一种方法。在培训中，指导者对受训人员先介绍一个应对突发事件的案例，要求受训者对案例进行讨论，分析其处理过程的得失、成功或失败的原因，从中学习应对突发事件的知识和技能。情景模拟法是指根据受训者可能担任的职务，编制一套与该职务实际情况相似的项目，将受训者安排在模拟的、逼真的工作环境中，要求受训者处理可能出现的各种问题，用多种方法来测评其心理素质、潜在能力的一系列方法。

三、专业人员培训

专业应急救援人员是应急救援的主要力量，主要包括抢险救护、医疗、消防、交通、通信等人员以及企业单位设立的专职或兼职应急救援队。目前，我国安全生产应急救援队伍总人数已达 25 万多人，覆盖了矿山、危险化学品、消防、水上搜救、铁路交通及民航等方面，如地震、消防等部门建立的专业救援队伍，林业系统建立的森林消防队，能源系统在各地建立的矿山抢险救援专业队，交通系统建立的港口消防队、海上救援队，化工系统的化学事故救援队伍等。对于不同职能的应急人员，培训的内容和要求也不一样。培训内容主要包括相关危险品特性、病毒细菌防范、污染处理、具体技术设施等技术方面的内容，以及现场救护与应急自救、应急设备操作、应急装备使用等技能方面的内容。基本要求是：通过培训，使应急人员掌握必要的知识和技能，以识别危险、评价事故的危险性，从而采取正确的措施。具体培训中，通常将不同职能的专业应急人员分为 4 种水平，每一种水平都有相应的培训要求。

1. 初级操作水平应急人员

该水平应急人员主要参与预防危险事故的发生，以及发生事故后的应急处置，其作用是有效控制事故扩大化，降低事故可能造成的影响。对他们的培训要求如下：

① 掌握危险因素辨识和危险程度分级方法；
② 掌握基本的危险和风险评价技术；
③ 学会正确选择和使用个人防护设备；
④ 了解危险因素的基本术语和特性；
⑤ 掌握危险因素的基本控制操作；
⑥ 掌握基本危险因素消除程序；
⑦ 熟悉应急预案的基本内容等。

2. 专业水平应急人员

专业水平应急人员培训应根据有关指南要求执行，对其培训要求除了掌握上述初级操作水平应急人员的知识和技能以外，还包括以下内容：

① 保证事故现场人员的安全，防止伤亡的发生；
② 执行应急行动计划；
③ 识别、确认、证实危险因素；
④ 了解应急救援系统各岗位的功能和作用；

⑤ 了解个人防护设备的选择和使用；

⑥ 掌握危险的识别和风险的评价技术；

⑦ 了解先进的风险控制技术；

⑧ 执行事故现场消除程序；

⑨ 了解基本的化学、生物、放射学的术语及其表示形式。

3. 专家水平应急人员

具有专家水平的应急者，通常与相关行业专业技术人员一起，对紧急情况做出应急处置，并向专业人员提供技术支持，因此要求该类专家应对突发事件危险因素的知识、信息比专业人员更广博、更精深，因而应当接受更高水平的专业培训，以便具有相当高的应急水平和能力。其要求如下：

① 接受专业水平应急人员的所有培训；

② 理解并参与应急救援系统的各岗位职责的分配；

③ 掌握风险评价技术；

④ 掌握危险因素的有效控制操作；

⑤ 参加一般和特别程序的制定与执行；

⑥ 参加应急行动结束程序的执行；

⑦ 掌握化学、生物、毒理学的术语与表示形式。

4. 指挥级水平应急人员

指挥级水平应急人员主要负责的是对事故现场的控制并执行现场应急行动，协调应急队员之间的活动和通信联系。该水平应急人员应具有相当丰富的事故应急和现场管理的经验。由于他们责任重大，要求他们参加的培训更为全面和严格，以提高应急指挥者的素质，保证事故应急处置的顺利完成。通常，该类应急人员应该具备下列能力：

① 协调与指导所有的应急活动；

② 负责执行一个综合性的应急救援预案；

③ 对现场内外应急资源的合理调用；

④ 提供管理和技术监督，协调后勤支持；

⑤ 协调信息发布和政府官员参与的应急工作；

⑥ 负责向国家、省市、当地政府主管部门递交事故报告；

⑦ 负责提供事故和应急工作总结。

不同水平应急人员的培训要与应急救援系统相结合，以使应急人员接受充分的培训，从而保证应急人员的素质。作为应急管理专业人员，重要的是具有专业操作水平。国家重视建立应急救援专家队伍，充分发挥专家学者的专业特长和技术优势，他们也是广义的专业人员。对专业人员的培训，要同培训公务员一样，充分发挥高等学校、科研机构的作用，因为他们的专业性更强，更要依托各类专业院校和国家应急领域科研院所进行专门或联合培训。

四、岗位应急培训

对处于能首先发现事故险情并及时报警的岗位上的人员，如保安、门卫、巡查、值班人员、生产操作人员、作业人员等一线岗位人员，应当被看做是初级意识水平应急人员。该水平应急人员的培训内容主要是人员素质、文化知识、心理素质、应急意识与能力。具体培训要求如下：

① 能识别危险因素及事故发生的征兆，如确认危险物质并能识别危险物质的泄漏迹象；

② 了解所涉及的危险事故发生的潜在后果，如危险物质泄漏的潜在后果；

③ 了解应急人员自身的作用和责任；

④ 能确认必需的应急资源；

⑤ 如果需要疏散，则应限制未经授权人员进入事故现场；

⑥ 熟悉现场安全区域的划分；

⑦ 了解基本的事故控制技术。

在对这些作为初级意识水平应急人员的一线特定岗位人员实施培训时，要抓住以下几个重点环节和行动，并确保他们掌握相应的要求和具备完成这些应急行动的能力。

1. 报警

通过培训，使应急人员了解并掌握如何利用身边的手机、电话等工具，以最快的速度报警。发布紧急情况通告的方法，可使用警笛、警钟、电话或广播等。为及时疏散事故现场的所有人员，应急人员要掌握在事故现场贴发警示标志等方法，引导人们向安全区域疏散。

2. 疏散

培训应急人员在事故现场安全有序地疏散被困人员或周围人员。对人员疏散的培训主要在应急演练中进行。

3. 自救与互救

通过培训，使事故现场的人员了解和掌握基本的安全疏散和逃生技术，以及学习一些必要的紧急救护技术，能及时抢救事故现场中有生命危险的被困人员，使其脱离险境或为进一步医疗抢救赢得时机。可以参见本书第 7 章的有关内容。

4. 初期火灾扑救

由于火灾的易发性和多发性，对火灾应急的培训显得尤为重要。要求应急队员必须掌握必要的灭火技术，以便在着火初期迅速灭火，降低或减小导致灾难性事故的危险，掌握灭火装置的识别、使用、保养、维修等基本技术。

五、特殊应急培训

应急救援队员很有可能暴露于化学、物理伤害等各种的特殊事故危险中，仅掌握一般的应急技能是远远不足以保护应急队员的生命安全的，因此必须对他们进行此类特殊事故危害的应急培训。特殊应急培训包括针对化学品暴露、受限空间的营救、BLEVE 的事故危害的应急培训。

1. 化学品暴露

任何化学品都有一个在空气中的最高允许浓度，低于此浓度，人可以不使用呼吸防护设备。通过培训，应急队员应该了解这些浓度，并知道如何使用监控设备和呼吸防护设备。对于呼吸防护的培训要求，应该由专门的部门进行制定。

2. 受限空间营救

受限空间是指缺少氧气或充满有毒化学蒸汽、有爆炸危险的浓缩气体等的狭小空间，通常只有经过培训并有必要防护设备的应急人员才被允许进入其间，进行营救工作。受训者应该先学习必要的营救技术，并每年进行一次模拟的营救演习，对受训合格者应颁发证书。

3. BLEVE 爆炸

BLEVE（Boiled Liquid Evaporate Vapor Explosion）爆炸为液体受热沸腾后成气体，

容器爆裂后气体泄出而产生爆炸的情况。该爆炸的特征为需经一段火灾时间，然后剧烈爆炸时可形成很大的火球，并且爆炸容器残骸飞离很远，人员被碎片击中、受极高温度及辐射热影响之下，人员伤亡很大。这种爆炸事故的一般发生机理是：通常当容器内的物质泄漏，容器超压，或由于其他原因造成容器强度弱化而使容器失效、破裂，发生容器内液体的大量泄漏，液体迅速汽化并与空气快速混合，此时一旦遇到火源，则易燃介质将发生燃烧并导致爆炸或火球的产生。由于这种事故的高发性以及它的巨大的破坏性，经常造成人员甚至是应急队员的受伤和死亡，因此必须进行此类事故的应急培训。具体包括以下内容。

① 使应急队员了解该类事故的类型、产生的原理及如何采取对策等。

② 应急队员必须了解容器的结构和工作压力以及容器遭受物理破坏后可能出现的情况。

③ 了解容器内物质的理化性质，如沸点、蒸汽密度和闪点等基本情况。

④ 会识别与事故有关的征兆，当发现以下任何一种征兆出现时，应急救援队员需立刻撤离和疏散：

● 容器周围可燃蒸汽的燃烧火势不断增加，这意味着由火灾引起的沸腾液体在容器内部产生了更大的压力，有可能导致容器的爆炸；

● 从容器的减压阀向外喷射火焰，通常这意味着压力正在不断升高；

● 降压系统的噪声升高，这也意味着压力的升高。

⑤ 了解控制 BLEVE 发生的两种方法：一是快速地将容器冷却；二是减少或转移容器附近的热源。

⑥ 了解 BLEVE 的特性，如容器失效能导致破裂和爆裂，泄漏的可燃性液体可能会导致地面闪蒸，也可能产生向外和向上的火球。

⑦ 掌握一旦遇到可能的 BLEVE，最好的应急选择是撤离到安全的、不会受到伤害的区域。

六、应急救援训练

应急救援训练是指应急救援队伍通过一定的方式获得或提高应急救援技能的专门活动，是专业应急队伍实施应急培训的重要实操方法。应急救援训练是开展各种应急救援预案演练的基础性工作。经常性地开展应急救援训练应当成为应急救援队伍的一项重要日常工作。

1. 应急救援训练指导思想

应急救援训练的指导思想应以加强基础、突出重点、边练边战、逐步提高为原则。针对突发事故与应急救援工作的特点，从危险物品、事故特征和现有装备的实际出发，严格训练，严格要求，不断提高应急救援队伍的救援能力、迅速反应能力、机动能力和综合素质。

2. 应急救援训练基本任务

应急救援训练的基本任务是锻炼和提高队伍在突发事故情况下的快速抢险堵源、及时营救伤员、正确指导和帮助群众防护或撤离、有效消除危害后果、开展现场急救和伤员转送等应急救援技能和应急反应综合素质，进而有效减低事故危害，减少事故损失。

3. 应急救援训练基本内容

应急训练的基本内容主要包括基础训练、专业训练、战术训练和自选课目训练 4 类。

（1）基础训练　基础训练是应急队伍的基本训练内容之一，是确保完成各种应急救援任务的前提。基础训练主要是指队列训练、体能训练、防护装备和通信设备的使用训练等内容。训练的目的是应急人员具备良好的战斗意志和作风，熟练掌握个人防护装备的穿戴、通信设备的使用等。

（2）专业训练 专业技术关系到应急队伍的实战水平，是顺利执行应急救援任务的关键，也是训练的重要内容，主要包括专业常识、堵源技术、抢运和清消，以及现场急救等技术。通过训练，救援队伍应具备一定的救援专业技术，有效地发挥救援作用。

（3）战术训练 战术训练是救援队伍综合训练的重要内容和各项专业技术的综合运用，提高救援队伍实践能力的必要措施。通过训练，使各级指挥员和救援人员具备良好的组织指挥能力和实际应变能力。

（4）自选课目训练 自选课目训练可根据各自的实际情况，选择开展如防化、气象、侦险技术、综合演练等项目的训练，进一步提高救援队伍的救援水平。在开展训练课目时，专职性救援队伍应以社会性救援需要为目标确定训练课目，而单位的兼职救援队伍应以本单位救援需要为主，兼顾社会救援的需要确定训练课目。

4. 应急救援训练的方法和时间

应急救援队伍的训练可采取自训与互训相结合、岗位训练与脱产训练相结合、分散训练与集中训练相结合等方法。在时间安排上应有明确的要求和规定。为保证训练效果，在训练前应制定训练计划，训练中应组织考核、验收和评比。

第二节　事故应急救援演练

一、应急演练的意义和目的

1. 应急演练的意义

（1）提高应对突发事件风险意识 各级政府领导、应急管理工作人员、救援人员和公众很多没有亲身经历过突发事件，缺乏感性认识，很难深刻了解突发事件中出现的各种情况，虽然可以通过培训获得处置突发事件需要的技能和知识，却无法获得那种经历真实突发事件的心理状态。开展应急演练，通过模拟真实事件及应急处置过程，能给参与者留下更加深刻的印象，从直观上、感性上真正认识突发事件，提高对突发事件风险源的警惕性，能促使公众在没有发生突发事件时，增强应急意识，主动学习应急知识，掌握应急知识和处置技能，提高自救、互救能力，保障其生命财产安全。2008年，四川"5·12"汶川大地震中，人员伤亡惨重，灾区中、小学校尤甚，而位于地震核心区的绵阳市安县桑枣中学2300名师生在这场大地震中，均从剧烈晃动中的5层教学楼撤离，仅用了1分36秒，无一人伤亡，创造了巨灾避灾的奇迹。其中一个非常重要的原因就是该校从2005年起，每学期都要组织全校师生进行紧急疏散演练，每次活动都制定详细的演练方案，认真组织和安排，演练结束后还要进行考评总结，不断加以改进。反复的应急演练，造就了训练有素的老师和学生，在地震来临时能够从容不迫，按照演练时既定的程序有序撤离。

（2）检验应急预案效果的可操作性 很多应急预案的制定没有经过突发事件实践检验，又或者制定后没有及时更新，无法适应不断变化中的新情况、新问题。通过应急演练，可以发现应急预案中存在的问题，在突发事件发生前暴露预案的缺点，验证预案在应对可能出现的各种意外情况方面所具备的适应性，找出预案需要进一步完善和修正的地方；可以检验预案的可行性以及应急反应的准备情况，验证应急预案的整体或关键性局部是否可以有效地付诸实施；可以检验应急工作机制是否完善，应急反应和应急救援能力是否提高，各部门之间的协调配合是否一致等。

（3）增强突发事件应急反应能力 应急演练是检验、提高和评价应急能力的一个重要手段，通过接近真实的亲身体验的应急演练，可以提高各级领导者应对突发事件的分析研判、决策指挥和组织协调能力；可以帮助应急管理人员和各类救援人员熟悉突发事件情景，提高应急熟练程度和实战技能，改善各应急组织机构、人员之间的交流沟通、协调合作；可以让公众学会在突发事件中保持良好的心理状态，减少恐惧感，配合政府和部门共同应对突发事件，从而有助于提高整个社会的应急反应能力。

2. 应急演练的目的

应急演练活动是检验应急管理体系的适应性、完备性和有效性的最好方式。定期进行应急演练，不仅可以强化相关人员的应急意识，提高参与者的快速反应能力和实战水平，还能暴露应急预案和管理体系中的不足，检测制定的突发事故应变计划是否实在、可行。同时，有效的应急演练还可以减少应急行动中的人为错误，降低现场宝贵应急资源和响应时间的耗费。概括起来，应急演练的目的可以归纳如下。

（1）检验预案　发现应急预案中存在的问题，提高应急预案的科学性、实用性和可操作性。

（2）锻炼队伍　熟悉应急预案，提高应急人员在紧急情况下妥善处置事故的能力。

（3）磨合机制　完善应急管理相关部门、单位和人员的工作职责，提高协调配合能力。

（4）宣传教育　普及应急管理知识，提高参演和观摩人员风险防范意识和自救互救能力。

（5）完善准备　完善应急管理和应急处置技术，补充应急装备和物资，提高其适用性和可靠性。

二、应急演练的类型

应急演练的类型和方式有很多。

1. 按演练规模划分，可分为局部性演练、区域性演练和全国性演练

局部性演练针对特定地区，可根据区域特点，选择特定的突发事件，如某种具有区域特性的自然灾害，演练一般不涉及多级协调。区域性演练针对某一行政区域，演练设定的突发事件可以较为复杂，如某一灾害或事故形成的灾难链，往往涉及多级、多部门的协调。全国性的演练一般针对较大范围突发事件，如影响了多个区域的大规模传染病，涉及地方与中央及各职能部门的协调。

2. 按演练内容与尺度划分，应急演练可分为单项演练和综合演练

单项演练，又称专项演练，是指根据情景事件要素，按照应急预案检验某项或数项应对措施或应急行动的部分应急功能的演练活动。单项演练可以类似部队的科目操练，如模拟某一灾害现场的某项救援设备的操作或针对特定建筑物废墟的人员搜救等，也可以是某一单一事故的处置过程的演练。

综合演练，是指根据情景事件要素，按照应急预案检验包括预警、应急响应、指挥与协调、现场处置与救援、保障与恢复等应急行动和应对措施的全部应急功能的演练活动。综合演练相对复杂，需模拟救援力量的派出，多部门、多种应急力量参与，一般包括应急反应的全过程，涉及大量的信息注入，包括对实际场景的模拟、单项实战演练、对模拟事件的评估等。

3. 按演练形式划分，应急演练可分为模拟场景演练、实战演练和模拟与实战相结合的演练

模拟场景演练，又称为桌面演练，是指设置情景事件要素，在室内会议桌面（图纸、沙盘、计算机系统）上，按照应急预案模拟实施预警、应急响应、指挥与协调、现场处置与救援等应急行动和应对措施的演练活动。模拟场景演练以桌面练习和讨论的形式对应急过程进行模拟和演练。

实战演练，又称现场演练，是指选择（或模拟）生产建设某个工艺流程或场所，现场设置情景事件要素，并按照应急预案组织实施预警、应急响应、指挥与协调、现场处置与救援等应急行动和应对措施的演练活动。实战演练可包括单项或综合性的演练，涉及实际的应急、救援处置等。模拟与实战结合的演练形式是对前面两种形式的综合。

4. 按照演练的目的，可分为检验性演练和研究性演练

检验性演练，是指不预先告知情景事件，由应急演练的组织者随机控制，参演人员根据演练设置的突发事件信息，按照应急预案组织实施预警、应急响应、指挥与协调、现场处置与救援等应急行动和应对措施的演练活动。

研究性演练，是指为验证突发事件发生的可能性、波及范围、风险水平以及检验应急预案的可操作性、实用性等而进行的预警、应急响应、指挥与协调、现场处置与救援等应急行动和应对措施的演练活动。

应急演练的形式多样，可以根据需要灵活选择，但要根据演练的目的、目标，选择最恰当的演练方式，并且牢牢抓住演练的关键环节，达到演练效果，重在对公众风险意识的培养、对紧急情况下逃生方法的掌握以及自救能力的提高。如高层住宅来不及撤出的居民的救援、危险区域内居民有秩序地疏散至安全区或安置区、受污染人员前往消洗去污点进行消毒清洗处理等。应急演练的组织者或策划者在确定采取哪种类型的演练方法时，应考虑以下因素：

① 应急预案和响应程序制定工作的进展情况；
② 本辖区面临风险的性质和大小；
③ 本辖区现有应急响应能力；
④ 应急演练成本及资金筹措状况；
⑤ 有关政府部门对应急演练工作的态度；
⑥ 应急组织投入的资源状况；
⑦ 国家及地方政府部门颁布的有关应急演练的规定。

无论选择何种演练方法，应急演练方案必须与辖区重大事故应急管理的需求和资源条件相适应。

三、应急演练的类型形式

按不同的分类标准划分不同类型的应急演练，但其具体内容并不存在明确区分，往往各种演练活动都要综合运用多种演练类型，如某省矿山救援应急演练，就属于区域性综合应急演练，一般采取实战或模拟与实战结合的演练形式，因此打破演练类型划分。常见的应急演练形式有以下几种。

1. 模拟场景演练（桌面演练）

模拟场景演练，是指由应急指挥机构成员以及各应急组织的负责人、关键岗位人员参加，按照应急预案及其标准运作程序，以桌面练习和讨论的形式对应急过程进行模拟的演练活动，因此也被称为桌面演练。演练一般通过分组讨论的形式，信息注入的方式包括灾害描述、事件描述等，只需展示有限的应急响应和内部协调活动。模拟场景演练一般针对应急管理高级人员，在没有时间压力的情况下，演练人员在检查和解决应急预案中问题的同时，获得一些建设性的讨论结果。主要目的是在友好、较小压力的情况下，锻炼演练人员制定应急策略，解决实际问题的能力，以及解决应急组织相互协作和职责划分的问题，达到提高应急反应能力和应急管理水平的目的。桌面演练的特点是对演练情景进行口头演练，一般是在会议室内举行。其主要目的是锻炼参演人员解决问题的能力，以及解决应急组织相互协作和职责划分的问题。

模拟场景演练无须在真实环境中模拟事故情景及调用真实的应急资源，演练成本较低，可作为大规模综合演练的"预演"。近几年，随着信息技术的发展，借助计算机、三维模拟技术、电子地图以及专业的演练程序包等，在室内即能逼真地模拟多种类型的事故情景，故称为"室内演练""桌面演练"，将事故的发生和发展过程展示在大屏幕液晶显示屏上，大大增强了演练的真实感。

桌面演练一般仅限于有限的应急响应和内部协调活动，应急人员主要来自本地应急组织，事后一般采取口头评论形式收集参演人员的建议，并提交一份简短的书面报告，总结演练活动，提出有关改进应急响应工作的建议。桌面演练的方法成本较低，主要为功能演练和全面演练做准备。

2. 单项演练（功能演练）

单项演练，又称功能演练，是指针对某项应急响应功能或其中某些应急响应活动进行的演练活动。其主要目的是针对应急响应功能，检验应急人员以及应急体系的策划和响应能力。单项演练可以像桌面演练一样在指挥中心内举行，也可以开展小规模的现场演练，调用有限的应急资源，主要目的是针对特定的应急响应功能，检验应急响应人员某项保障能力或某种特定任务所需技能，以及应急管理体系的策划和响应能力。常见的单项应急演练有：通信联络、信息报告程序演练；人员紧急集合、装备及物资器材到位演练；化学监测动作演练；防护行动演练；指导公众隐蔽与撤离、通道封锁与交通管制演练；医疗救护行动演练；人员和治安防护演练等。

单项演练的特点是目的性强，演练活动主要围绕特定应急功能展开，无须启动整个应急救援系统，演练的规模得到控制，既降低了演练成本，又达到了"实战"锻炼的效果。功能演习比桌面演习规模要大，需要动员更多的应急响应人员和资源，因而协调工作的难度也随着更多应急组织的参与而增大。必要时可以向上级应急机构提出技术支持请求，为演练方案设计、协调和评估工作提供技术支持。单项演练完成后，除采取口头评论、书面汇报外，还应提交正式的书面报告。

3. 综合演练（全面演练）

综合演练是指针对某一类型突发事件应急响应全过程或应急预案内规定的全部应急功能，检验、评价应急体系整体应急处置能力的演练活动，又称全面演练。综合演练一般采取交互式进行，演习过程要求尽量真实，调用更多的应急资源，开展人员、设备及其他资源的实战性演练，并要求所有应急响应部门（单位）都要参加，以检查各应急处置单元的任务执行能力和各单元之间的相互协调能力。综合演练由于涉及更多的应急组织和人员，准备时间更长，要有专人负责应急运行、协调和政策拟订，以及上级应急组织人员在演练方案设计、协调和评估工作方面提供技术支持。综合演练的特点是真实性和综合性，演练过程涉及整个应急救援系统的每一个响应要素，是最高水平的演练活动，能够较客观地反映目前应急系统应对重大突发事件所具备的应急能力，但演练的成本也最高，因而不适宜频繁开展。同时鉴于综合演练的大规模和接近实战的特点，必须确保所有参演人员都已经过系统的应急培训并通过考核，保证演练过程的应急救援人员安全。与功能演练类似，演练完成后，除采取口头评论、书面汇报外，还应提交正式的书面报告。

4. 区域性应急演练

区域性应急演练是在虚拟的事件条件下，区域应急救援系统中的各个机构、组织或群体人员执行与真实事件发生时相一致的责任和任务的演练活动。由于这类事件往往影响范围广，参与应急行动的职能部门多，所以应急联合行动的指挥和调度是一项十分复杂的工作。管理者和应急行动人员受水平和立场所限，难以对整个应急过程中所面临的问题考虑周全。因此，区域性应急演练作为检验、评价和保持区域应急能力的一个重要手段，可以检验应急预案的可操作性和平时应急培训的效果，发现应急资源的不足，改善各应急组织、机构、人员之间的协调，提高应急人员的技术水平和熟练程度，进一步明确各自的岗位和职责，从而有助于提高整个区域应对重大突发事件的应急能力。

应急演练类型有多种，不同类型的应急演练虽有不同特点，其差别主要体现在受限于辖区应急管理实际需要和资源条件，演练的复杂程度和规模上有所差异，但在策划演练内容、演练情景、演练频次、演练评价方法等方面有着相同或相似的要求。

第三节　应急救援演练目标和要求

一、应急演练的目标体系

应急演练的目标是指检查演练效果，评价应急组织、人员应急准备状态和能力的指标。在重大突发事件应急行动过程中，应急机构、组织和人员应展示出的各种能力，由于演练规模、演练真实程度等条件的限制，仅靠一次演练难以完成检验的目的。因此，演练的目标体系的建立，是将应急救援工作开展过程中所包含的工作内容和所涉及的工作环节细化成为多个具体的演练目标，形成一套系统的目标体系。每次演练活动就一定数量的演练目标进行策划和展开，从而能够分步骤地完成对现有应急能力的检验和改进，保证每次演练的质量。

1. 应急演练目标

一个相对完整的演练目标至少应包括以下 18 个指标，即在设计演练方案时应围绕这些演练目标展开。

目标 1　应急动员

展示通知应急组织，动员应急响应人员的能力。本目标要求责任方应具备在各种情况下警告、通知和动员应急响应人员的能力，以及启动应急设施和为应急设施调配人员的能力。责任方既要采取系列举措，向应急响应人员发出警报，通知或动员有关应急响应人员各就各位，还要及时启动应急指挥中心和其他应急支持设施，使相关应急设施从正常运转状态进入紧急运转状态。

目标 2　指挥和控制

展示指挥、协调和控制应急响应活动的能力。本目标要求责任方应具备应急过程中控制所有响应行动的能力。事故现场指挥人员、应急指挥中心指挥人员和应急组织、行动小组负责人员都应按应急预案要求，建立事故指挥体系（ICS），展示指挥和控制应急响应行动的能力。

目标 3　事态评估

展示获取事故信息，识别事故原因和致害物，判断事故影响范围及其潜在危险的能力。本目标要求应急组织具备主动评估事故危险性的能力。即应急组织应具备通过各种方式和渠道，积极收集、获取事故信息，评估、调查人员伤亡和财产损失、现场危险性以及危险品泄漏等有关情况的能力；具备根据所获信息，判断事故影响范围，以及对居民和环境的中长期危害的能力；具备确定进一步调查所需资源的能力；具备及时通知国家、省及其他应急组织的能力。

目标 4　资源管理

展示动员和管理应急响应行动所需资源的能力。本目标要求应急组织具备根据事态评估结果，识别应急资源需求的能力，以及动员和整合内外部应急资源的能力。

目标 5　通信

展示与所有应急响应地点、应急组织和应急响应人员有效通信交流的能力。本目标要求应急组织建立可靠的主通信系统和备用通信系统，以便与有关岗位的关键人员保持联系。应急组织的通信能力应与应急预案中的要求相一致。通信能力的展示主要体现在通信系统及其执行程序的有效性和可操作性。

目标 6　应急设施（装备和信息显示）

展示应急设施、装备、地图、显示器材及其他应急支持资料的准备情况。本目标要求应急组织具备足够应急设施，且应急设施内装备、地图、显示器材和应急支持资料的准备与管理状况能满足支持应急响应活动的需要。

目标 7　警报与紧急公告

展示向公众发出警报和宣传保护措施的能力。本目标要求应急组织具备按照应急预案中的规定，迅速完成向一定区域内公众发布应急防护措施命令和信息的能力。

目标 8　公共信息

展示及时向媒体和公众发布准确信息的能力。本目标要求责任方具备向公众发布确切信息和行动命令的能力。即责任方应具备协调其他应急组织，确定信息发布内容的能力；具备及时通过媒体发布准确信息，确保公众能及时了解准确、完整和通俗易懂信息的能力；具备控制谣言、澄清不实传言的能力。

目标 9　公众保护措施

展示根据危险性质制定并采取公众保护措施的能力。本目标要求责任方具备根据事态发展和危险性质选择并实施恰当的公众保护措施的能力，包括选择并实施学生、残障人员等特殊人群保护措施的能力。

目标 10　应急响应人员安全

展示监测、控制应急响应人员面临的危险的能力。本目标要求应急组织具备保护应急响应人员安全和健康的能力，主要强调应急区域划分、个体保护装备配备、事态评估机制与通信活动的管理。

目标 11　交通管制

展示控制交通流量，控制疏散区和安置区交通出入口的组织能力和资源。本目标要求责任方具备管制疏散区域交通道口的能力，主要强调交通控制点设置、执法人员配备和路障清除等活动的管理。

目标 12　人员登记、隔离与去污

通过人员登记、隔离与消毒过程，展示监控与控制紧急情况的能力。本目标要求应急组织具备在适当地点（如接待中心）对疏散人员进行污染监测、去污和登记的能力，主要强调与污染监测、去污和登记活动相关的执行程序、设施、设备和人员情况。

目标 13　人员安置

展示收容被疏散人员的程序、安置设施和装备，以及服务人员的准备情况。本目标要求应急组织具备在适当地点建立人员安置中心的能力。人员安置中心一般设在学校、公园、体育场馆及其他建筑设施中，要求可提供生活必备条件，如避难所、食品、厕所、医疗与健康服务等。

目标 14   紧急医疗服务

展示有关转运伤员的工作程序，交通工具、设施和服务人员的准备情况，以及医护人员、医疗设施的准备情况。本目标要求应急组织具备将伤病人员运往医疗机构的能力和为伤病人员提供医疗服务的能力。转运伤病人员既要求应急组织具备相应的交通运输能力，也要求具备确定伤病人员运往何处的决策能力。医疗服务主要是指医疗人员接收伤病人员的所有响应行动。

目标 15   24 小时不间断应急

展示保持 24 小时不间断的应急响应能力。本目标要求应急组织在应急过程中具备保持 24 小时不间断运行的能力。重大事故应急过程可能需坚持一天以上的时间，一些关键应急职能需维持 24 小时的不间断运行，因而责任方应能安排两班人员轮班工作，并周密安排接班过程，确保应急过程的持续性。

目标 16   增援（国家、省及其他地区）

展示识别外部增援需求的能力和向国家、省及其他地区的应急组织提出外部增援要求的能力。本目标要求应急组织具备向国家、省及其他地区请求增援，并向外部增援机构提供资源支持的能力。主要强调责任方及时识别增援需求、提出增援请求和向增援机构提供支持等活动。

目标 17   事故控制与现场恢复

展示采取有效措施控制事故发展和恢复现场的能力。本目标要求应急组织具备采取针对性措施，有效控制事故发展和清理、恢复现场的能力。事故控制是指应急组织应及时扑灭火源或遏制危险品溢漏等不安全因素，以避免事态进一步恶化。现场恢复是指应急组织为保护居民安全健康，在应急响应后期采取的清理现场污染物，恢复主要生活服务设施，制定并实施人员重入、返回与避迁措施等一系列活动。

目标 18   文件资料与调查

展示为事故及其应急响应过程提供文件资料的能力。本目标要求应急组织具备根据事故及其应急响应过程中的记录、日志等文件资料，调查分析事故原因并提出应急不足改进建议的能力。从事故发生到应急响应过程基本结束，参与应急的各类应急组织应按有关法律法规和应急预案中的规定，执行记录保存、报告编写等工作程序和制度，保存与事故相关的记录、日志及报告等文件资料，供事故调查及应急响应分析使用。

上述 18 项演练目标基本涵盖了突发事件应急响应工作开展过程中所包含的工作内容和所涉及的工作环节，形成一套系统的应急演练目标体系。因为包含要素众多，受演练规模、演练真实程度等条件的限制，在单次演练活动中，难以全面检验应急救援系统的整体应急反应能力。可根据应急演练的目标性质和实际需要，将演练目标体系中的各个要素进行评估，区分出演练活动的核心目标、重要目标和备选目标，在单次演练活动中，有侧重地对一定数量的演练目标进行策划和展开，在一个时间段内分次、分步骤地完成所有目标的演练，这样既可以保证每次演练的质量，又可以检验和提高现有应急能力。

2. 应急演练目标分类

单次演练并不要求全部展示上述 18 项目标的符合情况，也不要求所有应急组织全面参与演练的各类活动，但为检验和评价其重大事故应急能力，应在一段时间内对这 18 项应急演练目标进行全面的演练。根据应急演练目标的性质与演练频次要求，可将这些目标分为A、B、C三类。

A类目标　A类目标包括目标1至目标8，是应急演练的核心目标，反映有效应对重大突发事故所必需的应急准备能力。根据应急预案的规定，所有承担相应职责的应急组织都应参与每两年一次的全面演练，并在每次应急演练中展示相对应的应急演练目标。

B类目标　B类目标包括目标9至目标14，反映重大突发事故的应急响应能力。在每2年一次的全面演练中，应有一些应急组织对这些目标进行演练，具体参与演练的组织取决于演练事件和演示范围。B类目标与A类目标的不同点在于所有应急组织都应在每两年一次的演练中展示A类目标，而B类目标要求对其负责的应急组织每6年演练一次即可。

C类目标　C类目标包括目标15至目标18，反映应对重大突发事故的应急准备能力。承担相应职责的应急组织应当至少每6年演练一次。

二、应急演练的要求

1. 领导重视、科学计划、周密组织、统一指挥

开展应急演练工作必须得到有关领导的重视，给予财政等相应支持，必要时有关领导应参与演练过程并扮演与其职责相当的角色。应急演练必须事先确定演练目标，演练策划人员应对演练内容、情景等事项进行精心策划。演练策划人员必须制定并落实保证演练达到目标的具体措施，演练人员要熟悉流程及各个环节要求，方案成熟可行。各项演练活动应在统一指挥下实施，参演人员要严守演练现场规则，确保演练过程的安全。

2. 结合实际、突出重点，由浅入深、分步实施

应急演练应结合当地可能发生的危险源特点、潜在事件类型、可能发生事件的地点和气象条件及应急准备工作的实际情况进行。演练应重点解决应急过程中组织指挥和协同配合问题，解决应急准备工作的不足，以提高应急行动的整体效能。应急演练应遵循由下而上、先分后合、分步实施的原则，综合性的应急演练应以若干次分练为基础。

3. 合法守规、讲究实效、注重质量

应急演练必须遵守相关法律、法规、标准和应急预案规定。应急演练指导机构要精干，工作程序要简明，各类演练文件要实用，避免一切形式主义的安排，以取得实效为检验演练质量的唯一标准。

4. 注重安全、避免扰民

参演人员要合理确定演练地址，精心设计流程，保证应急设备的安全。演练不得影响生产经营单位的安全正常运行，原则上应避免惊动公众，如必须要公众参与，则应在应急常识得到普及、条件比较成熟时相机进行。

第四节　应急救援演练过程

应急演练是由多个组织共同参与的一系列行为和活动，应急演练过程可划分为演练准备、演练实施和演练总结三个阶段。

一、应急演练的准备

良好的准备工作是演练活动顺利开展的前提，应急演练的前期准备工作基本程序如图

5-1 所示（在实际工作中，有些步骤可以提前，有些则可以跳过）。

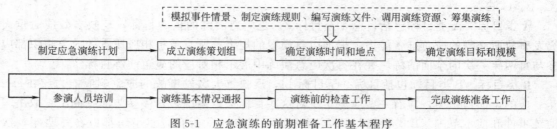

图 5-1　应急演练的前期准备工作基本程序

1. 应急演练策划

应急演练是一项复杂的综合性工作，为确保演练顺利进行，应成立应急演练策划组。

演练策划组不仅负责演练设计工作，也参与演练的具体实施和总结评估工作，责任重大。策划组应由多种专业人员组成，包括本行政区域政府官员、应急管理相关部门的领导、相关应急预案中所涉及负责部门单位负责人和该领域的专家。必要时，公安消防、医疗急救、市政交通、学校企业以及新闻媒体、当地驻军等部门单位也可派人参与。

对于简单模拟场景演练或者单项演练，演练策划组有 2～3 人即可，大型的综合演练，则需要几十人。演练策划组可以按照成员各自的职责，划分为若干个行动小组，如指挥组、操作组、计划组、后勤组和行政组等，便于分工负责，分头展开工作。策划组成员必须熟悉实际情况，精通各自领域专业技能，做事认真细致，思维活跃有创造性，能承受较大压力，按照预定计划完成工作，并在应急演练开始前不向外界透露细节。

2. 演练目标与范围

应急演练准备阶段，演练策划组应确定应急演练的目标，并确定相应的演示范围或演示水平。应急演练策划组应结合应急演练目标体系进行演练需求分析，然后在此基础上确定本次应急演练的目标。演练需求分析是指在评价以往重大事件和演练案例的基础上，分析本次演练需要重点解决的问题、演练水平、应急响应功能和演练的地理范围，然后在目标体系中选取本次应急演练的目标。应急演练的范围根据实际需要，小到一个单位，大到整个部门或者一个地区。演练需要达到的目标越多，层次越高，则演练的范围越大，前期准备工作越复杂，演练成本也越高。

在演练的目标和范围确定以后，演练策划组应明确参演应急组织，即确定负责各项演练目标的责任方。开展突发事件综合应急演练时，并不一定要求与演练目标相关的应急组织全部参与，也不要求参与演练的应急组织全面参与。应急组织选择全面参与还是部分参与，主要取决于该组织是否是该次演练的培训对象和评价对象。如果不是，则该组织可以采取部分参与方式，其现场演练活动由控制人员或模拟人员以模拟方式完成。由于在应急预案或其执行程序中可能将多项应急响应功能分配给多个应急组织负责，因此，策划组确认各演练目标的责任方时，不仅应分析演练目标，同时还应针对具体的应急响应功能进行分析。如有要求，应将演练目标和范围交上级及地方有关部门进行审查。

3. 编写演练方案

演练方案是应急演练前期准备工作中非常重要的一环，是组织与实施应急演练的依据，涵盖演练过程的每一个环节，直接影响到演练的效果。演练方案的编写主要由三个部分构成：演练情景设计、演练文件编写和演练规则制定。

（1）演练情景设计　演练情景是指对假想事故按其发生过程进行叙述性的说明。情景设计就是针对假想事故的发展过程，设计出一系列的情景事件，包括重大事件和次级事件，目的是通过引入这些需要应急组织做出相应响应行动的事件，刺激演练不断进行，从而全面检验演练目标。演练情景中必须说明何时、何地、发生何种事故、被影响区域、气象条件等事项，即必须说明事故情景。演练人员在演练中的一切对策活动及应急行动，主要针对假想事故及其变化而产生，事故情景的作用在于为演练人员的演练活动提供初始条件并说明初始事件的有关情况。事故情景可通过情景说明书加以描述。情景事件主要通过控制消息通知演练人员，消息的传递方式主要有电话、无线通信、传真、手工传递或口头传达等。

情景设计过程中，策划小组应考虑如下注意事项：

① 编写演练方案或设计演练情景时，应将演练参与人员、公众的安全放在首位；

② 负责编写演练方案或设计演练情景的人员，必须熟悉演练地点及周围各种有关情况；

③ 设计演练情景时，应尽可能结合实际情况，具有一定的真实性；

④ 情景事件的时间尺度可以与真实事故的时间尺度相一致；

⑤ 设计演练情景时，应详细说明气象条件，如果可能，应使用当时当地的气象条件，必要时也可根据演练需要假设气象条件；

⑥ 设计演练情景时，应慎重考虑公众卷入的问题，避免引起公众恐慌；

⑦ 设计演练情景时，应考虑通信故障问题，以检测备用通信系统；

⑧ 设计演练情景时，应对演练顺利进行所需的支持条件加以说明；

⑨ 演练情景中不得包含任何可降低系统或设备实际性能，影响真实紧急情况检测和评估结果，减损真实紧急情况响应能力的行动或情景。

（2）演练文件编写　演练文件是指直接提供给演练参与人员的文字材料的统称，主要包括情景说明书、演练计划、评价计划、演练控制指南、演练人员手册、评价计划等文件。演练文件没有固定格式和要求，简明扼要，通俗易懂，一切以保障演练活动顺利进行为标准。演练文件由演练策划组成员编写，经演练策划组开会讨论、修改后定稿并发放到参演人员手中，时间尽量提前，以便学习了解演练情况。演练方案主要包括下述演练文件。

① 情景说明书。主要作用是描述事故情景，为演练人员的演练活动提供初始条件和初始事件。情景说明书主要以口头、书面、广播、视频或其他音频方式向演练人员说明，并包括如下内容：发生何种事故或紧急事件，事故或紧急事件的发展速度、强度与危险性，信息传递方式，采取了哪些应急响应行动，已造成的人员伤亡和财产损失情况，事故或紧急事件的发展过程，事故或紧急事件发生时间，是否预先发出警报，事故或紧急事件发生的地点，事故或紧急事件发生时的气象条件等与演练情景相关的影响因素。

② 演练计划。演练的目的在于检验和提高应急组织的总体应急响应能力，使应急响应人员将已经获得的知识和技能与应急实际相结合。为确保演练成功，策划小组应事先制定演练计划。演练计划的主要内容包括：演练适用范围、总体思想和原则；演练假设条件、人为事项和模拟行动；演练情景，含事故说明书、气象及其他背景信息；演练目标、评价准则及评价方法；演练程序；控制人员、评价人员的任务及职责；演练所需的必要支撑条件和工作步骤。

③ 评价计划。评价计划是对演练计划中演练目标、评价准则及评价方法的扩展。内容主要是对演练目标、评价准则、评价工具及资料、评价程序、评价策略、评价组组成，以及评价人员在演练准备、实施和总结阶段的职责和任务的详细说明。

④ 情景事件总清单。情景事件总清单是指演练过程中需引入情景事件（包括重大事件或次级事件）按时间顺序的列表，其内容主要包括情景事件及其控制消息和期望行动，以及传递控制消息的时间或时机。情景事件总清单主要供控制人员管理演练过程使用，其目的是

确保控制人员了解情景事件应何时发生、应何时输入控制消息等信息。

⑤ 演练控制指南。演练控制指南是指有关演练控制、模拟和保障等活动的工作程序和职责的说明。该指南主要供控制人员和模拟人员使用，其用途是向控制人员和模拟人员解释与他们相关的演练思想，制定演练控制和模拟活动的基本原则，说明支持演练控制和模拟活动顺利进行的通信联系、后勤保障和行政管理机构等事项。

⑥ 演练人员手册。演练人员手册是指向演练人员提供的有关演练具体信息、程序的说明文件。演练人员手册中所包含的信息均是演练人员应当了解的信息，但不包括应对其保密的信息，如情景事件等。

⑦ 通讯录。通讯录是指记录关键演练人员通信联络方式及其所在位置等信息的文件。

（3）演练规则制定　演练现场规则是指为确保演练安全而制定的，对有关演练和演练控制、参与人员职责、实际紧急事件、法规符合性、演练结束程序等一系列具体事项的规定或要求。制定应急演练规则，是确保演练活动安全的重要措施。演练安全既包括演练参与人员的安全，也包括公众和环境的安全。确保演练安全是演练策划过程中一项极其重要的工作，策划组应制定演练现场规则。该规则中应包括如下方面的内容。

① 演练过程中所有消息或沟通必须以"这是一次演练"作为开头或结束语。事先不通知开始日期的演练，必须有足够的安全监督措施，以便保证演练人员和可能受其影响的人员都知道这是一次模拟紧急事件。

② 参与演练的所有人员不得采取降低保证本人或公众安全条件的行动，不得进入禁止进入的区域，不得接触不必要的危险，也不得使他人遭受危险。无安全管理人员陪同时不得穿越高速公路、铁道或其他危险区域。

③ 演练过程中不得把假想事故、情景事件或模拟条件错当成真的，特别是在可能使用模拟的方法来提高演练真实程度的那些地方，如使用烟雾发生器、虚构伤亡事故和灭火地段等。当计划这种模拟行动时，事先必须考虑可能影响设施安全运行的所有问题。

④ 演练不应要求承受极端的气候条件（不要达到可以称为自然灾害的水平）、高辐射或污染水平，不应为了演练需要的技巧而污染大气或造成类似危险。

⑤ 参演的应急响应设施、人员不得预先启动、集结，所有演练人员在演练事件促使其做出响应行动前应处于正常的工作状态。

⑥ 除演练方案或情景设计中列出的可模拟行动及控制人员的指令外，演练人员应将演练事件或信息当作真实事件或信息做出响应，应将模拟的危险条件当作真实情况采取应急行动。

⑦ 所有演练人员应当遵守相关法律法规，服从执法人员的指令。

⑧ 控制人员应仅向演练人员提供与其所承担功能有关并由其负责发布的信息。演练人员必须通过现有紧急信息获取渠道了解必要的信息，演练过程中传递的所有信息都必须具有明显标志。

⑨ 演练过程中不应妨碍发现真正的紧急情况，应同时制定发现真正紧急事件时可立即终止、取消演练的程序，迅速、明确地通知所有响应人员从演练到真正应急的转变。

⑩ 演练人员没有启动演练方案中的关键行动时，控制人员可发布控制消息，指导演练人员采取相应行动，也可提供现场培训活动，帮助演练人员完成关键行动。

4. 演练参与人员

按照在演练过程中所担负的不同职责，可将参与演练活动的人员分为5类，分别是指挥控制人员、演练实施人员、角色扮演人员、评价分析人员和观摩学习人员。在一些小规模的应急演练中，由于参与人数较少，也可一人兼负多个职责，但随着演练范围的增大以及参演人数的增多，人员的职能划分必须清晰，并要佩戴特定标识在演练现场进行区分。

① 指挥控制人员　即应急演练指挥机构负责人，包括演练总指挥和方案负责人，一般由主办应急演练的部门单位负责人或分管应急管理负责人以及参演的各相关部门单位的负责人担任。在演练过程中，指挥控制人员可根据现场情况调整演练方案，控制演练时间和进度，对演练中的意外情况做出迅速反应，保证现场演练人员安全，充分展示演练目的并使之顺利完成。

② 演练实施人员　即应急演练的现场参与人员，又称参演人员。与指挥人员不同的是，参加演练人员是演练方案的具体执行者，通过相互配合展现应急行动的每个步骤，是演练检验的主要对象。参演人员主要来自各单位的应急部门和专业应急救援机构，某些类型突发事件的应急演练也可以是工人、农民、学生、机关公务员甚至是普通公众等与潜在突发事件直接相关的人员。演练人员承担的主要任务包括：迅速对突发事件做出合理反应，实施各种应急响应措施，救助伤员或者被困人员，保护财产和公众安全，使用各种应急资源处置紧急情况和次生、衍生事件。

③ 角色扮演人员　又称模拟人员，即在演练过程中扮演、模拟突发事件的侵害对象、应急组织、社会团体和服务部门的人员，或者模拟突发事件事态发展的人员。例如，一组人扮演事故受伤、火灾受困人员，另一组人模拟军队等。角色扮演人员要熟悉各种模拟器材的使用方法，了解所模拟对象的职责、任务和能力，尽量客观反映这些组织和个人的行为，增加应急演练的真实性。

④ 评价分析人员　即负责观察记录演练过程和进展情况，并对演练活动进行评价，得出总结分析报告的人员。评价分析人员事先应了解整个演练方案，但不直接参与演练活动。评价人员一般由辖区行政官员、应急管理机构人员和应急管理领域的专家担任，观察演练人员的应急行动，记录观察结果，整理评价结果，在不干扰演练的前提下，协助指挥控制人员保证应急演练按预定方案进行。

⑤ 观摩学习人员　即观看应急演练活动，学习了解相关应急处置过程的人员，可以是相关机构工作人员，也可以是该类突发事件影响人群，还可以是普通公众。演练现场应划分专门的区域供他们参观学习，并设立专人负责维护现场秩序，保证所有观摩学习人员能清晰、安全地观看整个演练的开展流程。

5. 演练保障

① 演练时间及场所　演练策划组应与国家以及地方政府有关部门、应急救援系统中的关键人员提前协商，共同确定演练的时间和地点。在演练日期的确定上，要保证有足够的准备时间。在具体时间的确定上，除非有特殊需要，演练活动尽量在白天举行，以利于演练的进行和控制。演练场所应与可能发生事件的地点相一致，如储罐区、危险品仓库、高危作业车间等，以确保演练与真实情况的一致性。

② 演练经费　应急演练的费用较高，主要包括参演人员劳务费及专家咨询费，演练场地租赁费用，演练租用设施设备使用补偿，应急设施设备的使用费用，水电、餐饮、通信、办公耗材等费用，演练的宣传费用等。这些费用开销可由当地财政、各参演应急组织和演练受益方共同承担。演练策划组应本着"充足、节约"的原则，制定演练经费预算，上报给上级单位和财政部门，申请、落实演练开展所需经费，同时也应积极争取社会各界对演练经费的支持。

③ 演练资源　演练活动所需的资源包括完成演练所需的通信、卫生、显示器材，交通

运输工具，生活保障物资等，其准备过程与应急资源的准备过程基本一致。在演练方案确定后，参演应急组织应立即开始资源的筹备和准备工作。在这个过程中，演练策划组要注意统筹兼顾，及时督促参演应急组织对演练器材进行检测和添置，确保所需的设备设施都能在应急演练过程中正常投入使用。其中有两点是必须引起注意的：一是不能忽视备用资源，特别是备用通信器材的准备，以防遇到突发紧急情况；二是不能盲目申报资源，增加不必要的开销。

④ 人员培训　一是参演人员培训。主要由演练策划组采取口授的方式向参演人员传达演练的基本情况、演练规则等方面的内容，可根据参演人员的职能区别各有侧重。参演人员培训的特点是重点突出、任务明确、概括性强，不进行具体的应急技能培训。二是评估人员培训。策划组在确定演练评估人员后，应发放相关资料，进行情况介绍，分配各自所负责评估的应急组织和演练目标，以保证演练活动结束后的总结评估工作能及时、客观、准确地进行。

6. 情况通报和现场检查

演练前情况通报包括：一是对参演人员的通报，主要是提醒参演人员有关演练的重要事项，如各参演人员在演练当天就位时间、演练预计持续时间、演练现场布局基本情况、演练现场的注意事项、演练过程中对突发事件的处理方法等；二是对外界的通报，如演练开始及持续时间、演练的基本内容、演练过程中可能对周边生活秩序带来的负面影响（如交通管制、噪声干扰等）和演练现场附近公众的注意事项等。一般采取张贴告示、派发印刷品等方式。如果演练规模和影响范围较大，可通过广播电视、报纸进行，对外通报一方面是消除当地公众对演练的误解和恐慌；另一方面也可以起到应急宣传的作用。演练前现场检查，是整个演练前期准备工作的最后一环，一般安排在演练前一天进行。要求演练策划组和演练控制人员亲自到演练现场进行巡查，检查的内容包括各主要通道是否畅通、各功能区域之间的界限是否清晰、各种演练器材是否到位等。同时演练策划组人员应联系参与演练的场外人员和部门，提醒有关注意事项，要求对演练设备和器材做最后检查，确保使用正常、安全。

二、应急演练的实施

应急演练实施阶段是指从宣布初始事件起到演练结束的整个过程，演练活动始于报警消息。因为应急演练有多种类型，实施的内容也有所不同，按照规模和形式划分，应急演练可分为模拟场景演练、实战演练（现场演练）及模拟与实战结合演练等，这也是最常见的演练形式。

1. 模拟场景演练（桌面演练）

模拟场景演练一般在室内进行，采用会议讨论的形式实施，演练控制人员即为会议主持人，负责把握演练进度和会场讨论气氛，可由演练策划组中具有丰富应急经验和一定声望的专家担任。演练的实施步骤和程序大致如下。

① 宣布演练开始　主持人以一段简单介绍开始演练活动。

② 介绍演练信息　宣布演练活动开始后，首先介绍本次演练的目的、范围、时间、规则等基本信息。

③ 情景事件描述　介绍完本次演练的基本信息后，进入事件情景的描述部分，内容包括假想事件的发生地点、类别以及严重程度等内容。如"在×月×日××时许，××市××县××煤矿发生透水事故，当班 15 人下井，6 人升井，9 人被困井下。事发现场地理位置偏僻，目前被困矿工生死不明，事故具体情况有待进一步了解……"

④ 主持人提问　在事件情景介绍结束以后，主持人将提出一系列与事件情景处置相关的问题，要求参演人员作答和讨论。

⑤ 参演人员发言和讨论　演练的实施方式一般以指定发言为主，自由讨论为辅，发言的顺序应根据应急救援系统的组织架构，从应急组织负责人、现场指挥人员到基层操作人员，由上至下进行。例如，在虚拟煤矿透水事故介绍完以后，会场的"指挥长"即宣布进入应急状态，并召集安监、煤监、公安等部门的"负责人"进行商讨，提出一个整体的应急方案并明确分工，然后再由各应急组织人员根据各自的职责，依次说明具体的实施方法和措施。在实施过程中可以引入视频，对情景事件进行渲染，引导情景事件的发展，推动演练顺利进行。为了保证发言质量，主持人应留给每位参演人员（发言者）一定的准备时间，发言者根据自己对事件情景和应急救援预案的理解，条理清晰地阐述问题的解决方法，其他参与者可以在其发言结束后补充和建议，发言最好以"先做什么，然后怎样"的方式阐述，落实应急过程中的每一个步骤。在讨论中主持人要注意控制讨论的方向和气氛，避免讨论进入误区，以达到预定的演练目标。

⑥ 宣布演练结束　当所有的演练内容完成后，主持人宣布演练结束。演练现场应配备记录人员，详细记录参演人员的发言内容，以利于演练结束后的总结评估。

2. 实战演练（现场演练）

实战演练是通过对事件情景的真实模拟来检验应急救援系统的应急能力，从复杂程度和演练的范围上可分为单项演练（功能演练）和综合演练。单项演练包括基础演练、专业和战术演练、技能演练。基础演练包括队列演练、体能演练、防护装备和通信设备的使用演练等。专业和战术演练包括专业常识、堵源技术、抢运以及现场急救等技术以及实地指挥战术等。技能演练包括语言表达、情绪控制、分析预测、调查研究、快速疏散、自我心理调适等技能。综合演练则可以看作多种单项演练的组合，演练策划组可根据实际需要，选择多种单项演练科目进行综合演练。

实战演练按照事前是否先通知参演单位和人员，可分为"预知"型演练与"非预知"型演练。"预知"型演练是在演练正式开始前，演练策划组已将演练的具体安排告知参演组织和人员，演练人员事前有了心理准备，避免不必要的恐慌，有助于在演练中稳定发挥，展示应急技能水平。"非预知"型演练是演练开始后，应急中心即通知各应急组织赶到指定现场处置突发事件，各应急组织在不知道是演练的情况下，迅速组织人员做出相关应急响应行动，当应急组织人员到达现场后，才被告知这是一次演练并介绍演练的基本情况，然后再根据演练方案完成余下的演练内容。由于突发事件的发生发展往往是难以预料的，为了进一步增强演练的实效性，近年来各级应急机构倾向于举行"非预知"型的综合演练活动，用接近实战的方式检验和提高应急能力。"非预知"型演练侧重于检验应急系统的报警程序和紧急情况下信息的传递效率，要求应急机制健全，应急组织训练有素，能够应付突发的紧急情况。但这类演练在事先必须周密策划，一是要评估当地救援能力能否承受这类实战演练的考验，确保演练能够安全、顺利地进行；二是要评估演练对现场周围的社会秩序可能造成的负面影响。

在各项准备基础上，主持人宣布应急演练开始，模拟突发事件及其衍生事件出现，各应急力量严格按照演练脚本的程序及分工进行操作，模拟预先设计好的场景，如事件发生、信息报告、抢救人员、事故排除、现场清理等，逐一展开演练。整个过程应环环相扣、有条不紊、紧张有序。在实战演练中，各种意外情况较容易发生，演练控制难度大，控制人员要确保演练按照既定目标进行，责任重大。控制人员应分布在演练现场的关键区域，对演练人员的行为进行全过程的监督和控制，确保演练的真实性和严肃性，并及时与演练指挥沟通，严格把握演练的尺度和进度。例如，为了使整个演练活动能在规定时间内完成，一些在真实情况下需要几个小时才能完成的应急行动可以进行压缩，当出现响应和操作步骤后，控制人员即可停止该项演练。所有演练项目完成以后，控制人员应向演练指挥部报告，由演练指挥长宣布应急演练结束，所有演练活动应立即停止，控制人员按计划清点人数，检查装备器材，查明有无伤病人员，若有则迅速进行处理。最后，演练控制人员将组织专员清理演练现场，撤出各类演练器材。

3. 实施要点

虽然应急演练的类型、规模、持续时间、演习情景、演习目标等有所不同，但在实施过程中都应该注意以下几点。

① 应急预案制定部门（单位）应当按照有关法律、法规和规章建立健全突发事件应急演练制度，制定应急演练规划，合理安排各级各类演练活动，及时组织有关部门和单位开展应急演练。

② 扩大演练层面，提高社会参与度。适当建设应急演练设施，研究与创新应急演练形式，一方面为专业应急救援人员、志愿人员和公众提供多场景、多措施、低成本的应急培训与演练，另一方面积极推动社区、乡村、企业、学校等基层单位的应急演练工作。

③ 根据应急预案编制演练方案或脚本。预案就是处置突发事件的行动指南，针对性和指向性很强。为了保证应急演练目的实现，演练方案（脚本）必须按照相对应的预案要求，设计各个场景和环节，执行规定程序，安排有关责任单位和人员，以达到预期效果，做到练有所指、练有所用。

④ 演练阶段，参演应急组织和人员应尽可能按实际紧急事件发生时的响应要求进行演示，即"自由演示"，由参演应急组织和人员根据自己对最佳解决办法的理解对情景事件做出响应行动。在演练过程中，策划小组负责人的作用主要是宣布演练开始、结束和解决演练过程中的矛盾。控制人员的作用主要是向演练人员传递控制消息，提醒演练人员终止对情景演练具有负面影响或超出演练范围的行动，提醒演练人员采取必要行动以正确展示所有演练目标，终止演练人员不安全的行为，延迟或终止情景事件的演练。在演练过程中，参演的应急组织和人员应遵守当地相关的法律法规和演练现场规则，确保演练安全进行；如果演练偏离正确方向，控制人员可以采取"刺激行动"以纠正错误。"刺激行动"包括终止演练过程。使用"刺激行动"时应尽可能平缓，以诱导方法纠偏；只有对背离演练目标的"自由演示"，才使用强刺激的方法使其中断反应。

⑤ 应急演练组织单位及时对应急演练进行评价，总结分析应急预案存在的问题，提出改进措施和建议，形成应急演练评价报告，并向同级人民政府应急管理办事机构和上一级行政主管部门报送应急演练评价报告。

三、应急演练评价、总结和追踪

应急演练结束后，应及时进行评价和总结，总结分析演练中暴露出的问题，评估演练是否达到预定目标，改进应急准备水平，提高演练人员应急技能。

1. 应急演练评价

（1）概述　演练评价是指观察和记录演练活动、比较演练人员表现与演练目标要求，并提出演练发现的过程。演练评价的目的是确定演练是否达到演练目标要求，检验各应急组织指挥人员及应急响应人员完成任务的能力。要全面、正确地评价演练效果，必须在演练覆盖区域的关键地点和各参演应急组织的关键岗位上，派驻公正的评价人员。评价人员的作用主要是观察演练的进程，记录演练人员采取的每一项关键行动及其实施时间，访谈演练人员，要求参演应急组织提供文字材料，评价参演应急组织和演练人员的表现并反馈演练发现。

评价一般可分为任务层面、职能层面和演练总体层面三个层次：任务层面主要针对演练中的某个具体任务的完成情况进行评价；职能层面针对某个部门的实际职能职责的完成情况进行评价；演练总体层面是对演练的总体完成情况进行评价。

应急演练评价的内容主要包括：观察和记录演练活动；比较演练人员表现与演练目标要求；归纳、整理演练中发现的问题；提出整改建议等。

（2）应急演练评价方法和形式　应急演练评价方法是指演练评价过程中的程序和策略，包括评价组组成方式、评价目标与评价标准。评价目标是指在演练过程中要求演练人员展示的活动和功能，可与演练目标相一致。评价标准是指供评价人员对演练人员各个主要行动及关键技巧的评判指标，这些指标应具有可测量性。

为了确保演练评价工作公正、客观，可采用评价人员审查和访谈、参加者汇报和自我评价以及公开会议协商等形式，为应急工作的进一步完善提供依据。

① 评价人员审查　评价人员在演练过程中，根据演练评价手册的引导，作为中立方客观地记录演练人员采取每一项关键行动的效果及完成时间，完成评价表格的填写。表格的部分内容需要评价人员在演练现场根据实际情况在短时间内完成填写，也有部分内容需要在演练后进行统计分析。在条件允许的情况下，演练策划组应指派专人对演练的全过程进行录像，评价人员在演练结束后可通过反复观看录像对演练的细节做更深入的分析研究。除了笔录、录像这些方式外，评价人员还可通过与参演人员交谈，向参演应急组织索取演练的文字材料等方式，进一步搜集与演练相关的信息，以便对演练效果进行准确的评价。

② 演练参加者汇报　演练参加者主要指参加演练的演练实施人员、角色扮演人员和观摩学习人员。由于他们亲身经历了整个演练过程，一些评价人员没有留意的演练细节，可通过他们发现。为了能更好地评价演练效果，评价人员可在演练结束后向参加者统一发放参加者反馈表格，由参加者填写后在规定时间内交回给评价人员评阅。评价人员也可以采用访谈的形式，对参加者提出一系列预先准备好的问题，从而帮助参加者表达对演练的意见和建议。交谈结束后，评价人员对交谈内容进行整理，并结合现场记录内容一同汇总，以便做进一步的总结和分析。

- 你是否知道演练的目标和要求？
- 你觉得演练是否达到了演练的目标和要求？
- 你觉得场景是否真实？
- 你觉得现场的指挥人员指挥是否得当？

③ 召开演练讲评会　举行讲评会，对演练活动进行讨论和讲评是改进应急管理工作的重要步骤，也是演练人员自我评价的机会。演练讲评会应在演练结束后进行，一方面评价人员有充足的时间准备汇报材料；另一方面也是让所有参演人员稳定情绪，排除各种负面心态，冷静思考演练过程中存在的问题和值得总结的地方。讲评会原则上要求所有参演人员必须参加，会议首先由演练评价人员代表对演练的基本情况进行总结，总结的内容既要肯定参演各方在演练过程中的表现，又要客观指出个别参演部门在演练过程中暴露的问题。在评价人员发言结束后，应安排其他与会人员做自我汇报，重点应围绕评价人员提出的问题展开讨论，探讨问题的成因和解决方法，并明确这些问题的整改期限。演练讲评会需安排专人做好会议纪要，以作为问题跟踪、整改的依据。

（3）演练发现　演练发现是指通过演练评价过程，发现应急救援体系、应急预案、应急执行程序或应急组织中存在的问题。按对应急救援工作及时性、有效性（对人员生命安全）的影响程度，可将演练发现划分为三个等级，从高到低分别为不足项、整改项和改进项。

① 不足项　不足项指演练过程中观察或识别出的应急准备缺陷，可能导致在紧急事件发生时，不能确保应急组织或应急救援体系有能力采取合理应对措施，保护公众的安全与健康。不足项应在规定的时间内予以纠正。演练过程中发现的问题确定为不足项时，策划小组负责人应对该不足项进行详细说明，并给出应采取的纠正措施和完成时限。最有可能导致不足项的应急预案编制要素包括：职责分配，应急资源，警报、通报方法与程序，通信，事态评估，公众教育与公共信息，保护措施，应急人员安全和紧急医疗服务等。

② 整改项　整改项指演练过程中观察或识别出的，单独不可能在应急救援中对公众的安全与健康造成不良影响的应急准备缺陷。整改项应在下次演练前予以纠正。在以下两种情况下，整改项可列为不足项：

- 某个应急组织中存在两个以上整改项，共同作用可影响保护公众安全与健康能力；
- 某个应急组织在多次演练过程中，反复出现前次演练发现的整改项问题。

③ 改进项　改进项指应急准备过程中应予改善的问题。改进项不同于不足项和整改项，它不会对人员安全与健康产生严重的影响，视情况予以改进，不必一定要求予以纠正。

2. 应急演练总结

演练结束后，进行客观的总结是全面评价演练的依据，也是为了进一步加强和改进突发事件应对处置工作。演练策划组将一些与演练相关的各种文字资料进行整理，撰写演练总结报告。演练总结报告应在规定的期限内完成，报送上级部门和当地政府，抄送各参演应急组织。报告的内容一般包括以下 9 个方面：

① 本次应急演练的背景信息，含地点、时间、气象条件等；

② 参与演练的应急组织、企事业单位和行政部门；

③ 应急演练情景与演练方案；

④ 应急演练目标、演练范围和签订的演练协议；

⑤ 应急演练实施情况的整体评价以及各参演应急组织的情况，含对前次演练不足项在本次演练中表现的描述；

⑥ 参演人员演练实施情况；

⑦ 演练中存在的问题（演练发现）以及改进措施建议（如对应急预案和有关执行程序的改进建议）；

⑧ 对应急组织、应急响应人员能力与培训方面的建议；

⑨ 对应急设施、设备维护与更新方面的建议。

3. 应急演练追踪

演练评价和总结完成后，应实施后续管理，以落实评价和总结所指出的问题，达到改进工作的目的。追踪是指策划小组在演习总结与讲评过程结束之后，指定或安排专门人员督促相关应急组织继续解决其中尚待解决的问题或事项的活动。为确保参演应急组织能从演习中取得最大益处，策划小组应对演习发现进行充分研究，确定导致该问题的根本原因、纠正方法、纠正措施及完成时间，并指定专人负责对演习发现中的不足项和整改项的纠正过程实施追踪，监督检查纠正措施的进展情况。

（1）应急演练资料的归档与备案　应急演练活动结束后，将应急演练方案、评价报告、总结报告等文字资料，以及记录演练实施过程的相关图片、视频、音频等资料归档保存；对主管部门要求备案的应急演练资料，演练组织部门（单位）应将相关资料报主管部门备案。

　　(2) 应急预案的修改完善　根据应急演练评价报告对应急预案和有关执行程序的改进建议，由应急预案编制部门按程序对预案进行修改完善。

　　(3) 应急管理工作的持续改进　应急演练结束后，组织应急演练的部门（单位）应根据应急演练评价报告、总结报告提出的问题和建议，督促相关部门和人员，制定整改计划，明确整改目标，制定整改措施，落实整改资金，限期整改，并应跟踪督查整改情况。对逾期不整改的组织和部门，应采取行政措施给予警告和处罚；对于已做出整改的组织和部门，委派专家对其进行核查，经核查通过的组织和部门，由专人对该项做出最终整改报告并备案；若仍通不过，则继续令其在时限内整改并给予警告，如有必要可向其上级部门反映，加强督查力度。

第六章

事故应急救援装备

第一节　侦检装备

　　侦检器材，主要是指通过人工或自动的检测方式，对火场或救援现场所有灭火数据或其他情况，如气体成分、放射性射线强度、火源、剩磁等进行测定的仪器和工具。

　　1. 热成像仪

　　（1）用途　在黑暗、浓烟条件下观测火源及火势蔓延方向，寻找被困人员，监测异常高温及余火，观测消防队员进入现场情况。

　　（2）性能　红外线成像原理，有效监测距离80m，可视角度55°；防水、防冲撞，密封外壳；重量为2.7kg。

　　（3）维护　轻拿轻放，避免潮湿。

　　2. 可燃气体和毒性气体检测器

　　（1）试纸　适用于检测现场空气中的磷化氢、硫化氢、氯化氢和氯气等。日常试纸必须密封保存。

　　（2）检测管　适用范围很广，主要取决于试管中充填的化学显色指示剂特性。

　　3. 智能型水质分析仪

　　（1）用途　对地表水、地下水、各种废水、饮用水及处理过的小颗粒化学物质进行定性分析。

　　（2）性能　通过特殊催化剂，利用化学反应变色原理，使被测原液颜色发生变化，通过光谱分析仪的偏光原理进行分析。主要测试内容为氢化物、甲醛、硫酸盐、氟、苯酚、二甲苯酚、硝酸盐、磷、氯、铅等，共计23种，通过打印得到分析结果。

　　4. 有毒气体探测仪

　　（1）用途　一种便携式智能型有毒气体探测仪，可以同时检测4类气体，即可燃气（甲烷、煤气、丙烷、丁烷等31种）、毒气（一氧化碳、硫化氢、氯化氢等）、氧气和有机挥发性气体。

　　（2）性能　同时能对上述4类气体进行检测，在达到危险值时报警；防爆、防水喷溅；

可燃气体能从"0～100％LEL"（爆炸下限）的范围测量自动转换到以"0～100％气体"（体积百分比浓度）的范围测量；时限，Ni-Cd 电池盒 10h；充电时间，Ni-Cd 电池盒 7～9h，LED 显示；重量约 1kg；尺寸为 194mm×119mm×58mm。

（3）维护　轻拿轻放，避免潮湿、高温环境，保持清洁，定期标定。

5. 核放射性侦检仪

（1）用途　用于测量周围放射性剂量当量。

（2）性能及组成　带操作键和压电晶体、蜂鸣器的上盖。底座内有电池仓和探测器的上盖。GM 管探测器，电子线路显示器嵌于上盖和底座。电源：两节 1.5V 的碱性电池，不使用背光和外接探测器时，开机时间大于 80h，重量小于 0.3kg（带电池）。尺寸：145mm×85mm×45mm。配有拉杆探测器，可伸长 1.4～4m。

（3）维护　轻拿轻放，避免高温、潮湿存放，及时更换电池。

6. 核放射探测仪

（1）用途　能够快速准确地寻找并确定 α 射线或自射线污染源的位置。

（2）性能　GM 型专用探头，持续工作时间 70h，三挡测量区 1℃/s、10℃/s、100℃/s。音频报警的改变随辐射剂量的变化成比例变化。可以探测 α、弱 β、β、γ 射线。

（3）维护　轻拿轻放，防潮存放，使用温度 -10～45℃。

7. 生命探测仪

（1）用途　适用于建筑物倒塌现场的生命找寻救援。

（2）性能　采用不同的电子探头（微电子处理器），可识别空气或固体中传播的微小振动（如呼喊、敲击、喘息、呻吟声等），并将其多极放大转换成视听信号；同时，又可将背景噪声过滤。主机尺寸为 190mm×146mm×89mm，重量为 1.5kg。

（3）维护　运输、储藏温度 -40～70℃，正常工作温度 -30～60℃。

8. 综合电子气象仪

（1）用途　检测风向、温度、湿度、气压、风速等参数。

（2）性能　全液晶显示，温度的探测范围为 0～60℃（室内）或 -45～60℃（室外）；1h 内气压异动超过 0.5～1.5mmHg（1mmHg＝1.013×10^5 Pa）时，自动发出报警。

（3）维护　保持清洁，置于干净阴凉的地方。

9. 漏电探测仪

（1）用途　确定泄漏电源的具体位置。

（2）性能　频率低于 100Hz，可将接收到的信号转换成声光报警信号；探测时无须接触电源；探测仪对直流电不起作用；工作温度 -30～50℃；储存温度 -40～-70℃；开关具有三种形式（高、低、目标前置）。

（3）维护　随时保持仪器的清洁干燥。非工作时，放回保护套内。电池电压低于 4.8V 时应更换，严禁使用充电电池。

侦检装备，应具有快速准确的特点。现多采用检测管和专用气体检测仪，优点是快速、安全、操作容易、携带方便，缺点是具有一定的局限性。国外采用专用监测车，车上除配有取样器、监测仪器外，还装备了计算机处理系统，能及时对水源、空气、土壤等样品就地实行分析处理，及时检测出毒物和毒物的浓度，并计算出扩散范围等救援所需的各种救援数据。

第二节　个体防护装备

在许多情况下，应急人员会在离泄漏物质很近的地方工作，因此，在任何时间应急人员都必须要穿上合适的防护服。

防护服由应急人员穿戴，以防护其免受火灾、有毒液体或气体、放射性灰尘等危险的伤害。使用防护服的目的有三个：保护应急人员在营救操作时免受伤害；在危险条件下应急人员能进行恢复工作；逃生。消防人员执行特殊任务（如在精炼厂救火）时可能穿戴防热辐射的特殊服装。对化学物质有防护性的服装（如防酸服）可在泄漏清除工作时使用，以减少皮肤与有毒物质的接触。气囊状服装可避免环境与服装之间的任何接触，这种服装又是救生系统，从整体上把人员封闭起来，可在有极端防护要求时使用。不同的危险环境救援，使用的个体防护装备应各有不同要求。

1. 个体防护装备分级

在应急反应作业中，进入各控制区人员的防护装备需要分级。

（1）A级个体防护　A级个体防护适用于热区——危险排除。防护对象包括：接触高蒸气压和可经皮肤吸收的气体、液体；可致癌和高毒性化学物；极有可能发生高浓度液体泼溅、接触、浸润和蒸气暴露的情况；接触未知化学物（纯品或混合物）；有害物浓度达到IDLH浓度；缺氧。A级个体防护装备包括呼吸防护——全面罩正压空气呼吸器（SCBA）；防护服全封闭气密化学防护服，防各类化学液体、气体渗透；防护手套——抗化学物；防护靴——抗化学物；头部防护——安全帽。

（2）B级个体防护　防护对象包括：种类确知的气态有毒化学物质，可经皮肤吸收；达到IDLH浓度；缺氧。B级个体防护装备包括：呼吸防护——全面罩正压空气呼吸器（SCBA）；防护服——头罩式化学防护服，非气密性，防化学液体渗透；防护手套——抗化学物；防护靴——抗化学物；头部防护——安全帽。

（3）C级个体防护　防护对象包括：非皮肤吸收气态有毒物，毒物种类和浓度已知；非IDLH浓度；不缺氧。C级个体防护装备包括：呼吸防护——空气过滤式呼吸防护用品，正压或负压系统，过滤元件适合特定的防护对象，防护水平适合毒物浓度水平；防护服——隔离颗粒物、少量液体喷溅；防护手套——抗化学物；防护靴——抗化学物。

2. 防护服选择的注意事项

从防护性能最高的气密防渗透防护服，到普通的隔离颗粒物防护服，各类防护服的性能有很大差别，适用范围也不同。工业领域常用的一些防酸防碱服，并不能够作为A、B级化学防护服使用，因为化学防护不仅是酸和碱的问题，更重要的是防气体和液体的渗透，服装在阻燃、气密等方面也有特殊要求。GB 19082—2003《医用一次性防护服》属于隔离服，基本可以归为C级防护服。我国的防化服国家标准尚在制定过程中，目前情况下，选配时建议咨询具体生产厂家。防护服可以是一次性的，也可以是有限次使用的。多次使用时需对防护服进行洗消处理，但需要对洗消后的防护性能进行合理评价。

（1）防护服的材料　大多数企业的主要防护设备是消防人员在建筑灭火时所使用的设备，包括裤子、上衣、头盔、手套、消防靴等。消防人员使用的防护设备主要起到防止磨损与阻热作用。但是此类设备在有化学品暴露时，只能提供有限的保护作用，有时甚至不起作用，为此应从不同的需要出发选择不同材料的防护服。表6-1给出了部分化学品防护服的材料。

表6-1 部分化学品防护服的材料

材 料	说 明
天然橡胶	耐酒精和腐蚀品,但易受紫外线和高热的破坏,一般用于手套和靴子
氯丁橡胶	为合成橡胶,耐酸、碱、酒精的降解和腐蚀,用于手套、靴子、防溅服、全身防护服,是一种好的防护材料
异丁橡胶	为合成橡胶,能够耐受除卤代烃、石油产品外的许多污染物,用于手套、靴子、衣服和围裙
聚氯乙烯	耐酸和腐蚀品,用于手套、靴子、衣服
聚乙烯醇	耐芳香化合物和氯化烃及石油产品,用于手套,是水溶性的,在水中不能提供防护
高密度聚乙烯合成纸	有较强的弹性并耐磨损,与其他材料结合使用可用来防护特别的污染物
SaraneK	通常涂在高密度聚乙烯合成纸上或其他底层上
氟弹性体	与毛麻相似的人造橡胶,耐芳香化合物、氯化烃、石油产品、氧化物,弹性较小,可涂于氯丁橡胶、丁基、高熔点芳香族聚酰胺或玻璃丝布等材料上

(2) 需要考虑的因素 防护服可在不直接接触火焰时,允许应急人员在较高的温度区域内工作一段时间。全面防火服可为应急者通过火焰区域或高温环境提供必要保护,只有当应急人员可快速通过火焰或执行某项任务 (如关闭发生火灾附近的阀门) 时才使用。这些防护服一般很沉重,缺少灵活性与轻便性,因此易导致使用者疲劳。任何一种防护服都不能提供针对所有化学品腐蚀与渗透的防护。选择防护服时考虑的因素如表6-2所示。

表6-2 选择防护服时考虑的因素

考虑因素	说 明
相容性	考虑可能需要应急人员暴露其中的化学品,所选用的防护服必须与可能遇到的化学品危险特性相匹配;应准备在制定计划时用来参考的有关化学品相容性的表格
选择	在计划过程中及实际事故中应该使用明确的选择标准
使用范围和局限性	服装的使用范围应事先确定出来,要考虑服装的局限性,并在培训计划中说明
工作持续时间	应急人员应该接受培训,以应对无法散发体热的情况,而且管理系统应合理安排应急人员工作时间,以便实现预防威胁生命的状况出现
保养、储存和检查	企业需要制定一套可靠的制度来确保防护设备的检查、测试和保养
除污和处理	防护服装需要除污和处理,服装材料既有好的化学和机械防护性能,价格又合理,而且允许处理或再使用
培训	应急人员应接受有关个人防护设备的全面培训,培训必须与应急人员接受的任务和所遇到的危险相匹配,穿防化服行动易导致疲劳和紧张,因此,穿防化服的应急人员要接受更为严格的培训
温度极限	全身防护服可提供临时防护,其他物品不能防火或防低温

(3) 闪火的防护 防火服与防化服结合起来使用,是避免在化学品应急行动中受到热伤害的一种方法。这种服装在防火材料上涂有反射性物质(通常为铝制的),但只能够提供对于闪火的瞬间防护,而不能在与火焰直接接触的地方使用。

(4) 热防护 在一般灭火行动中,应急者可穿防火服,它能够提供对大多数火灾的防护。然而,有时会出现应急者进入,并在高热环境下工作的情况。这种极限温度会超出防护服的极限,因此需要穿专用耐高温服。

(5) 选择合理的防护标准 要选择合理的防护标准,首先要考虑应急人员实施行动的范围及条件:是单纯的灭火行动,还是针对危险物质的行动,还是两者都有。选择化学防护服时,反应级别(主动性的或防护性的)决定了需要使用防护服的类型,具体见表6-3。只实施防护性行动的应急人员（现场最初应急人员）比实施主动性行动的应急人员穿戴的防护设备的级别低。

表 6-3　个人防护服的类型

类型	说明	应用	局限性
结构式防护服	手套、头盔、上衣、裤子和靴子	防热或颗粒物	不能对气体或化学品的渗透或腐蚀性进行防护,不应在发生气体或化学品泄漏时穿戴
耐高温服	一件或两件全身套装,包括靴子、手套及头盔,一般穿在其他防护服外	主要对辐射热的短时防护,也可以特制以防护一些化学污染物	不能防护气体或化学品的渗透或腐蚀,如果穿戴者可能暴露于毒性气体,需要2~3min 以上的防护时,需要配有冷却附件和呼吸器
防火服	一般贴身穿	提供闪火类防护	增加体积,降低灵活性,体热不易散
非密闭性化学防护服(B级)	外套、头盔、裤子或全身套装	防护飞溅物、尘土和其他物质,但不能防护气体,也不能保护头颈部分	不能防护其他危害,也不能够保护颈部,导管密封处可能会松动或有空隙
全身化学防护服(A级)	一整件套装,靴子和手套或与整体相连或为可更换式或分离式	可以防护飞溅物和尘土,大部分都可以防护气体	不能散发体热(特别是密闭式呼吸器),妨碍人员移动、联络和阻挡视线

3. 眼面防护具

眼面防护具都具有防高速粒子冲击和撞击的功能。眼罩对少量液体性喷洒物具有隔离作用,另外还有防各类有害光的眼护具,有些具有防结雾、防刮擦等附加功能。若需要隔绝致病微生物等有害物通过眼睛黏膜侵入,应在选择呼吸防护时选用全面罩。

4. 防护手套、鞋靴

和防护服类似,各类防护手套和鞋靴适用的化学物对象不同,配备时还需要考虑现场环境中是否存在高温、尖锐物、电线或电源等因素,而且要具有一定的耐磨性能。

5. 呼吸防护用品

GB/T 18664—2002《呼吸防护用品的选择、使用与维护》是指导呼吸防护用品选择的基础性技术导则。

呼吸防护用品的使用环境分为两类。第一类是 IDLH 环境。IDLH 环境会导致人立即死亡,或丧失逃生能力,或导致永久丧失健康的伤害。第二类是非 IDLH 环境。IDLH 环境包括：空气污染物种类和浓度未知的环境；缺氧或缺氧危险环境；有害物浓度达到 IDLH 浓度的环境。可以说应急反应中个体防护的 A 级和 B 级防护都是处理 IDLH 环境的。GB/T 18664 规定,IDLH 环境下应使用全面罩正压型 SCBA。C 级防护所对应的危害类别为非 IDLH 环境。

GB/T 18664 对各类呼吸器规定了指定防护因数（APF）,用于对防护水平加以分级,如半面罩 APF=10,全面罩 APF=100,正压式 PAPR（电动滤尘呼吸器）全面罩 APF=1000。APF 的概念是,在呼吸器功能正常、面罩与使用者脸部密合的情况下,预计能够将面罩外有害物浓度降低的倍数。例如,自吸过滤式全面罩一般适合于有害物浓度不超过100倍职业接触限值的环境。安全选择呼吸器的原则是：APF＞危害因数（危害因数＝现场有害物浓度/安全接触限值浓度）。

C 级呼吸防护是针对各类有害微生物、放射性和核爆物质（核尘埃）,以及一般的粉尘、烟和雾等，应使用防颗粒物过滤元件。过滤效率选择原则如下：

① 致癌性、放射性和高毒类颗粒物，应选择效率最高挡；

② 微生物类至少要选择效率在 95％ 挡。

滤料类选择原则是：如果是油性颗粒物（如油雾、沥青烟，以及一些高沸点有机毒剂释放产生的油性颗粒等），应选择防油的过滤元件。

作为应急反应配备，P100 级过滤元件具有以不变应万变的能力。如果颗粒物还具有挥发性，则应同时配备滤毒元件。对于化学物气体防护，由于种类繁多，在选配过滤、元件时，最好选具有综合防护功能的过滤元件，并选择尘毒综合防护方式。

呼吸防护用品的有效性主要体现在以下两个方面：

① 提供洁净呼吸空气的能力；

② 隔绝面罩内洁净空气和面罩外部污染空气的能力。

隔绝面罩内洁净空气和面罩外部污染空气的能力依靠防护面罩与使用者面部的密合。判断密合的有效方法是适合性检验，GB/T 18664 附录 E 中介绍了多种适合性检验的方法。每种适合性检验都有适用性和局限性，定性的适合性检验依靠使用者的味觉判断是否适合，只适用于半面罩，或防护有害物浓度不超过 10 倍接触限值的环境。正压模式使用的电动送风全面罩或 SCBA 全面罩也可以使用定性适合性检验。定量适合性检验适用于全面罩，由于不需要密合，开放型面罩或送风头罩的使用不需要做适合性检验。

自持式呼吸器（Self-Contained Breathing Apparatus，SCBA）由一个完整的面罩和具有调节器的气瓶组成。应急人员只能使用正压力型的自持式呼吸器，因为要假定人员在生命和健康突发危害浓度（IDLH）下工作。自持式呼吸器能提供大多数污染气体的呼吸系统的防护，但因携带的空气量和消耗率，所以要考虑供气时间的有限性。而且自持式呼吸器一般体积庞大且笨重，造成人员闷热，在局限空间中行动不便。自持式呼吸器的类型必须根据工厂的需要来确定。

第三节 输转装备

输转装备多用于化学灾害事故现场的处置工作，用来处置、移除、清理有毒有害物质。

1. 有毒物质密封桶

（1）用途 主要用于收集并转运有毒物体和污染严重的土壤。

（2）性能及组成 由特种塑料制成。密封桶由两部分组成，在上端预留了转运物体观察和取样窗。容量 300L，直径 794mm，高 1085mm，重量 26kg。

（3）维护 防止破损，保持清洁，用后应洗消。

2. 多功能毒液抽吸泵

（1）用途 可迅速抽取各种液体，特别是黏稠、有毒液体，如柴油、机油、液体食品、废水、泥浆、化工危险液体、放射性废料等，适用于化学救援现场。

（2）性能及组成 由内燃机或电动机驱动。抽取泵流量 20000L/h，发动机功率 3kW，电压 220/380V，转速 285r/min，重量 62kg。

（3）维护 保持泵体清洁，严禁擅自取拿盖罩，保证润滑。维修应由专业人员进行；经常检查管道的完好性，如有破损，应及时更换。

3. 手动隔膜抽吸泵

（1）用途 主要用于输转有毒液体，如油类、酸性液体等。

（2）性能及组成　泵体、橡胶管接口由不锈钢制成，隔膜及活门由氯丁橡胶或特殊弹性塑料制成，可抗碳氢化合物。接口直径为40mm或50mm；每分钟可抽取100L液体，每次4L，抽取和排出高度5m。

（3）维护　经常检查各螺栓是否完好活络，隔膜是否完好无破损，保持清洁。

4. 液体吸附垫

（1）用途　可快速有效地吸附酸、碱和其他腐蚀性液体。

（2）性能及组成　吸附能力为自重的25倍，吸附后不外渗，吸附能力75L。全套包括100张P100吸附纸，12个P300吸附垫，8个P200吸附长垫，5个带系绳的垃圾袋。总重14kg。

（3）维护　置于干燥洁净处保管。

第四节　堵漏装备

1. 管道密封套

（1）用途　用于压力1.6MPa（16bar）的管道裂缝密封。

（2）性能及组成　有9种规格，能密封的管道直径为21.3～114.3mm。密封套内部用具有化学耐抗性的丁腈橡胶制成，耐热性达80℃，密封性能100％，可承受16bar[1]的背压。总重量14.5kg。

（3）维护　防止破损，避免高温环境。

2. 1.5bar泄漏密封枪

（1）用途　单人迅速密封油罐车、液柜车或储罐的裂缝。

（2）性能及组成　有四种规格：其中三种楔形袋，60～110mm宽；一种圆柱形袋，70mm直径。圆柱形密封袋可密封30～90mm直径漏孔，楔形袋可密封15～60mm裂缝的漏孔。密封袋用高柔韧性材料制成，有防滑齿廓。密封枪有三节，可延伸，重量6.5kg。短期耐热性90℃，长期耐热性85℃。工作压力1.5bar，由脚踏泵、减压表等组成。

（3）维护　防止袋体破损，避免高温环境。

3. 内封式堵漏袋

（1）用途　当发生危险物质泄漏事故时，用于堵漏1bar反压的密封沟渠与排水管道。

（2）性能及组成　有8种规格，用于25～1400mm管道直径。多层结构，带纤维增强，弹性高，短期耐热性90℃，长期耐热性85℃。主要由单出口/双出口控制阀、脚踏泵或手泵、10m长带快速接头气管、安全限压阀、减压表（当使用压缩空气瓶时）组成。

（3）维护　防止破损，避免高温环境。

4. 外封式堵漏袋

（1）用途　堵塞管道、容器、油罐车或油槽车、桶与储罐的直径为480mm以上的裂缝。

（2）性能及组成　一种规格，三个型号（1.5bar旋转扣、1.5bar带子导向扣、6bar带子导向扣）；可密封500mm×300mm面积。1.5bar密封袋可封堵反压1.4bar，6bar密封袋

---

[1] 1bar＝10^5Pa。

可封堵反压 5.8bar。主要由控制阀、减压表、快速接头气管、脚踏泵、4 条 10m 长带挂钩的绷带、防化衬垫等组成。

（3）维护　防止破损，避免高温。

5. 捆绑式堵漏带

（1）用途　密封 50～480mm 直径管道及圆形容器的裂缝。

（2）性能及组成　有两种规格：980mm 和 1770mm，用于 50～200mm 及 200～480mm 直径的管道。具有抗油、抗臭氧、抗化学与耐油性，短期耐热性 115℃，长期耐热性 95℃。主要由控制阀、减压表、快速接头气管和两条 10m 长带挂钩的绷带组成。

（3）维护　防止破损，避免高温。

管道快速止漏缠绕带，能在较短时间内不借助任何工具及辅助设备，迅速快捷地消除管道、弯头、三通等设备呈喷射状态的泄漏。产品规格：三线型、四线型、五线型、八线型。温度范围：0～260℃，压力范围：≤2.0MPa，在特定条件下，应用压力可以达到 2.4MPa。适用介质：水、蒸汽、煤气、油、氯气、酸、碱等。

6. 堵漏密封胶

（1）用途　在化学或石油管道、阀门套管接头或管道系统连接处出现极少泄漏的情况下使用。

（2）性能　使用方便、快速。在生锈、油腻、污染或狭窄的部位使用安全可靠。可承受 0.4bar 的反压；无毒，不会燃烧，可溶于水。一箱 8 罐，每罐 0.5L（0.6kg）。

（3）维护　不用时密封，放置于荫凉处。

堵漏密封胶全称带压堵漏注剂密封剂胶棒，也简称为"密封剂"，是一种随密封面形状而变形、不易流淌、有一定黏结性的密封材料，主要应用在带压堵漏行业注剂密封技术中。密封剂固化类别有三类，分别为非固化、快固化、慢固化。

7. 罐体及阀门堵漏工具

（1）用途　用于氯气罐体上的安全阀和回转阀的堵漏。

（2）性能及组成　由各种专用工具、中心定位架、密封罩和各种密封圈组成。对 C 类罐体具有良好的密封性。

（3）维护　定期保养各处螺纹，必要时，涂油脂；使用之后，要清除污垢，保持干净。

8. 磁压堵漏系统

（1）用途　可用于大直径储罐和管线的作业。

（2）性能及组成　系统由磁压堵漏器、不同尺寸的铁靴及堵漏胶组成。适用温度 80℃，压力从真空到 1.8MPa。适用介质：水蒸气、酸、碱、盐。适用材料：低碳钢、中碳钢、高碳钢、低合金钢及铸铁等顺磁性材料。

（3）维护

① 使用前，必须检查各部件的完好程度；

② 操作时，必须严格按规定程序进行；

③ 平时，必须认真保管，保持完整、洁净，严防消磁。

9. 注入式堵漏器材

（1）用途　主要用于法兰、管壁、阀芯等部位的泄漏，适用各种油品、液化气、可燃气体、酸、碱液体和各种化学品等介质。

（2）性能及组成　由手动高压泵（限额压力 63MPa，使用压力≤50MPa）、注胶枪、高压橡胶管、专用卡箍和夹具及固定密封胶组成。可在温度 100~650℃、压力＜50MPa 范围内使用。

（3）维护

① 使用前，必须检查所有连接部位和密封点的完好性。

② 操作时，必须严格按照规定程序进行。

③ 用后，清洗、涂油保存，并按要求定期检查。

10. 粘贴式堵漏器材

（1）用途　主要用于法兰垫、盘根、管壁、罐体、阀门等部位的点状、线状和蜂窝状泄漏。

（2）性能及组成　由钢带捆扎机、哈峡夹具、罐体横撑杆、45°压板、弧形压板、阀体压板及辅助配件、黏合胶组成。可在温度 -70~250℃、压力 1.0~2.5MPa 范围内使用。

（3）维护

① 使用前，必须检查各种部件的完好程度。

② 操作时，必须严格按规定程序进行。

③ 用后，清洗、涂油保存，按要求定期检查。

第五节　洗消装备

洗消装备是用于消毒、灭菌、消除放射性沾染的各种器材的统称。主要包括以下几种。

（1）洗消车辆　如淋浴车、喷洒车、洗消车和消毒车等，可对人员、武器装备和地面进行洗消。

（2）轻便洗消器　如背囊式消毒器，坦克、车辆洗消器，以及消毒包和消毒盒等。坦克、车辆洗消器主要用于对大型武器装备进行消毒，消毒包和消毒盒供人员对皮肤、服装和轻武器进行消毒。

（3）高压清洗机　一种军民两用的洗消器材，既可供防化专业分队对武器装备、被服等军需品进行消毒，又可用于清洗地面和墙壁等。

（4）洗消剂　它是洗消器材的重要组成部分，包括消毒剂和消除剂。前者用于消除毒剂及生物制剂，后者用于消除放射性物质。

洗消装备还包括用于供热或送风的空气加热机、热水器、公众以及战斗员洗消帐篷等。

第六节　排烟装备

1. 水驱动排烟机

（1）用途　把新鲜空气吹进建筑物内，排出火场烟雾。适用于有进风口和出风口的火场建筑物。

（2）性能及组成　利用高压水作动力，驱动水轮机运转，带动风扇；排烟量 24000m³/h，转速 3800r/min，工作压力 0.3~0.8MPa。重量 14kg，外形 640mm×620mm×440mm，功率 7.4kW 水轮机；由风扇、水轮机、进水口、出水口、风扇罩组成。

（3）维护

① 使用后，要清除进水口及护罩上的污垢，开启水轮机底部的排水阀排水，关闭控制阀。

② 经常检查叶片、护罩、螺栓、风扇覆环有无破裂，若有破损及时更换。

2. 机动排烟机

（1）用途　对火场内部浓烟区域进行排烟送风。

（2）性能　动力为内燃机。排烟量 3600 m^3/h，功率 1.9kW，最高使用温度 80℃；燃油型号汽油 90 号、机油 30 号。

（3）维护　保持机体清洁，对紧固件经常进行检查，确保安全。

第七节　消防装备

1. 灭火器

灭火器是由筒体、器头喷嘴借助内压将所灌装的灭火剂喷出的移动式器具。灭火器具有结构简单、轻便灵活、操作方便、使用面广的特点，是扑救初期火灾的最有效工具之一。

（1）灭火器的分类　我国通常按照充入灭火剂的类型、灭火器的总重和移动方式、灭火器的加压方式三种方法来划分灭火器的种类。

① 按充装灭火剂的类型划分　这种分类方法，完全以灭火器内充装的灭火剂类型来划分。

a. 清水灭火器。充入的灭火剂主要是清洁水。有的加入适量的防冻剂，以降低水的冰点。也有的加入适量润湿剂、阻燃剂、增稠剂等，以增强灭火性能。

b. 酸碱灭火器。充入的灭火剂是工业硫酸和碳酸氢钠水溶液。

c. 化学泡沫灭火器。这类灭火器内充装的灭火剂是硫酸铝水溶液和碳酸氢钠水溶液，再加入适量的蛋白泡沫液。如果再加入少量氟表面活性剂，可增强泡沫的流动性，提高灭火能力，故称为高效化学泡沫灭火器。

d. 空气泡沫灭火器。充装的灭火剂是空气泡沫液与水的混合物。空气泡沫的发泡是由空气泡沫混合液与空气借助机械搅拌混合生成，在此又称空气机械泡沫。空气泡沫灭火剂有许多种，如蛋白泡沫、氟蛋白泡沫、轻水泡沫（又称水成膜泡沫）、抗溶泡沫、聚合物泡沫等。由于空气泡沫灭火剂的品种较多，因此又按充入的空气泡沫灭火剂的名称加以区分，称为蛋白泡沫灭火器、轻水泡沫灭火器、抗溶泡沫灭火器等。

e. 二氧化碳灭火器。充入的灭火剂是液化二氧化碳气体。

f. 干粉灭火器。充入的灭火剂是干粉。干粉灭火剂的品种较多，因此根据内部充入的不同干粉灭火剂的名称，称为碳酸氢钠干粉灭火器、磷酸铵盐干粉灭火器。由于碳酸氢钠干粉只适用于灭 B、C 类火灾，因此又称 BC 干粉灭火器。磷酸铵盐干粉适用于 A、B、C 类火灾，因此又称 ABC 干粉灭火器。

g. 卤代烷灭火器。充装的灭火剂是卤代烷。该类灭火剂品种较多，而我国只发展两种：一种是二氟一氯一溴甲烷，简称"1211 灭火器"；另一种是 1301 灭火器。

注意：公安部和原国家环保局公通字［1994］第 94 号文件要求，在非必要场所停止再配置卤代烷灭火器。

② 按灭火器重量和移动方式划分　这种分类方法，是以灭火器的总重量大小和移动的方式来划分的。

a. 手提式灭火器。这类灭火器的总重量在 28kg 以下，是能用手提着灭火的，故称手提式灭火器，也称便携灭火器。

b. 背负式灭火器。这类灭火器，总重量一般在 40kg 以下，是用肩背着灭火的器具，故称背负式灭火器。

c. 推车式灭火器。这类灭火器，总重量一般都大于 40kg，装有车轮等行驶机构，是由人力推（拉）着灭火的器具，故称推车式灭火器。

③ 按加压方式划分   这种分类方法，是以灭火器的工作压力来源来划分。

a. 化学反应式灭火器。这类灭火器驱动灭火剂喷出的压力，是由灭火器内充装的化学药剂经化学反应产生的，故称为化学反应式灭火器。

b. 储气瓶式灭火器。这类灭火器，其驱动压力是由另一储气瓶供给，故称为储气瓶式灭火器。

c. 储压式灭火器。这类灭火器的驱动力是灭火剂本身的蒸气压力或是预先充入灭火器内的压缩气体，它与灭火剂存储在同一容器内。使用时，由这股气体压力将灭火剂喷出，故称储压式灭火器。

d. 泵浦式灭火器。这类灭火器的驱动压力，是由附加在灭火器上的手动泵浦加压获得。现我国已很少采用。

（2）灭火器的型号   我国灭火器的型号是按照《消防产品型号编制方法》的规定编制的，由类、组、特征代号及主要参数几部分组成。

类、组、特征代号用大写汉语拼音字母表示，一般编在型号首位，是灭火器本身的代号，通常用"M"表示。

灭火剂代号编在型号第二位：P 是泡沫灭火剂、酸碱灭火剂；QP 是轻水泡沫灭火剂；SQ 是清水灭火剂；F 是干粉灭火剂；FL 是磷铵干粉；T 是二氧化碳灭火剂；Y 是卤代烷灭火剂。

形式号编在型号中的第三位，是各类灭火器结构特征的代号。目前我国灭火器的结构特征有手提式（包括手轮式）、推车式、鸭嘴式、舟车式、背负式 5 种，型号分别用 S、T、Z、Z、B。

型号后面的阿拉伯数字代表灭火剂质量或容积，一般单位为千克（kg）或升（L）。

例如型号 MFS，代表的是手提储压式干粉灭火器，其具有操作简单安全、灭火效率高、灭火迅速等特点。内装的干粉灭火剂具有电绝缘性能好、不易受潮变质、便于保管等优点，使用的驱动气体无毒、无味，喷射后对人体无伤害。灭火器瓶头阀上装有压力表，具有显示内部压力的作用，便于检查和维修。

（3）火灾类别和灭火器的选用

① 火灾类别的划分   根据物质及其燃烧特性，火灾类别划分为以下 6 种。

a 类火灾：固体物质火灾，涉及木头、纸张、橡胶和塑料制品的火灾。

b 类火灾：液体或可熔化固体火灾，涉及可燃性液体、油脂和气体的火灾。

c 类火灾：气体火灾，如煤气、天然气、甲烷、乙烷、丙烷、氢气等火灾。

d 类火灾：金属火灾，涉及可燃性金属的火灾，如钾、钠、镁、铝镁合金等。

e 类火灾：带电设备火灾，涉及具有输电能力的电力设备的火灾。

f 类火灾：厨房油脂类物质火灾。

② 灭火器的选用   面对初期的火情，不能盲目地使用灭火器，要根据燃烧物质种类、不同性质，有选择性地使用灭火器灭火。

a. 扑救固体物质初期火灾（A 类火灾），可选择水型灭火器、泡沫灭火器、磷酸铵盐干粉灭火器、卤代烷灭火器。

b. 扑救液体火灾和可熔化的固体物质火灾（B类火灾），可选择泡沫灭火器（化学泡沫灭火器只限于扑灭非极性溶剂）、干粉灭火器、卤代烷灭火器、二氧化碳灭火器。

c. 扑救气体火灾（C类火灾），可选择干粉灭火器、卤代烷灭火器、二氧化碳灭火器等。

d. 扑救金属火灾（D类火灾），可选择粉状石墨灭火器，也可用干砂或铸铁屑末代替。目前，一般校园里不配备这种专用干粉灭火器。

e. 扑救带电物体火灾（E类火灾），可选择干粉灭火器、卤代烷灭火器、二氧化碳灭火器等。带电火灾包括家用电器、电子元件、电气设备（计算机、复印机、打印机、传真机、发电机、电动机、变压器等精密实验仪器）以及电线电缆等燃烧时仍带电的火灾，而顶挂、壁挂的日常照明灯具及起火后可自行切断电源的设备所发生的火灾，则不应列入带电火灾范围。

f. 扑救档案文献资料和重要图书、珍藏绘面火灾，必须选择卤代烷灭火器等专用灭火器。否则，火灾虽然扑灭，但是需要保存的东西也成了废物，失去了应有的价值。

2. 其他消防装备

消防装备除了灭火器以外，还有许多必要的灭火设施，如消火栓、水泵接合器、水带、水枪、消防泵和消防车等。

（1）消火栓　消火栓一般分为室内消火栓和室外消火栓。

① 室内消火栓。室内消火栓是室内管网向火场供水的，带有阀门的接口，为工厂、仓库、高层建筑、公共建筑及船舶等室内固定消防设施，通常安装在消火栓箱内，与消防水带和水枪等器材配套使用。减压型消防栓为其中一种。

② 室外消火栓。室外消火栓是设置在建筑物外面消防给水管网上的供水设施，主要供消防车从市政给水管网或室外消防给水管网取水实施灭火，也可以直接连接水带、水枪出水灭火。所以，室外消火栓系统也是扑救火灾的重要消防设施之一。室外消火栓分为地上和地下两种。

（2）消防泵

① 手抬机动消防泵。手抬机动消防泵适用于工矿企业、农村和城市道路狭窄，消防车不能通过的地方。手抬机动消防泵有BJT17、BJ10、BT15、BT20、BT22、BJ25D 6种，由汽油发动机、单级离心泵、手抬式排气引水装置组成，并配备吸水道、水带、水枪等必要的附件。使用时携设备到火场水源附近；将吸水管与水泵进水口连接，并将吸水管另一端放入水中；检查油箱是否漏油；安装吸水管时，其弯曲度不应高于水泵进水口，以免形成空气囊，影响水泵性能。

② 机动牵引泵。主要用来扑救一般物质的火灾，也可附加泡沫管枪及吸液管喷射空气泡沫液，扑救油类、苯类等易燃液体的火灾。常用BQ75型牵引机动泵。

（3）消防梯　消防梯是消防队员扑救火灾时，登高灭火、救人或翻越障碍物的工具。目前普通使用的有单杠梯、挂钩梯、拉梯三种。单杠梯有TD31木质、TDZ31竹质；挂钩梯有TG41木质挂钩、TGZ41竹质挂钩、TGL41铝合金挂钩；拉梯有两节拉梯TE60（木）、TEZ61（竹）、TEL（铝）和三节拉梯TS105型。

（4）水龙带、水枪

① 水龙带。水龙带按材料不同分为麻织、绵织涂胶、尼龙涂胶。按口径不同分为50mm、65mm、75mm和90mm；按承压不同分为甲、乙、丙、丁4级，各级承受的水压

强度不同，水带承受工作压力分别为大于 10kgf/cm² ❶、8～9kgf/cm²，6～7kgf/cm²、小于 6kgf/cm² 几种。按照水带长度不同分为 15m、20m、25m、30m。

② 水枪。水枪口径不同，分为如 φ13mm、φ16mm、φ19mm、φ22mm、φ25mm；按照水枪开口形式不同，分为直流水枪、开花水枪、喷雾水枪、开花直流水枪。

（5）消防车　消防车，又称为救火车，是专门用作救火或其他紧急抢救用途的车辆。消防车按功能可分为泵车（抽水车）、云梯车及其他专门车辆。消防车平常驻扎在消防局内，遇上警报时由消防员驾驶开赴现场。多数地区的消防车都喷上鲜艳的红色（部分地区也有鲜黄色的消防车），在车顶上设有警号及闪灯。消防车是装备各种消防器材、消防器具的各类消防车辆的总称，是目前消防部队与火灾作斗争的主要工具，是最基本的移动式消防装备。

消防车的质量水平，反映出一个国家消防装备的水平，甚至体现出该国整个消防事业的水平。

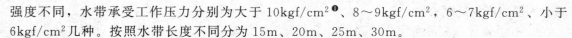

第八节　救生装备及其他

常见的救生装备及其他器材主要有以下几种。

（1）防坠落保护设备　包括防坠落包、全身式安全带、缓冲带、安全绳、抓绳器、工作定位器、速差式防坠器、救援三脚架、安全挂钩、固定吊带等。

（2）现场急救设备　包括氧气复苏急救箱、急救箱、急救担架、急救气床、自动除颤仪、急救板、救生担架、救生杆、救生颈等。

（3）其他抢险救援工具　高楼救生缓降器、逃生绳、耐火救生绳、热成像仪、救生浮漂等。

第九节　应急救援所需的重型设备

重型设备在控制紧急情况下有时是非常有用的，经常与大型公路与建筑物联系起来。在紧急情况下，可能有用的重型设备包括反向铲、装载机、车载升降台、翻卸车、推土机、起重机、叉车、破土机、便携发动机等。

重型设备能够帮助应急者完成大的任务，而这些任务几乎是使用人工或是简易的设备不可能完成的。许多重型设备只能由经过特殊培训的人员操作，重型设备的操作人员必须坦然面对与完成任务相联系的危险。企业不一定购置上述设备，但至少应明确，一旦需要，可以从哪些单位获得上述重型设备的支援。

---

❶ 1kgf/cm² ＝ 10⁵Pa。

第七章

事故现场抢险与处置

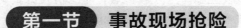

第一节 事故现场抢险

一、事故现场抢险的概念

事故现场抢险是指事故发生后，为了遏制事故的发展，减少人员、财产损失，降低环境污染，消除危害后果而采取的有效应急措施。

事故现场抢险特别是危险物质事故现场抢险是近年来产生的一门新兴的安全工程类专业和职业，是安全科学技术学科的重要组成部分，其主要目标是控制事故（危险物质、危险化学品事故）的发生与发展，并且尽可能地消除事故，减轻事故造成的损失和破坏。

二、事故现场抢险的准备

事故现场抢险特别是危险化学品事故的现场抢险，是一项很危险和技术性很强的工作，所以，为保障抢险人员的安全，必须把抢险人员的专业技能培训放在首位，才能使事故现场抢险处置工作做到有备无患。

1. 从事事故抢险作业人员应具备的基本条件

① 至少应具有高中或中专以上的学历。

② 身体健康，无残疾，且无可能影响本岗位正常工作的职业禁忌病症。

③ 从事事故应急抢险处置相关工作三年以上经历。

2. 事故抢险人员的专业技能培训

对事故抢险人员的专业技能培训应从以下几个方面展开：

① 危险化学品（危险物质）理论学习，应熟练掌握常见危险化学品的危险特性、处置方法和程序要求等；

② 相关法律、法规、技术标准和规范的学习；

③ 现场抢险技术的学习，要学习个人防护技术、破拆技术、救生技术、逃生技术、堵漏技术、铣削技术、泄漏物收集及处理技术；

④ 事故抢险装备器材的使用操作训练，主要包括个人防护器材训练、防火防爆器材训练、侦检器材训练、堵漏器材训练、洗消器材训练、救援转输器材训练。

⑤ 模拟训练，模拟危险化学品事故现场抢险的泄漏、爆炸和污染等科目进行有针对性的训练和演习，增强实际抢险救援能力。

3. 事故现场抢险准备工作内容

根据事故现场抢险工作的性质、特点，要做好以下 4 个方面的准备工作：安全防护；现场组织指挥；事故了解；抢险救援实施准备。

（1）安全防护　进入事故现场危险区域之前，必须按照要求和规定的程序，穿戴好个人防护装备，做最终的交叉安全检查确认，确保个人安全防护；进入事故现场抢险的各种工程车、消防车、救援车等车辆必须停靠在安全位置，尤其要注意风向，确保停靠在泄漏现场的上风或侧风向。在实施抢险时，具体的部位也应选择上风或侧风向。

（2）现场组织指挥　对重大以上的事故，应成立现场救援指挥部，对现场救援工作实施统一的组织指挥，积极协调各个方面如医疗、行业救援队、公安消防、军队等的抢险救援行动。其下设组织机构应包括：危险源控制组，负责紧急状态下的现场抢险作业；伤员抢救组，在现场附近的安全区域设立临时医疗救护点，对受伤人员做紧急救治；灭火救援组，负责现场灭火、现场伤员的搜救、设备冷却、被污染区域的洗消等，主要由专兼职消防队组建；安全疏散组，负责现场及周围人员的疏散、周围物资转移、进行防护指导等，由地方公安局组建。

（3）事故了解　主要是指事故现场救援指挥部应收集现场情况，特别是指挥员（总指挥、副总指挥等）到场后，应立即向事故单位技术人员和知情人员询问了解现场情况，或马上现场组织侦检观察。

（4）抢险救援实施准备　主要包括：组成现场警戒组，设立警戒区域，设立隔离带等；组成救人组，进行现场人员搜寻、现场急救，对受伤人员进行登记和标记；组成堵漏小组，封堵泄漏；组成掩护组，为现场实施抢险提供掩护和保障条件；设立洗消站（点），及时消除泄漏余毒，对进出现场危险区域的所有的人员、物资、装备、地面、物体等染毒体一律进行洗消和检测。

三、事故现场抢险的程序

在事故抢险中，尽管由于发生事故的单位、地点、化学介质的不同，抢险的程序会存在差异，但一般来说，可由接报、调集抢险力量、设点、询情、侦检、隔离、疏散、防护、现场急救、泄漏处置、现场洗消、火灾控制、撤点等步骤组成。其中一些环节可能贯穿于事故抢险的整个过程，如接报、侦检、警戒等，而有些环节则视情况而定，如洗消；有时又需要多个环节同时进行，有时要将有关环节适当延迟。

1. 接报

接报是指接到执行事故抢险的指示或要求救援的请求报告。接报是实施抢险救援工作的第一步，对成功实施抢险救援起到重要的作用。接报人一般应由事故单位的生产调度部门或总值班室担任。接报人应做好以下几项工作：

① 问清报告人姓名、单位部门和联系电话；

② 问明事故发生的时间、地点、事故单位、事故原因、主要毒物、事故性质（毒物外溢、爆炸、燃烧）、危害波及范围和程度、对救援的要求，同时做好电话记录；

③ 按应急救援程序，派出救援队伍；

④ 向上级有关部门报告；

⑤ 保持与应急救援队伍的联系，并视事故发展状况，必要时派出后继梯队予以增援。

2. 迅速调集抢险救援力量

根据接报时了解的事故的规模、危害和发生的场所，迅速确定和派出第一批出动力量，并注意考虑同时调集其他社会抢险救援力量，带足有关的抢险救援器材，如空气呼吸器、洗消、照明、堵漏等器材。

3. 设点

设点是指各救援队伍进入事故现场，选择有利地形（地点）设置现场救援指挥部或救援、急救医疗点。

各救援点的位置选择，关系到能否有序地开展救援和保护自身的安全。救援指挥部、救援和医疗急救点的设置应考虑以下几项因素：

① 地点　应选在上风向的非污染区域，需注意不要远离事故现场，便于指挥和救援工作的实施；

② 位置　各救援队伍应尽可能在靠近现场救援指挥部的地方设点并随时保持与指挥部的联系；

③ 路段　应选择交通路口，利于救援人员或转送伤员的车辆通行；

④ 条件　指挥部、救援或急救医疗点可设在室内或室外，应便于人员行动或伤员的抢救，同时要尽可能利用原有通信、水和电等资源，有利于救援工作的实施；

⑤ 标志　指挥部、救援或医疗急救点，均应设置醒目的标志，方便救援人员和伤员识别，悬挂的旗帜应用轻质面料制作，以便救援人员随时掌握现场风向。

4. 询情和侦检

采取现场询问情况（询情）和现场侦检的方法，充分了解和掌握事故的具体情况、危害范围、潜在的险情（爆炸、中毒等）。

侦检是危险物质事故抢险处置的首要环节。侦检是指利用检测仪器检测事故现场危险物质的浓度、强度以及扩散、影响范围，并做好动态监测。根据事故情况的不同，可以派出若干侦察小组，对事故现场进行侦察，每个侦察小组至少应有两个人。相关内容参见本章第二节。

5. 隔离与疏散

（1）建立警戒区域　事故发生后，应根据化学品泄漏扩散的情况或火焰热辐射所涉及的范围建立警戒区，并在通往事故现场的主要干道上实行交通管制。建立警戒区域时应注意以下几项：

① 警戒区域的边界应设警示标志，并有专人警戒；

② 除消防、应急处理人员以及必须坚守岗位的人员外，其他人员禁止进入警戒区；

③ 泄漏溢出的化学品为易燃品时，区域内应严禁火种。

（2）紧急疏散　迅速将警戒区及污染区内与事故应急处理无关的人员撤离，以减少不必要的人员伤亡。紧急疏散时应注意以下事项：

① 如事故物质有毒时，需要佩戴个体防护用品或采用简易有效的防护措施，并有相应的监护措施；

② 应向侧上风方向转移，明确专人引导和护送疏散人员到安全区，并在疏散或撤离的路线上设立哨位，指明方向；

③ 不要在低洼处滞留；

④ 要查清是否有人留在污染区与着火区。

注意：为使疏散工作顺利进行，每个车间应至少有两个畅通无阻的紧急出口，并有明显标志。

6. 防护

根据事故物质的毒性及划定的危险区域，确定相应的防护等级，并根据防护等级按标准配备相应的防护器具。有关事故现场安全防护的详细内容参见本章第四节。

7. 现场急救

在事故现场，化学品对人体可能造成的伤害为中毒、窒息、冻伤、化学灼伤、烧伤等。进行急救时，不论患者还是救援人员都需要进行适当的防护。

8. 泄漏处置

危险物质泄漏后，不仅污染环境，对人体造成伤害，如遇可燃物质，还有引发火灾爆炸的可能。因此，对泄漏事故应及时、正确处理，防止事故扩大。泄漏处理一般包括泄漏源控制及泄漏物处理两大部分。具体内容详见本章第五节。

9. 火灾控制

危险化学品容易发生火灾、爆炸事故，但不同的化学品以及在不同情况下发生火灾时，其扑救方法差异很大，若处置不当，不仅不能有效扑灭火灾，反而会使灾情进一步扩大。从事化学品生产、使用、储存、运输的人员和消防救护人员，平时应熟悉和掌握化学品的主要危险特性及其相应的灭火措施，并定期进行防火演习，加强紧急事态时的应变能力。有关火灾的扑救技术和控制技术参见本章第三节。

10. 现场洗消

洗消是消除染毒体和污染区毒性危害的主要措施。危险化学品事故发生后，事故现场及附近的道路、水源都有可能受到严重污染，若不及时进行洗消，污染会迅速蔓延，造成更大危害。因此危险化学品灾害事故处置中洗消是非常重要的必不可少的环节，具体内容详见本章第六节。

11. 撤点

撤点指应急救援工作结束后，离开现场或救援后的临时性转移。

① 在救援行动中应随时注意气象和事故发展的变化，一旦发现所处的区域有危险时，应立即向安全区域转移。

② 在转移过程中应注意安全，保持与救援指挥部和各救援队的联系。救援工作结束后，各救援队撤离现场以前应取得现场救援指挥部的同意。

③ 撤离前要做好现场的清理工作，并注意安全。

四、事故现场控制与安排

事故应急处置工作由许多环节构成，其中现场控制和安排既是一个重要的环节，也是应急管理工作中内容最复杂、任务最繁重的部分。现场控制和安排在一定程度上决定了应急处置的效率与质量。科学合理的现场控制不仅能大大降低事故造成的损失，也是一个国家和地区的政府部门应急处置能力的重要体现。

1. 事故现场控制与安排应遵循的基本原则

（1）快速反应原则　无论是火灾、爆炸还是有毒物质泄漏事故，都会对人民群众的生命和财产安全以及正常的社会秩序构成严重威胁。而且事故所具有的突发性等特点，决定了在现场处置过程中任何时间上的延误都有可能加大应急处置工作的难度，以至于使事故的损失扩大，引发更为严重的后果。因此，在应急处置过程中必须坚持做到快速反应，力争在最短的时间内到达现场，控制事态，减少损失，以最高的效率与最快的速度救助受害人，并为尽快地恢复正常的工作秩序、社会秩序和生活秩序创造条件。

事故发生之后，现场处置并没有一个固定的模式，一方面要遵循事故处置的一般原则；另一方面也需要根据事故的性质与所影响的范围灵活掌握、灵活处理。有的事故在爆发的瞬间就已结束，没有继续蔓延的条件，但大多数事故在救援和处置过程中可能还会继续蔓延扩大，如果处置不及时，很可能带来灾难性的后果，甚至引发其他事故。事故现场控制的作用，首先体现在防止事故继续蔓延扩大方面。因此，必须在第一时间内做出反应，以最快的速度和最高的效率进行现场控制。

（2）救助原则　事故发生后会产生数量和范围不确定的受害者。受害者的范围不仅包括事故中的直接受害人，甚至还包括直接受害人的亲属、朋友以及周围其他利益相关的人员。受害人所需要的救助往往是多方面的，这不仅体现在生理上，很多时候也体现在心理和精神层面上。例如，火灾、爆炸和恐怖袭击等灾难性事故的现场往往会有大量的伤亡人员（直接受害者），他们会在生理和心理上承受着双重打击；同时，事故的幸存者和亲历者虽然没有明显的心理创伤，但也会产生各种各样的负面心理反应。因此，事故应急处置的部门和人员在进行现场控制的同时，应立即展开对受害者的救助，及时抢救护送危重伤员，救援受困群众，妥善安置死亡人员，安抚在精神与心理上受到严重冲击的受害人。

（3）人员疏散原则　在大多数事故应急处置的现场控制与安排中，把处于危险境地的受害者尽快疏散到安全地带，避免出现更大伤亡的灾难性后果，是一项极其重要的工作。在很多伤亡惨重的事故中，没有及时进行人员安全疏散是造成群死群伤的主要原因。

无论是自然灾害还是人为的事故，或者其他类型的事故，在决定是否疏散人员的过程中，需要考虑的因素一般如下：

① 是否可能对群众的生命和健康造成危害，特别是要考虑到是否存在潜在危险性；

② 事故的危害范围是否会扩大或者蔓延；

③ 是否会对环境造成破坏性的影响。

（4）保护现场原则　按照一般的程序，事故应急处置工作结束之后，或在应急处置过程的适当时机，调查工作就需要介入，以分析事故的原因与性质，发现、收集有关的证据，澄清事故的责任者。现场处置工作中所采取的一切措施，都要有利于日后对事故的调查。在实践中容易出现的问题是应急人员的注意力都集中在救助伤亡人员或防止灾难的蔓延扩大上，而忽略了对现场与证据的保护，结果在事后发现其中有犯罪嫌疑需要收集证据时，现场已遭到破坏，给调查工作带来被动。因此，必须在进行现场控制的整个过程中，把保护现场作为工作原则贯彻始终。虽然对事故的应急处置与调查处理是不同的环节与过程，但在实际工作中没有明确的界限，不能把两者截然分开。

（5）保护应急参与人员安全的原则　从理性的角度考虑，在事故的应急处置过程中，应当明确的一个基本目标，就是保证所有人的安全，既包括受害人和潜在的受害人，也包括应急处置的参与人员，而且首先要保证应急参与人员的安全，不能为了执行一个不负责任的命令而牺牲无辜的应急人员的安全。现场的应急指挥人员在指导思想上也应当充分地权衡各种利弊得失，尽可能使现场应急的决策科学化与最优化，避免付出不必要的牺牲和代价。

2. 现场控制的基本方法

在事故现场处置过程中，对现场的控制是必不可少的，需要做出一系列的应急安排，其目的是防止事故的进一步蔓延扩大，使人员伤亡与财产损失降低到最低程度。但由于事故发生的时间、环境和地点不同，因而其现场也有不同的环境与特点，所需要的控制手段及应急资源也不相同。这些差别决定了在不同的事故现场应该采取不同的控制方法。事故现场控制的一般方法可分为以下几种。

（1）警戒线控制法　警戒线控制法是指由参加现场处置工作的人员，对需要保护的重大或者特别重大的事故现场站岗警戒，防止非应急处置人员与其他无关人员随意进出现场，干扰应急处置工作正常进行的特别保护方法。在重特大事故现场或其他相关场所，根据事故的性质、规模、特点等不同情况或需要，应安排公安机关的警察、保安人员或企业事业单位的保卫人员等应急参与人员实施警戒保护。对于范围较大的事故现场，应从其核心现场开始，向外设置多层警戒线。

在事故现场设置警戒线，一方面是为了保证处置工作的顺利进行，使应急人员在心理上有一种安全感，同时避免外来的未知因素对现场的安全构成威胁；另一方面也可以避免现场可能存在的各种危险源危及周围无关人员的安全。在警戒线的设置范围上，应坚持宜大不宜小，保留必要的警戒冗余度，以阻止现场内外人、物、信息的大规模无序流动。在实践中，各国普遍的做法是设置两层以上的警戒线，由内向外、由高密度向低密度布置警戒人员。这种警戒线表面上是虚设的，但至少在心理上可以让处置人员产生一种安全感，从而高效地投入救援工作。警戒线的设立也可以使大部分外部人员或围观群众自觉地远离事故现场，从而为应急处置创造一个较好的外部环境。

（2）区域控制法　在有些事故的应急处置过程中，可能点多面广，需要处置的问题比较多，处置工作必然存在优先安排的顺序问题；也可能由于环境等因素的影响，需要对某些局部区域采取不同的控制措施，控制进入现场的人员数量。区域控制建立在现场概览的基础上，即在不破坏现场的前提下，在现场外围对整个事故发生环境进行总体观察，确定重点区域、重点地带、危险区域和危险地带。现场区域控制遵循的原则是：先重点区域，后一般区域；先危险区域，后安全区域；先外围区域，后中心区域。具体实施区域控制时，一般应当在现场专业处置人员的指导下进行，由事发单位或事发地的公安机关指派专门人员具体实施。

（3）遮盖控制法　遮盖控制法实际上是保护现场与现场证据的一种方法。在事故的处置现场，有些物证的时效性要求往往比较高，天气因素的变化可能会影响取证和检材的真实性；有时由于现场比较复杂，破坏比较严重，再加上应急处置人员不足，不能立即对现场进行勘察、处置，因此需要用其他物品对重要现场、重要物证和重要区域进行遮盖，以利于后续工作的开展。遮盖物一般多采用干净的塑料布、帆布和草席等物品，起到防风、防雨、防日晒，以及防止无关人员随意触动的作用。应当注意的是，除非万不得已，一般尽量不要使用遮盖控制法，防止遮盖物沾染某些微量物证或检材，影响取证以及后续的化学物理分析结果。

（4）以物围圈控制法　为了维持现场处置的正常秩序，防止现场重要物证被破坏以及危害扩大，可以用其他物体对现场中心地带周围进行围圈。一般来讲，可以使用一些不污染环境、阻燃隔爆的物体。如果现场比较复杂，还可以采用分区域和分地段的方式进行。

（5）定位控制法　有些事故现场由于死伤人员较多，物体变动较大，物证分布范围较广，采取上述几种现场控制方法，可能会给事发地的正常生活和工作秩序带来一定的负面影响，这就需要对现场特定死伤人员、特定物体、特定物证、特定方位和特定建筑等采取定点标注的控制方法，使现场处置有关人员对整体事件现场能够一目了然，做到定量和定性相结合，有利于下一步工作的开展。定位控制一般可以根据现场大小和破坏程度等情况，首先按区域和方位对现场进行区域划分，可以有形划分，也可以无形划分，如长方形、矩形、圆形和螺旋形等形式；然后，每一划分区域指派若干现场处置人员，用色彩鲜艳的小旗对死伤人员、重要物体、重要物证和重要痕迹定点标注；最后，根据现场应急处置的需要，在此基础上开展下一步的工作。这也是欧美国家在处置重大事故现场过程中常采用的一种方法。

第二节　现场侦检和现场隔离及疏散危险区域确定

现场侦检是指采取有效的技术手段查明泄漏危险物质的状况，即事故应急监测。现场侦检是事故（尤其是危险物质事故）现场抢险处置的首要环节。及时准确查明事故现场的情况，是有效处置事故的前提条件。对危险物质的正确监测，在突发化学事故应急救援中十分重要，采取有效的技术手段查明泄漏危险物质的状况，可为控制事故的态势提供决策依据。事故应急监测的任务主要是：及时查明事故中的危险物质的种类，即定性检测；测定危险物质的扩散和浓度分布情况，即定量检测；有条件时可查明导致危险物质事故的客观条件；根据危险物质的浓度分布情况，确定不同程度污染区的边界并进行标志。

一、事故应急监测的要求及注意事项

1. 事故应急监测中的要求

（1）准确　准确查明造成化学事故的危险物质的种类，对未知毒物和已知毒物在事故过程中相互作用而成为新的危险源的检测要慎之又慎。

（2）快速　能在最短的时间内报知监测结果，为及时处置事故提供科学依据。通常对事故预警所用监测方法的要求，是快速显示分析结果。但在事故平息后为查明其原因，则常常采用多种手段取证，此时注重的是分析结果的精确性而不是时间。

（3）灵敏　监测方法要灵敏，即能发现低浓度的有毒有害物质或快速地反映事故因素的变化。

（4）简便　采用的监测手段应当简捷。可根据监测时机、监测地点和监测人员，确定所用的监测手段及仪器的简便程度。通常实施现场快速监测时，应选用较简便的仪器。

2. 事故应急监测中的注意事项

（1）注意个人防护　化学事故应急监测不同于一般的环境监测，参加监测的人员必须考虑自身防护问题，否则不但监测不到数据，而且有可能引起中毒甚至危及生命。如1999年12月某地发生环氧乙烷泄漏事故，参加现场监测和救援的人员因穿戴防护器材不当，受到环氧乙烷的毒害，造成数十人中毒。

（2）注意化学因子多重性　在化学事故应急检测中，如有燃烧或爆炸，现场的化学毒物有可能不只是一种。因此检出一种有毒危险品，仍不能过早地停止工作，要对可能出现的毒物进行更广泛的检测。需要注意的是，对于采用一些特异性的化学测试方法，它们只能显示有没有某种或某类化学品的存在。试验的阴性结果只表明某一种特殊物质没有以显著性含量存在，而阳性结果不能说明其他有毒危险品不存在。

二、现场侦检的方法

1. 非器材的检判法

（1）感官检测法　这是最简易的监测方法，即用鼻、眼、口、皮肤等人体器官（也可称

作人体生物传感器）感触被检物质的存在，包括察觉危险物质的颜色、气味、状态和激性，进而确定危险物质种类的一种方法。感官检测法有以下几种途径。

① 根据盛装危险物品容器的漆色和标识进行判断。盛装危险物品的容器或气瓶一般要求涂有专门的漆色，并写有物质名称字样及其字样颜色标识。常见的有毒危险气体气瓶的漆色和字样颜色如表 7-1 所示。

表 7-1　常见的有毒危险气体气瓶的漆色和字样颜色

序号	气瓶名称	化学式	外表面颜色	字样	字样颜色	色环
1	氢	H_2	深绿	氢	红	P=150 不加色环，P=200 黄色环一道，P=300 黄色环两道
2	氧	O_2	天蓝	氧	黑	P=150 不加色环，P=200 白色环一道，P=300 白色环两道
3	氨	NH_3	黄	液氨	黑	
4	氯	Cl_2	草绿	液氯	黑	
5	空气		黑	空气	白	P=150 不加色环，P=200 白色环一道，P=300 白色环两道
6	氮	N_2	黑	氮	黄	
7	硫化氢	H_2S	白	液化硫化氢	红	
8	二氧化碳	CO_2	铝白	液化二氧化碳	黑	P=150 不加色环，P=200 玄色环一道
9	二氯二氟甲烷	CF_2Cl_2	铝白	液化氟氯烷-12	黑	
10	三氟氯甲烷	CF_3Cl	铝白	液化氟氯烷-13	黑	P=80 不加色环，P=125 草绿色环一道
11	四氟甲烷	CF_4	铝白	氟氯烷-14	黑	
12	二氯氟甲烷	$CHFCl_2$	铝白	液氟氯烷-21	黑	
13	二氟氯甲烷	CHF_2Cl	铝白	液化氟氯烷-22	黑	
14	三氟甲烷	CHF_3	铝白	液化氟氯烷-23	黑	
15	氩	Ar	灰	氩	绿	P=150 不加色环，P=200 白色环一道，P=300 白色环两道
16	氖	Ne	灰	氖	绿	
17	二氧化硫	SO_2	灰	液化二氧化硫	黑	
18	氟化氢	HF	灰	液化氟化氢	黑	
19	六氟化硫	SF_6	灰	液化六氟化硫	黑	P=80 不加色环，P=125 草绿色环一道
20	煤气		灰	煤气	红	P=150 不加色环，P=200 黄色环一道，P=300 黄色环两道
21	其他气体		灰	气体名称	可燃的红，不可燃的黑	

② 根据危险物品的物理性质进行判断。危险物品的物理性质包括气味、颜色、沸点等。不同的危险物品，其物理性质不同，在事故现场的表现也有所不同。各种毒物都具有其特殊的气味。一旦发生泄漏事故后，在泄漏地域或下风方向，可嗅到毒物发出的特殊气味。比如，氧化物具有苦杏仁味；氢氨酸可嗅质量浓度为 $1.0\mu g/L$；二氧化硫具有特殊的刺鼻味；含硫基的有机磷农药具有恶臭味；硝基化合物在燃烧时冒黄烟；一些化学物质如 HCl 能刺

激眼睛流泪；酸性物质有酸味；碱性物质有苦涩味；硫化氢为无色、有臭鸡蛋味，浓度达到 1.5mg/m³时就可以用嗅觉辨出，当浓度为3000mg/m³时，由于嗅觉神经麻痹，反而嗅不出来；氨气为无色、有强烈臭味的刺激性气体，燃烧时火焰稍带绿色；氯气为黄绿色、有异臭味的强烈刺激性气体；酸碱还能刺激皮肤；沸点低、挥发性强的物质，如光气和氯化氢等泄漏后迅速气化，在地面无明显的霜状物，光气散发出烂干草味，可嗅质量浓度为 4.4μg/L，氯化氢为强烈刺激味，可嗅质量浓度为 2.5μg/L；沸点低、蒸发潜热大的物质，如氢氰酸（HCN）、液化石油气泄漏的地面上，有明显的白霜状物等。

许多危险物品的形态和颜色相同，无法区别，所以单靠感官监测是不够的，仅可以对事故现场进行初步判断。而且这种方法可直接伤害监测人员，这只能是一种权宜之计，单靠感官检测是绝对不够的，并且对于剧毒物质绝不能用感官方法检测。

③ 根据人或动物中毒的症状进行判断。可以通过观察人员和动物中毒或死亡症状，以及引起植物的花、叶颜色和枯萎的方法，初步判断危险物品的种类。例如，中毒者呼吸有苦杏仁味，皮肤黏膜鲜红、瞳孔散大，为全身中毒性毒物；中毒者开始有刺激感、咳嗽，经2～8h后咳嗽加重、吐红色泡痰，为光气；中毒者的眼睛和呼吸道的刺激强烈、流泪、打喷嚏、流鼻涕，为刺激性毒物等。

（2）动植物检测法 利用动物的嗅觉或敏感性来检测有毒有害化物质。如狗的嗅觉特别灵敏，国外利用狗侦查毒品很普遍。美军曾训练狗来侦检化学毒剂，使其嗅觉可检出 6 种化学毒剂，当狗闻到微量化学毒剂时即发出不同的吠声，其检出最低浓度为 0.5～1mg/L。有一些鸟类对有毒有害气体特别敏感，如在农药厂生产车间里养一种金丝鸟或雏鸡，当有微量化学物泄漏时，动物就会立即有不安的表现，以至挣扎死亡。检测植物表皮的损伤，也是一种简易的监测方法，现已逐渐被人们所重视。有些植物对某些大气污染很敏感，如人能闻到二氧化硫气味的浓度为 1～9ppm❶，在感到明显刺激，如引起咳嗽、流泪等时，其浓度为10～20ppm；而有些敏感植物在 0.3～0.5ppm 时，在叶片上就会出现肉眼能见到的伤斑。HF 污染叶片后其伤斑呈环带状，分布在叶片的尖端和边缘，并逐渐向内发展。光化学烟雾使叶片背面变成银白色或古铜色，叶片正面出现一道横贯全叶的坏死带。利用植物这种特有的"症状"，可为环境污染的监测和管理提供旁证。

2. 便携式检测仪器侦检法

便携式检测仪器具有携带方便、可靠性高、灵敏性好、安全度高以及选择余地大、测量范围广等特点，能够很好地满足事故现场侦检在准确、快速、灵敏和简便方面的要求，因此便携式检测仪器在事故现场侦检工作中得到了广泛的应用，如图7-1所示。

图 7-1　便携式红外光谱（IR）气体分析仪现场应用

❶ 1ppm＝10^{-6}。

便携式检测仪器侦检法包括：便携式仪器分析法，如分光光度法、气相色谱法、袖珍式爆炸性气体和有毒有害气体检测器法等；传感器法，如电学类气体传感器、光学类气体传感器、电化学类气体传感器等；光离子化检测器（PID）气体检测技术；红外光谱法（IR）；气相色谱法、液相色谱法（包括质谱联用技术）；其他方法，如 AAS（原子吸收光谱分析法）、AFS（原子荧光分析法）、ICP-AES（电感耦合等离子发射光谱）、ICP-MS（电感耦合等离子质谱，是金属及类金属毒物的有效定性定量方法）、IMS（离子迁移谱法）、SAW（表面声波法，测苯乙烯、甲苯等有机蒸汽；CO、SO_2、NO_2、氢氧酸、氯化氧、沙林等）等。

下面主要介绍在各行业和领域中得到广泛使用和推广的几种便携式检测仪器的使用方法。

（1）智能型水质分析仪　主要用于定量分析水中氧化物、甲醛、硫酸盐、氟、苯酐、二甲苯酐、硝酸盐、磷、氯、铅等共计 23 种有毒有害物质。

（2）有毒有害气体检测仪　根据采样方式分为泵吸式和扩散式；根据同时监测样品种类可分为单一监测仪、二合一监测仪、三合一监测仪、四合一监测仪（图 7-2）、复合监测仪等。

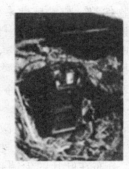

图 7-2　个人用四合一气体检测仪（可以检测可燃气、氧气，CO 和 H_2S）

① 检测仪的构成　一般由外壳、电源、传感器池、电子线路、显示屏、计算机接口和必要的附件配件组成（可以是干电池或者充电电池）。

② 气体检测器的关键部件为气体传感器，从原理上可以分为三大类：利用物理化学性质的气体传感器，如半导体、催化燃烧、固体导热、光离子化等；利用物理性质的气体传感器，如热导、光干涉、红外吸收等；利用电化学性质的气体传感器：电流型、电势型等。

对于常见的可燃气 LEL 的检测，现在一般用催化燃烧检测器，氧气及有毒气体检测器一般使用电化学传感器。

③ 国家标准 GB 7665—1987 对传感器的定义是：传感器是能感受规定被测量并按照一定规律转换成可用输出信号的器件或装置。气体传感器是用来检测气体的成分和含量的。一般来说，气体传感器的定义是以检测目标为分类基础的，也就是说，凡是用于检测气体成分和浓度的传感器都称作气体传感器，不管它是用物理方法，还是用化学方法。比如，检测气体流量的传感器不被看做气体传感器，但是热导式气体分析仪却属于重要的气体传感器，尽管它们有时使用大体一致的检测原理。5 大主要气体传感检测技术是：催化燃烧式—LEL；红外吸收式—LEL，CO_2，CH_4；电化学式—O_2，CO，H_2S；光离子化—PID-VOC；半导体式—MOS。

④ 催化燃烧式气体传感器具有以下特点：高选择性，凡是可以燃烧的，都能够检测；凡是不能燃烧的，传感器都没有任何响应（当然，"凡是可以燃烧的，都能够检测"这一句

有很多例外，但是总的来讲，上述选择性是成立的）；计量准确，响应快速，寿命较长。传感器的输出与环境的爆炸危险直接相关，在安全检测领域这是一类主导地位的传感器。其缺点是：在可燃性气体范围内，无选择性；暗火工作，有引燃爆炸的危险；大部分元素、有机蒸气对传感器都有中毒作用。

有些化学物质接触到 LEL 传感器后可以抑制传感器中的催化剂或使其中毒，进而让传感器部分或完全丧失敏感性。中毒可以定义为传感器永久性地性能下降；而抑制效应通常可以通过放置在洁净空气中得以恢复。最容易使传感器中毒的物质是硅类化合物，几个 ppm 就会降低传感器的响应；而硫化氢则是最常见的抑制剂。也有很多物质既会造成传感器中毒，又是传感器的抑制剂，传感器的中毒机理是很复杂的。

铅化物也会影响 LEL 传感器的性能，尤其是对高燃点化合物的响应（如甲烷）。高浓度卤代烷会在高温下分解成 HCl 并残留于传感器的催化剂上，可能会腐蚀传感器和降低信号读数。

⑤ 电化学气体传感器　电化学气体传感器是由膜电极和电解液灌封而成，通过与被测气体发生反应并产生与气体浓度成正比的电信号来工作（原电池或电解池原理）。电化学气体传感器的优点是：反应速度快、准确（可用于 ppm 级），稳定性好，能够定量检测，但寿命较短（大于等于 2 年），主要适用于毒性气体的检测。目前国际上绝大部分毒气检测采用电化学气体传感器。例如氨气检测、氯气检测、硫化氢检测、一氧化碳检测、氧气检测、二氧化碳检测、氢气检测、二氧化硫检测等。

（3）光离子化检测器（PID）　光离子化检测器可以检测低浓度的挥发性有机化合物（VOC）和气体有毒气体。很多发生事故的有害物质都是 VOC，因而对 VOC 检测具有极高灵敏度的 PID，就在应急事故检测中有着无法替代的用途，随着更加坚固、更加可靠和更加经济实用产品的出现，PID 已经成为检测有机化合物的普通工具。光离子化检测器可以检测 10ppb（1ppb＝10^{-9}）到 10000ppm 的 VOC 和其他有毒气体。PID 是一个高度灵敏、适用范围广泛的检测器，可以看成一个"低浓度 LEL 检测器"。如果将有毒气体和蒸气看成是一条大江，即使你游入大江，LEL 检测器可能还没有反应，而 PID 则在你刚刚湿脚的时候就已经告诉了你。

PID 使用了一个 9.8eV、10.6eV、11.7eV 光子能量的紫外线（UV）光源，将有机物打成可被检测器测到的正负离子（离子化）。检测器测量离子化了的气体的电荷，将其转化为电流信号，电流被放大并显示出 ppm 浓度值或永久性改变待测气体，这样，经过 PID 检测的气体仍可被收集做进一步的测定。大量的可以被 PID 检测的是含碳的有机化合物，包括：芬芳类（含有苯环的系列化合物），比如苯、甲苯、萘等；酮类和醛类（含有 C—O 键的化合物），比如丙酮等；氨和胺类（含有 N 的碳氢化合物），比如二甲胺等；卤代烃类、硫代烃类、不饱和烃类、烯烃等；醇类。除了有机物，PID 还可以测量一些不含碳的无机气体，如氨、半导体（砷和硒等）、溴和碘类等。

PID 产品（图 7-3）已经广泛应用于全球各地的环保、石油化工、室内空气质量、商检、农业等领域。

3. 化学侦检法

利用化学品与化学试剂反应后，产生不同颜色、沉淀、荧光或产生电位变化进行侦检的方法，称为化学侦检法。用于侦检的化学反应有催化反应、氧化还原反应、分解反应、配位反应、亲电反应和亲核反应等。

（1）试纸法　把滤纸浸泡在化学试剂后晾干，裁成长条、方块等形状，装在密封的塑料

图 7-3 Multi Plus 和 ToxiRAE

袋或容器中，使用时，使被测空气通过用试剂浸泡过的滤纸，有害物质与试剂在纸上发生化学反应，产生颜色变化；或者先将被测空气通过未浸泡试剂的滤纸，使有害物质吸附或阻留在滤纸上，然后向试纸上滴加试剂，产生颜色变化，根据产生的颜色深度与标准比色板比较，进行定量。前者多适合于能与试剂迅速起反应的气体或蒸气态有害物质；后者适用于气溶胶的测定，允许有一定的反应时间，如氯气的联苯指示剂法。

多用途检测纸是利用参加显色反应的特定化学试剂制成的检测纸，可对多种有害气体进行定性或半定量测试。该检测纸的优点是使用、携带方便，可作为有害气体定性检测的辅助手段；缺点是干扰多，易失效。检测纸的主要品种有：检测氨气的酚酞试纸、奈氏试剂试纸；检测有机磷农药的酶底物试纸；检测一氧化碳的氯化钯试纸；检测光气的二苯胺、对二甲氨基苯甲醛试纸；检测氢磷酸的醋酸铜联苯胶试纸；检测硫化氢的醋酸铅和硝酸银试纸；检测甲醛和乙醛的吸附试纸；检测二氧化氮、次氯酸、过氧化氢的邻甲苯胺碘化钾——淀粉试纸。表 7-2 列出了常见的化学毒害气体检测纸所用的显色试剂及颜色变化。

表 7-2　常见的化学毒害气体检测纸简明表

化学物	显色试剂	颜色变化
一氧化碳	氯化钯	白色→黑色
二氧化硫	亚硝酰铁氰化钠+硫酸锌	浅玫瑰色→砖红色
二氧化氮	邻甲联苯胺	白色→黄色
二氧化碳	碘酸钾+淀粉	白色→紫蓝色
二氧化氯	邻甲联苯胺	白色→黄色
二硫化碳	哌啶+硫酸铜	白色→褐色
光气	对二甲氨基苯甲醛+二甲苯胺	白色→蓝色
苯胺	对二甲氨基苯甲醛	白色→黄色
氨气	石蕊	红色→蓝色
氟化氢	对二甲基偶氮苯胂酸	浅棕色→红色
砷化氢	氯化汞	白色→棕色
硒化氢	硝酸银	白色→黑色
硫化氢	醋酸铅	白色→褐色

续表

化学物	显色试剂	颜色变化
氢氰酸	对硝基苯甲醛＋碳酸钾（钠）	白色→红棕色
溴	荧光素	黄色→桃红色
氯	邻甲联苯胺	白色→蓝色
氯化氢	铬酸银	紫色→白色
磷化氢	氯化汞	白色→棕色

从表 7-2 可以看出，有些侦检纸的显色反应并不专一。例如，用氯化汞制备的侦检纸，砷化氢和磷化氢均能使之变成相同颜色；用邻甲苯胺制备的侦检纸遇二氧化氮或二氧化氯都呈现出黄色。这些干扰现象是由其显色反应的本质决定的，在选择或应用侦检纸时应当引起注意。侦检纸检测化学危险物，其变色时间和着色强度与被测化学物质的浓度有关。被测化学物质的浓度越大，显色时间越短，着色强度越强。

（2）侦检粉或侦检粉笔法　侦检粉的优点是使用简便、经济，可大面积使用，缺点是专一性不强，灵敏度差，不能用于大气中有害物质的检测。侦检粉主要是一些染料，如用石英粉为载体，加入德国汗撒黄、永久红 B 和苏丹红等染料混匀，遇芥子气泄漏时显蓝红色。侦检粉笔是将试剂和填充料混合，压成粉笔状，便于携带的侦检器材。它可以直接涂在物质表面或削成粉末撒在物质表面进行检测。如用氯胺 T 和硫酸钡为主要试剂制成的侦检粉笔，可检测 CO、SO_2、NO_2、NH_3、氢氰酸和氯化氢，划痕处由白色变红、再变蓝，灵敏度达 5ppm。侦检粉笔在室温下可保存 3 年。侦检粉笔由于其表面积较小，减少了和外界物质作用的机会，通常比试纸稳定性好，也便于携带。

（3）检测管法（图 7-4 和图 7-5）　包括检测试管法、填充型（气体）检测管法、直接检测管法（速测管法）和吸附检测管法。

德尔格检测管：
操作简单，反应迅速的点检测

图 7-4　德尔格便携式受泵和检测管

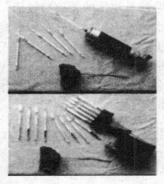

图 7-5　检测管

　　① 显色反应型（水）检测试管法。该法是将试剂做成细粒或粉状封在毛细玻璃管中，再将其组装在一支聚乙烯软塑料试管中，试管口用一带微孔的塞子塞住。使用时，先将试管用手指捏扁，排出管中的空气，插入水样中，放开手便自动吸入水样，再将试管中的毛细试剂管捏碎，数分钟内显色，与标准色板比较以确定污染物的浓度。如 Cr(Ⅵ) 检测管。

　　② 填充型（气体）检测管法。该法是一种内部填化学试剂显示指示粉的小玻璃管，一般选用内径为 $2\sim6mm$、长度为 $120\sim180mm$ 的无碱细玻璃管。指示粉为吸附有化学试剂的多孔固体细颗粒，每种化学试剂通常只对一种化合物或一组化合物有特效。当被测空气通过检测管时，空气中含有的待测有毒气体便和管内的指示粉迅速发生化学反应，并显示颜色。管壁上标有刻度（通常是 mg/m^3），根据变色环（柱）部位所示的刻度位置就可以定量或半定量地读出污染物的浓度值。如苯蒸气快速检测管。

　　③（气或水）直接检测管法（速测管法）。该法是将检测试剂置于一支细玻璃管中，两端用脱脂棉或玻璃棉等堵塞，再将两端熔封。使用前将检测管两端割开，浸入一定体积的被测水样中，利用毛细作用将水样吸入，也可连接注射器抽入污染的水样或空气样，观察颜色的变化或比较颜色的深浅和长度，以确定污染物的类别和含量。如有一种氯化物检测管，采用铬酸银与硅胶混合制成茶棕色试剂，按上述方法制成检测管。当水中氯化物与铬酸银硅胶试剂接触后，使茶棕色试剂变为白色（产生白色的 AgCl），检测管中试剂变色的长度与水中氯化物的含量成正比。因此，可在检测管外壁或说明书中绘制含量刻度标尺，可作氯化物定量。

　　④（气或水）吸附检测管法。该法是将一支细玻璃管的前端置吸附剂，后端放置用玻璃瓶封装的试剂，中间用玻璃棉等惰性物质隔开，两端用脱脂棉或玻璃棉等堵塞，再将两端熔封。使用前将检测管两端割开，用水泵抽入污染水样或空气样使其吸附在吸附剂上，再将试剂与甄瓶破碎，让试剂与吸附剂上的污染物作用，观察吸附剂的颜色变化，与标准色板比较以确定污染物的浓度。如有一种可测定空气中 HCN 的检测管，是将经试剂处理过的硅胶作吸附剂，与分别装在小安甄瓶中的碱和茚三酮溶液组装成检测管。如有 HCN 存在时，吸附剂呈蓝紫色，灵敏度可达 $0.05mg/L$。

三、现场侦检的实施

　　在事故现场实施侦检，首先应按照染毒浓度高、密度大、检测干扰小的要求，选择好采样和检测点。可以派出一个侦检小组在远离（在逆风向的较高位置，并且确保他们不会接触危险物质）事故现场的地方测定发生事故的物质。应当派出一个或多个侦检小组到事故区域进行状况评估，用这种方法，应急人员要穿上高级化学防护服（CPC）。当可获得事故数据时，要考虑：所涉及物质的类型和特征；泄漏、反应、燃烧的数量；密闭系统的状况；控制系统的控制水平和转换、处理、中和的能力。

　　各侦检小组应由三人组成，其中两人负责检测浓度，一人随后记录和标志，其行进队形可根据现场地形特点，采用后三角（前两人后一人）队形向前推进。在较大的场地条件下，担任检测的两名队员，间隔应在 50m 以内，便于相互呼应，负责设置标志的队员（通常由组长担任）紧跟其后。

四、现场隔离及疏散危险区域确定

1. 现场危险区域的确定

　　危险化学品泄漏事故现场隔离与疏散区域应根据毒物对人的急性毒性数据，适当考虑爆炸极限和防护器材等其他因素综合确定，一般可根据毒物浓度由高到低的分布，将现场危险区域划分为重度危险区、中度危险区、轻度危险区和吸入反应区。常见危险化学品事故泄漏毒物危险区边界浓度，如表7-3所示。

表7-3　常见危险化学品事故泄漏毒物危险区边界浓度

毒物名称	车间最高容许浓度 /(mg/m³)	轻度区边界浓度 /(mg/m³)	中度区边界浓度 /(mg/m³)	重度区边界浓度 /(mg/m³)
一氧化碳	30	60	120	500
氯气	1	3～9	90	300
氨	30	80	300	1000
硫化氢	10	70	300	700
氰化氢	0.3	10	50	150
光气	0.5	4	30	100
二氧化硫	15	30	100	600
氯化氢	15	30～40	150	800
氯乙烯	30	1000	10000	50000
苯	40	200	3000	20000
二硫化碳	10	1000	3000	12000
甲醛	3	4～5	20	100
汽油	350	1000	4000	10000

（1）重度危险区　重度危险区为半致死区，由某种危险化学品对人体的 LCT_{50}（半致死剂量）确定，一般指化学品事故危险源到 LC_{50}（半致死浓度）等浓度曲线边界的区域范围，小则下风向几十米，大则上百米的范围。该区域危险化学品蒸气的体积分数高于1%，地面可能有液体流淌，氧气含量较低。人员如无防护并未及时逃离，半数左右的人有严重的中毒症状，不经紧急救治，30min内有生命危险。只有极少数佩戴氧气面具或隔绝式面具，并穿着防毒衣的人员才能进入该区。

（2）中度危险区　该区为半失能区，由某种危险化学品对人体的 ICT_{50}（半失能剂量）确定，一般指 LC_{50}［等浓度曲线到 IC_{50}（半失能浓度）］等浓度曲线的区域范围。该区域中毒人员比较集中，多数都有不同程度的中毒，是应急救援队伍重点救人的主要区域。该区域人员有较严重的中毒症状，但经及时治疗，一般无生命危险。救援人员戴过滤式防毒面具，不穿防毒衣能活动2～3h。

（3）轻度危险区　该区为中毒区，由某种危险化学品对人体的 $PCTs_{50}$（半中毒剂量）确定，一般指 IC_{50} 等浓度曲线到 PC_{50}（半中毒浓度）等浓度曲线的区域范围。该区域人员有轻度中毒或吸入反应症状，脱离污染环境后经门诊治疗基本能够自行康复。人员可利用简易防护器材继续防护，关键是根据毒物的种类选择防毒口罩浸渍的药物。

（4）吸入反应区　该区指 PC_{50} 等浓度曲线稍高于车间最高允许浓度的区域范围。该区域内一部分人员有吸入反应症状或轻度刺激，在其中活动能耐受较长时间，一般脱离污染环境后24h内恢复正常、救援人员可对群众只做原则指导。

2. 危险化学品事故疏散距离的确定

在危险化学品泄漏事故中，必须及时做好周围人员及居民的紧急疏散工作。如何根据不同化学物质的理化特性和毒性，结合气象条件，迅速确定疏散距离是抢救工作的一项重要课题。

疏散距离分为两种（图7-6）：紧急隔离带是以紧急隔离距离为半径的圆，非事故处理人员不得入内；下风向疏散距离是指必须采取保护措施的范围，即该范围内的居民处于有害接触的危险之中，可以采取撤离、密闭住所窗户等有效措施，并保持通信畅通以听从指挥。由于夜间气象条件对毒气云的混合作用要比白天小，毒气云不易散开，因而下风向疏散距离相对比白天的远。夜间和白天的区分以太阳升起和降落为准。

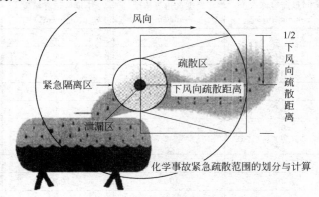

化学事故紧急疏散范围的划分与计算

图7-6　疏散距离的确定

　　还应结合事故现场的实际情况，如泄漏量、泄漏压力、泄漏形成的释放池面积、周围建筑或树木情况以及当时风速等进行修正。如泄漏物质发生火灾时，中毒危害与火灾/爆炸危害相比就处于次要地位；如有数辆槽罐车、储罐或大钢瓶泄漏，应增加大量泄漏的疏散距离；如泄漏形成的毒气云从山谷或高楼之间穿过，因大气的混合作用减小，疏散距离应增加。白天气温逆转或在有雪覆盖的地区，或者在日落时发生泄漏，如伴有稳定的风，也需要增加疏散距离。因为在这类气象条件下污染物的大气混合与扩散比较缓慢（即毒气云不易被空气稀释），会顺下风向飘得较远。另外，对液态化学品泄漏，如果物料温度或室外气温超过30℃，疏散距离也应增加。

3. 事故现场分区隔离

　　为避免人员被污染，对事故现场要实行分区隔离。按国际惯例，常用的分区如下。

　　（1）热区（hot zone）即污染区、危险区域　是紧邻事故污染现场的地域，一般用红线将其与其外的区域分隔开来。在此区域救援人员必须装备防护装置以避免被污染或受到物理损害。

　　（2）温区（warm zone）即缓冲区域　围绕热区以外的区域，在此区域的人员要穿戴适当的防护装置，避免二次污染的危害，一般以黄色线将其与其外的区域分隔开来，此线也称为洗消线。所有出此区域的人必须在此线上进行洗消处理。

　　（3）冷区（cold zone）即安全区域　洗消线外，患者的抢救治疗、支持指挥机构设在此区。

第三节　火灾控制与扑救技术

一、火灾扑救对策

1. 扑救危险化学品火灾总要求

　　一旦发生火灾，现场每个人都应清楚地知道他们的职责，掌握有关消防设施、人员的疏散程序和危险化学品灭火的特殊要求等内容。

① 先控制，后消灭 针对危险化学品火灾的火势发展蔓延快和燃烧面积大的特点，积极采取统一指挥、以快制快、堵截火势、防止蔓延、重点突破、排除险情、分割包围、速战速决的灭火战术。

② 扑救人员应占领上风或侧风位置，以免遭受有毒有害气体的侵害。

③ 进行火情侦察、火灾扑救及火场疏散人员，应有针对性地采取自我防护措施，如佩戴防护面具、穿戴专用防护服等。

④ 应迅速查明燃烧范围、燃烧物品及其周围物品的品名和主要危险特性、火势蔓延的主要途径。

⑤ 正确选择最适应的灭火剂和灭火方法。火势较大时，应先堵截火势蔓延，控制燃烧范围，然后逐步扑灭火势。

⑥ 对有可能发生爆炸、爆裂、喷溅等特别危险需紧急撤退的情况，应按照统一的撤退信号和撤退方法及时撤退（撤退信号应格外醒目，能使现场所有人员都看到或听到，并应经常预先演练）。

2. 采用正确的灭火方法

火灾扑救的首要对策就是采用正确的灭火剂和灭火方法。灭火的基本方法就是破坏燃烧必备的基本条件所采取的基本措施。灭火的基本方法有 4 种，即冷却法、隔离法、窒息法和抑制灭火法。

（1）冷却灭火法 冷却灭火法，是根据可燃物质发生燃烧时必须达到一定的温度这个条件，将灭火剂喷射于燃烧物上，通过吸热使其温度降低到燃点以下，从而使火熄灭的一种方法。常用的灭火剂是水和二氧化碳。

（2）隔离灭火法 隔离灭火法，是根据发生燃烧必须具备可燃物质这个条件，把着火的物质与周围的可燃物隔离开，或把可燃物从燃烧区移开，燃烧会因缺少可燃物而停止。

（3）窒息灭火法 窒息灭火法，是根据可燃物质发生燃烧需要足够的空气（氧）这个条件，采取适当措施来阻止空气流入燃烧区域，或用不燃物质冲淡空气，使燃烧物得不到足够的氧气而熄灭。如用石棉毯、湿麻袋、湿棉被等覆盖燃烧物来灭火。

（4）抑制灭火法 抑制灭火法，是使灭火剂参与燃烧的链式反应，使燃烧过程中产生的游离基消失，形成稳定分子或低活性的游离基，从而使燃烧反应停止。常用的灭火剂有干粉、12111。

以上各种灭火方法，宜根据燃烧物质的性质、燃烧特点和火场的具体情况选用，多数情况下都是几种灭火方法结合起来使用。

3. 不同种类危险化学品的灭火对策

（1）扑救易燃液体的基本对策 易燃液体通常也是储存在容器内或管道中输送的。与气体不同的是，液体容器有的密闭，有的敞开，一般都是常压，只有反应锅（炉、釜）及输送管道内的液体压力较高。液体不管是否着火，如果发生泄漏或溢出，都将顺着地面（或水面）漂散流淌，而且，易燃液体还有密度和水溶性等涉及能否用水和普通泡沫扑救的问题以及危险性很大的沸溢和喷溅问题，因此，扑救易燃液体火灾往往是一场艰难的战斗。遇易燃液体火灾，一般应采用以下基本对策。

① 首先应切断火势蔓延的途径，冷却和疏散受火势威胁的压力及密闭容器和可燃物，控制燃烧范围，并积极抢救受伤和被困人员。如有液体流淌时，应筑堤（或用围油栏）拦截飘散流淌的易燃液体或挖沟导流。

② 及时了解和掌握着火液体的品名、密度、水溶性，以及有无毒害、腐蚀、沸溢、喷溅等危险性，以便采取相应的灭火和防护措施。

③ 对较大的储罐或流淌火灾，应准确判断着火面积。小面积（一般 $50m^2$ 以内）液体火灾，一般可用雾状水扑灭。用泡沫、干粉、二氧化碳、卤代烷（1211、1301）灭火一般更有效。大面积液体火灾则必须根据其相对密度（比重）、水溶性和燃烧面积大小，选择正确的灭火剂扑救。

④ 比水轻又不溶于水的液体（如汽油、苯等），用直流水、雾状水灭火往往无效，可用普通蛋白泡沫或轻水泡沫灭火。用干粉、卤代烷扑救时，灭火效果要视燃烧面积大小和燃烧条件而定，最好用水冷却罐壁。

⑤ 比水重又不溶于水的液体（如二硫化碳）起火时可用水扑救，水能覆盖在液面上灭火。用泡沫也有效。干粉、卤代烷扑救，灭火效果要视燃烧面积大小和燃烧条件而定。最好用水冷却罐壁。

⑥ 具有水溶性的液体（如醇类、酮类等），虽然从理论上讲能用水稀释扑救，但用此法要使液体闪点消失，水必须在溶液中占很大的比例。这不仅需要大量的水，也容易使液体溢出流淌，而普通泡沫又会受到水溶性液体的破坏（如果普通泡沫强度加大，可以减弱火势），因此，最好用抗溶性泡沫扑救。用干粉或卤代烷扑救时，灭火效果要视燃烧面积大小和燃烧条件而定，也需用水冷却罐壁。

⑦ 扑救毒害性、腐蚀性或燃烧产物毒害性较强的易燃液体火灾，扑救人员必须佩戴防护面具，采取防护措施。

⑧ 扑救原油和重油等具有沸溢和喷溅危险的液体火灾。如有条件，可采用取放水、搅拌等防止发生沸溢和喷溅的措施。在灭火时必须注意计算可能发生沸溢、喷溅的时间，观察是否有沸溢、喷溅的征兆。指挥员发现危险征兆时，应立即做出准确判断，及时下达撤退命令，避免造成人员伤亡和装备损失。扑救人员看到或听到统一撤退信号后，应立即撤至安全地带。

⑨ 遇易燃液体管道或储罐泄漏着火，在切断蔓延，把火势限制在一定范围内的同时，对输送管道应设法找到并关闭进、出阀门。如果管道阀门已损坏或是储罐泄漏，应迅速准备好堵漏材料，然后先用泡沫、干粉、二氧化碳或雾状水等扑灭地上的流淌火焰，为堵漏扫清障碍，其次再扑灭泄漏口的火焰，并迅速采取堵漏措施。与气体堵漏不同的是，液体一次堵漏失败，可连续堵几次，只要用泡沫覆盖地面，并堵住液体流淌，控制好周围着火源，不必点燃泄漏口的液体。

(2) 扑救毒害品和腐蚀品的对策　毒害品和腐蚀品对人体都有一定危害。毒害品主要是经口或吸入蒸气或通过皮肤接触引起人体中毒的。腐蚀品是通过皮肤接触，使人体形成化学灼伤。毒害品、腐蚀品有些本身能着火，有的本身并不着火，但与其他可燃物品接触后能着火。这类物品发生火灾一般应采取以下基本对策。

① 灭火人员必须穿防护服，佩戴防护面具。一般情况下采取全身防护即可，对有特殊要求的物品火灾，应使用专用防护服。考虑到过滤式防毒面具防毒范围的局限性，在扑救毒害品火灾时应尽量使用隔绝式氧气或空气面具。为了在火场上能正确使用和适应，平时应进行严格的适应性训练。

② 积极抢救受伤和被困人员，限制燃烧范围。毒害品、腐蚀品火灾极易造成人员伤亡，灭火人员在采取防护措施后，应立即投入寻找和抢救受伤、被困人员的工作，并努力限制燃烧范围。

③ 扑救时应尽量使用低压水流或雾状水，避免腐蚀品、毒害品溅出。遇酸类或碱类腐

蚀品，最好调制相应的中和剂稀释中和。

④ 遇毒害品、腐蚀品容器泄漏，在扑灭火势后应采取堵漏措施。腐蚀品需用防腐材料堵漏。

⑤ 浓硫酸遇水能放出大量的热，会导致沸腾飞溅，需特别注意防护。扑救浓硫酸与其他可燃物品接触发生的火灾，浓硫酸数量不多时，可用大量低压水快速扑救。如果浓硫酸量很大，应先用二氧化碳、干粉、卤代烷等灭火，然后再把着火物品与浓硫酸分开。

(3) 扑救放射性物品火灾的基本对策　放射性物品是一类发射出人类肉眼看不见但却能严重损害人类生命和健康的 α 射线、β 射线、γ 射线和中子流的特殊物品。扑救这类物品火灾时，必须采取特殊的能防护射线照射的措施。平时生产、经营、储存和运输、使用这类物品的单位及消防部门，应配备一定数量的防护装备和放射性测试仪器。遇这类物品火灾一般应采取以下基本对策：

① 先派出精干人员携带放射性测试仪器，测试辐射（剂）量和范围，测试人员应尽可能地采取防护措施；

② 对辐射（剂）量超过 0.0387C/kg 的区域，应设置写有"危及生命、禁止进入"的文字说明的警告标志牌；

③ 对辐射（剂）量小于 0.0387C/kg 的区域，应设置写有"辐射危险、请勿接近"警告标志牌，测试人员还应进行不间断巡回监测；

④ 对辐射（剂）量大于 0.0387C/kg 的区域，灭火人员不能深入辐射源进行灭火活动；

⑤ 对辐射（剂）量小于 0.0387C/kg 的区域，可快速用水灭火或用泡沫、二氧化碳、干粉、卤代烷扑救，并积极抢救受伤人员；

⑥ 对燃烧现场包装没有被破坏的放射性物品，可在水枪的掩护下佩戴防护装备，设法疏散，无法疏散时，应就地冷却保护，防止造成新的破损，增加辐射（剂）量，对已破损的容器切忌搬动或用水流冲击，以防止放射性沾染范围扩大。

(4) 扑救易燃固体、易燃物品火灾的基本对策　易燃固体、易燃物品一般都可用水或泡沫扑救，相对其他种类的化学危险物品而言是比较容易扑救的，只要控制住燃烧范围，逐步扑灭即可。但也有少数易燃固体、自燃物品的扑救方法比较特殊，如 2,4-二硝基苯甲酸、二硝基萘、萘、黄磷等。

2,4-二硝基苯醚、二硝基萘、萘等是能升华的易燃固体，受热产生易燃蒸气。火灾时可用雾状水、泡沫扑救并切断火势蔓延途径，但应注意，不能以为明火焰扑灭即已完成灭火工作，因为受热以后升华的易燃蒸气能在不知不觉中飘逸，在上层与空气能形成爆炸性混合物，尤其是在室内，易发生爆燃。因此，扑救这类物品火灾千万不能被假象所迷惑。在扑救过程中，应不时向燃烧区域上空及周围喷射雾状水，并用水浇灭燃烧区域及其周围的一切火源。

黄磷是自燃点很低、在空气中能很快氧化升温并自燃的物品。遇黄磷火灾时，首先应切断火势蔓延途径，控制燃烧范围。对着火的黄磷应用低压水或雾状水扑救。高压直流水冲击能引起黄磷飞溅，导致灾害扩大。黄磷熔融液体流淌时，应用泥土、沙袋等筑堤拦截并用雾状水冷却，对磷块和冷却后已固化的黄磷，应用钳子钳入储水容器中。来不及钳时可先用沙土掩盖，但应做好标记，等火势扑灭后，再逐步集中到储水容器中。

少数易燃固体和自燃物品不能用水和泡沫扑救，如三硫化二磷、铝粉、烷基铝、保险粉等，应根据具体情况区别处理。宜选用干沙和不用压力喷射的干粉扑救。

(5) 扑救压缩或液化气体火灾的基本对策　压缩或液化气体总是被储存在不同的容器内，或通过管道输送。其中储存在较小钢瓶内的气体压力较高，受热或受火焰熏烤容易发生爆裂。气体泄漏后遇火源已形成稳定燃烧时,其发生爆炸或再次爆炸的危险性与可燃气体、泄漏未燃时相比要小得多。遇压缩或液化气体火灾时一般应采取以下基本对策。

① 扑救气体火灾切忌盲目扑灭火势,在没有采取堵漏措施的情况下,必须保持稳定燃烧。否则,大量可燃气体泄漏出来与空气混合,遇着火源就会发生爆炸,后果将不堪设想。

② 首先应扑灭外围被火源引燃的可燃物火势,切断火势蔓延途径,控制燃烧范围,并积极抢救受伤和被困人员。

③ 如果火势中有压力容器或有受到火焰辐射热威胁的压力容器,能疏散的应尽量在水枪的掩护下疏散到安全地带,不能疏散的应部署足够的水枪进行冷却保护。为防止容器爆裂伤人,进行冷却的人员应尽量采用低姿射水或利用现场坚实的掩蔽体防护。对卧式储罐,冷却人员应选择储罐四个角作为射水阵地。

④ 如果是输气管道泄漏着火,应设法找到气源阀门。阀门完好时,只要关闭气体的进出阀门,火势就会自动熄灭。储罐或管道泄漏关阀无效时,应根据火势判断气体压力和泄漏口的大小及其形状,准备好相应的堵漏材料(如软木塞、橡皮塞、气囊塞、黏合剂、弯管工具等)。堵漏工作准备就绪后,即可用水扑救火势,也可用干粉、二氧化碳、卤代烷灭火,但仍需用水冷却烧烫的罐或管壁。火扑灭后,应立即用堵漏材料堵漏,同时用雾状水稀释和驱散泄漏出来的气体。如果确认泄漏口非常大,根本无法堵漏,只需冷却着火容器及其周围容器和可燃物品,控制着火范围,直到燃气燃尽,火势自动熄灭。现场指挥应密切注意各种危险征兆,遇有火势熄灭后较长时间未能恢复稳定燃烧或受热辐射的容器安全阀火焰变亮耀眼、尖叫、晃动等爆裂征兆时,指挥员必须适时做出准确判断,及时下达撤退命令。现场人员看到或听到事先规定的撤退信号后,应迅速撤退至安全地带。

(6) 扑救爆炸物品火灾的基本对策　爆炸物品一般都有专门或临时的储存仓库。这类物品由于内部结构含有爆炸性基因,受摩擦、撞击、震动、高温等外界因素激发,极易发生爆炸,遇明火则更危险。遇爆炸物品火灾时,一般应采取以下基本对策。

① 迅速判断和查明再次发生爆炸的可能性和危险性,紧紧抓住爆炸后和再次发生爆炸之前的有利时机,采取一切可能的措施,全力制止再次爆炸的发生。

② 切忌用砂土盖压,以免增强爆炸物品爆炸时的威力。

③ 如果有疏散可能,人身安全上确有可靠保障,应立即组织力量及时疏散着火区域周围的爆炸物品,使着火区周围形成一个隔离带。

④ 扑救爆炸物品堆垛时,水流应采用吊射,避免强力水流直接冲击堆垛,以免堆垛倒塌引起再次爆炸。

⑤ 灭火人员应尽量利用现场现成的掩蔽体或尽量采用卧姿等低姿射水,尽可能地采取自我保护措施。消防车辆不要停靠在离爆炸物品太近的水源。

⑥ 灭火人员发现有发生再次爆炸的危险时,应立即向现场指挥报告,现场指挥应立即做出准确判断,确有发生再次爆炸征兆或危险时,应立即下达撤退命令。灭火人员看到或听到撤退信号后,应迅速撤至安全地带,来不及撤退时,应就地卧倒。

(7) 扑救遇湿易燃物品火灾的基本对策　遇湿易燃物品能与潮湿的水发生化学反应,产生可燃气体和热量,有时即使没有明火也能自动着火或爆炸,如金属钾、钠以及三乙基铝(液态)等。因此,这类物品有一定数量时,绝对禁止用水、泡沫、酸碱灭火器等湿性灭火剂扑救。这类物品的这一特殊性,给其火灾时的扑救带来了很大的困难。

通常情况下,遇湿易燃物品由于其发生火灾时的灭火措施特殊,在储存时要求分库或隔离分堆单独储存,但在实际操作中有时往往很难完全做到,尤其是在生产和运输过程中更难以做到,如铝制品厂往往遍地积有铝粉。对包装坚固、封口严密、数量又少的遇湿易燃物品，在储存规定上允许同室分堆或同柜分格储存。这就给其火灾扑救工作带来了更大的困难，灭火人员在扑救中应谨慎处置。对遇湿易燃物品火灾一般采取以下基本对策。

① 首先应了解清楚遇湿易燃物品的品名、数量，是否与其他物品混存，燃烧范围和火势蔓延途径。

② 如果只有极少量（一般在 50g 以内）遇湿易燃物品，则不管是否与其他物品混存，仍可用大量的水或泡沫扑救。水或泡沫刚接触着火点时，短时间内可能会使火势增大，但少量遇湿易燃物品燃尽后，火势很快就会熄灭或减小。

③ 如果遇湿易燃物品数量较多，且未与其他物品混存，则绝对禁止用水或泡沫、酸碱等湿性灭火剂扑救。遇湿易燃物品应用干粉、二氧化碳、卤代烷扑救，只有金属钾、钠、铝、镁等个别物品用二氧化碳、卤代烷无效。固体遇湿易燃物品应用水泥、干沙、干粉、硅藻土和蛭石等覆盖。水泥是扑救固体遇湿易燃物品火灾比较容易得到的灭火剂。对遇湿易燃物品中的粉尘，如镁粉、铝粉等，切忌喷射有压力的灭火剂，以防止将粉尘吹扬起来，与空气形成爆炸性混合物而导致爆炸发生。

④ 如果有较多的遇湿易燃物品与其他物品混存，则应先查明是哪类物品着火，遇湿易燃物品的包装是否损坏。可先用开关水枪向着火点吊射少量的水进行试探，如未见火势明显增大，证明遇湿物品尚未着火，包装也未损坏，应立即用大量水或泡沫扑救，扑灭火势后立即组织力量，将淋过水或仍在潮湿区域的遇湿易燃物品疏散到安全地带分散开来。如射水试探后火势明显增大，则证明遇湿易燃物品已经着火或包装已经损坏，应禁止用水、泡沫、酸碱灭火器扑救；若是液体应用干粉等灭火剂扑救；若是固体，应用水泥、干沙等覆盖；如遇钾、钠、铝、镁轻金属发生火灾，最好用石墨粉、氧化钠以及专用的轻金属灭火剂扑救。

⑤ 如果其他物品火灾威胁到相邻的较多遇湿易燃物品，应先用油布或塑料膜等其他防水布将遇湿易燃物品遮盖好，然后再在上面盖上棉被并淋上水。如果遇湿易燃物品堆放处地势不太高，可在其周围用土筑一道防水堤。在用水或泡沫扑救火灾时，对相邻的遇湿易燃物品应留一定的力量监护。

由于遇湿易燃物品性能特殊，又不能用常用的水和泡沫灭火剂扑救，从事这类物品生产、经营、储存、运输、使用的人员及消防人员，平时应经常了解和熟悉其品名和主要危险特性。

二、火灾扑救注意事项

（1）扑救化学品火灾时应注意事项：
① 灭火人员不应单独灭火；
② 出口应始终保持清洁和畅通；
③ 要选择正确的灭火剂；
④ 灭火时应考虑人员的安全。
（2）扑救初期火灾的注意事项：
① 迅速关闭火灾部位的上下游阀门，切断进入火灾事故地点的一切物料；
② 在火灾尚未扩大到不可控制之前，应使用移动式灭火器或现场其他各种消防设备、器材扑灭初期火灾和控制火源。
（3）为防止火灾危及相邻设施，应注意采取以下保护措施：
① 对周围设施及时采取冷却保护措施；
② 迅速疏散受火势威胁的物资；

③ 有的火灾可能造成易燃液体外流，这时可用沙袋或其他材料筑堤，拦截飘散流淌的液体，或挖沟导流，将物料导向安全地点；

④ 用毛毡、海草帘堵住下水井、阴井口等处，防止火焰蔓延。

（4）特别注意：

① 扑救危险化学品火灾时决不可盲目行动，应针对每一类化学品，选择正确的灭火剂和灭火方法来安全地控制火灾；

② 化学品火灾的扑救应由专业消防队进行，其他人员不可盲目行动，待消防队到达后，介绍物料介质，配合扑救；

③ 必要时采取堵漏或隔离措施，预防次生灾害扩大；

④ 当火势被控制以后，仍然要派人监护，清理现场，消灭余火；

⑤ 同时要注意把原则性和灵活性处理好，应急处理过程并非是按部就班地按固定不变的顺序进行，而是根据实际情况尽可能同时进行。

三、灭火器的使用方法

火灾在初期燃烧时范围小、火势弱，是人们用灭火器灭火的最佳时机。因此，正确合理地使用灭火器显得非常重要。下面是一些常用的灭火器及消火栓使用方法。

1. 二氧化碳灭火器的使用方法

这种灭火器主要针对各种易燃、可燃液体、可燃气体火灾，也可扑救仪器仪表、图书档案、工艺品和低压电气设备等初期火灾。把灭火器提到或扛到火场附近，在距离燃烧物5m左右，放下灭火器，拔出保险销，一手握住喇叭筒根部的手柄，另一只手紧握启闭阀的压把。对没有喷射软管的二氧化碳灭火器，应把喇叭筒往上扳70°～90°。使用时，不能直接用手抓住喇叭筒外壁或金属连线管，防止手被冻伤。灭火时，当可燃液体呈流淌状燃烧时，使用者将二氧化碳灭火剂的喷流由近而远向火焰喷射。如果可燃液体在容器内燃烧时，使用者应将喇叭筒提起，从容器的一侧上部向燃烧的容器中喷射。但不能将二氧化碳射流直接冲击可燃液面，以防止将可燃液体冲出容器而扩大火势，造成灭火困难。

在室外使用二氧化碳灭火器，应选择在上风方向喷射。在室内窄小空间使用时，灭火后操作者应迅速离开，以防窒息。

2. 手提式1211灭火器的使用

这种灭火器主要针对仪器仪表、图书档案、珍贵文物等初期火灾，但不能扑救轻金属火灾。使用时，应手提灭火器的提把或肩扛灭火器带到火场。在距燃烧处5m左右，放下灭火器，先拔出保险销，一手握住开启把，另一手握在喷射软管前端的喷嘴处。如灭火器无喷射软管，可一手握住开启压把，另一手扶住灭火器底部的底圈部分。先将喷嘴对准燃烧处，用力握紧开启压把，使灭火器喷射。当被扑救可燃烧液体呈现流淌状燃烧时，使用者应对准火焰根部由近而远并左右扫射，向前快速推进，直至火焰全部扑灭。如果可燃液体在容器中燃烧，应对准火焰左右晃动扫射，当火焰被赶出容器时，喷射流跟着火焰扫射，直至把火焰全部扑灭。但应注意不能将喷射流直接喷射在燃烧液面上，防止灭火剂的冲力将可燃液体冲出容器而扩大火势，造成灭火困难。扑救可燃性固体物质的初期火灾时，则将喷流对准燃烧最猛烈处喷射，当火焰被扑灭后，应及时采取措施，不让其复燃。

1211灭火器使用时不能颠倒，也不能横卧，否则灭火剂不会喷出。另外，在室外使用时，应选择在上风方向喷射；在窄小的室内灭火时，灭火后操作者应迅速撤离，因1211灭火剂也有一定的毒性，以防伤人。

3. 推车式 1211 灭火器的使用方法

灭火方法与手提式 1211 灭火器相同。灭火时一般由两个人操作，先将灭火器推或拉到火场，在距燃烧处 10m 左右停下，一人快速放开喷射软管，紧握喷枪，对准燃烧处；另一个人则快速打开灭火器阀门，如图 7-7 所示。

步骤1　　　　步骤2　　　　步骤3　　　　步骤4

图 7-7　推车式灭火器操作步骤

4. 手提式干粉灭火器的使用方法

这种灭火器主要针对各种易燃、可燃液体和气体火灾，以及电气设备火灾。灭火时，可手提或肩扛灭火器快速奔赴火场，在距离燃烧处 5m 左右，放下灭火器。如在室外，应选择站在上风方向喷射。

使用的干粉灭火器若是储气瓶式，操作者应一手紧握喷枪，另一手提起储气瓶上的开启提环。如果储气瓶的开启是手轮式的，则向逆时针方向旋开，并旋到最高位置，随即提起灭火器。当干粉喷出后，迅速对准火焰的根部扫射灭火。具体方法如图 7-8 所示。图 7-9 所示给出了泡沫灭火器的使用方法。

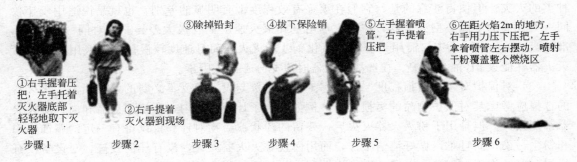

①右手握着压把，左手托着灭火器底部，轻轻地取下灭火器　　②右手提着灭火器到现场　　③除掉铅封　　④拔下保险销　　⑤左手握着喷管，右手提着压把　　⑥在距火焰2m的地方，右手用力压下压把，左手拿着喷管左右摆动，喷射干粉覆盖整个燃烧区

步骤1　　步骤2　　步骤3　　步骤4　　步骤5　　步骤6

图 7-8　干粉灭火器使用方法

离地面 1.5m

⑤右手抓筒耳，左手抓筒筒底边缘，把喷嘴朝向燃烧区，站在离火源 8m 的地方喷射，并不断前进，兜围着火焰喷射，直至把火扑灭

⑥灭火后，把灭火器卧放在地上，喷嘴朝下

步骤1　　步骤2　　步骤3　　步骤4　　　　步骤5　　　　步骤6

图 7-9　泡沫灭火器使用方法

使用的干粉灭火器若是储压式，操作者应先将开启把上的保险销拔下，然后握住喷射软管前端喷嘴部，另一只手将开启压把压下，打开灭火器进行灭火。灭火器在使用时，一手应始终压下压把，不能放开，否则会中断喷射。

干粉灭火器扑救可燃、易燃液体火灾时，应对准火焰根部扫射。如果被扑救的液体火灾呈流淌燃烧时，应对准火焰根部由近而远并左右扫射，直至把火焰全部扑灭。如果可燃液体在容器内燃烧，使用者应对准火焰根部左右晃动扫射，使喷射出的干粉流覆盖整个容器开口表面；当火焰被赶出容器时，使用者仍应继续喷射，直至将火焰全部扑灭。在扑救容器内可燃液体火灾时，应注意不能将喷嘴直接对准液面喷射，防止喷流的冲击力使可燃液体溅出而扩大火势，造成灭火困难。当可燃液体在金属容器中燃烧时间过长，容器的壁温已高于扑救可燃液体的自燃点时，极易造成灭火后再复燃的现象，若与泡沫类灭火器联用，则灭火效果更佳。使用磷酸铵盐干粉灭火器扑救固体可燃物火灾时，应对准燃烧最猛烈处喷射，并从上、下、左、右扫射。如条件许可，使用者可提着灭火器沿着燃烧物的四周边走边喷，使干粉灭火剂均匀地喷在燃烧物的表面，直至将火焰全部扑灭。

5. 特别注意事项

正确、合理地选择灭火器是成功扑救初期火灾的关键之一。选择灭火器主要应考虑以下几个因素。

（1）灭火器配置场所的火灾类别　根据灭火器配置场所的使用性质及其可燃物的种类，可判断该场所可能发生哪种类别的火灾。如果选择不合适的灭火器，不仅有可能扑灭不了火灾，而且可能引起灭火剂对燃烧的逆化学反应，甚至还会发生爆炸伤亡事故。如对碱金属（如钾、钠）火灾，不能选择水型灭火器。因为水与碱金属化合反应后，生成大量氢气，容易引起爆炸。

（2）灭火有效程度　在灭火机理相同的情况下，有几种类型的灭火器均适用于扑救同一种类的火灾。但值得注意的是，它们在灭火有效程度上有明显的差别，也就是说适用于扑救同一类火灾的不同类型灭火器，在灭火剂用量和灭火速度上有极大差异。如对同一个 4B 标准油盘（$0.8m^2$）火灾，需用 7kg 的二氧化碳才能灭火，而且速度较慢；如果换用 2kg 干粉灭火器，能灭 5B 油盘火灾。在选择灭火器时应充分考虑该因素。

（3）对保护对象的污损程度　为了保护贵重物资与设备免受不必要的污渍损失，灭火器的选择应考虑其对保护物品的污损程度。例如在电子计算机房内，干粉灭火器和卤代烷灭火器都能灭火。但是用干粉灭火器灭火后，残留的粉状覆盖物对计算机设备有一定的腐蚀作用和粉尘污染，而且难以做好清洁工作，而用卤代烷灭火器灭火，没有任何残迹，对设备没有污损和腐蚀作用，因此，电子计算机房选用卤代烷灭火剂比较适宜。

（4）使用灭火器人员的素质　要选择适用的灭火器，应先对使用人员的年龄、性别和身手敏捷程度等素质进行大概的分析估计，然后正确选择灭火器。如机械加工厂大部分是男工，从体力角度讲比较强，可选择规格大的灭火器；而商场，大部分是女营业员，体力较弱，可以优先选用小规格的灭火器，以适应工作人员的体质，有利于迅速扑灭初期火灾。

（5）选择灭火剂相容的灭火器　在选择灭火器时，应考虑不同灭火剂之间可能产生的相互反应、污染及其对灭火的影响，干粉和干粉、干粉和泡沫之间联用都存在一个相容性的问题。不相容的灭火剂之间可能发生相互作用，产生泡沫消失等不利因素，致使灭火效力明显降低，磷酸铵盐干粉同碳酸氢钠干粉、碳酸氢钾干粉不能联用，碳酸氢钠（钾）干粉同蛋白（化学）泡沫也不能联用。

（6）设置点的环境温度　若环境温度过低，则灭火器的喷射灭火性能显著降低；若环境温度过高，则灭火器的内压剧增，灭火器会有爆炸伤人的危险。要求灭火器应设置在灭火器适用温度范围之内的环境中。

（7）在同一场所选用同一操作方法的灭火器　这样选择灭火器有几个优点：一是为培训

灭火器使用提供方便；二是在灭火中操作人员可方便地采用同一种方法连续操作，使用多具灭火器灭火；三是便于灭火器的维修和保养。

第四节 现场人员安全防护技术

在事故现场，救援人员常常要直接面对高温、有毒、易燃易爆及腐蚀性的危险物质，或进入严重缺氧的环境，为防止这些危险有害因素对救援人员造成中毒和窒息、烧伤、低温冻伤、灼伤等伤害，必须加强个人的安全防护，掌握相应的安全防护技术。

一、现场安全防护标准

不同类型的化学事故，其危险程度不同。对于危险化学品的泄漏事故现场，要根据不同种类和浓度的化学毒物对人体在无防护的条件下的毒害性，以及现场危险区域范围的划分，并充分考虑到救援人员所处毒害环境的实际安全需要，来确定相应的安全防护等级和防护标准，如表7-4和表7-5所示。

表7-4 现场安全防护等级划分标准

毒性 ＼ 危险区	重度危险区	中度危险区	轻度危险区
剧毒	一级	一级	二级
高毒	一级	一级	二级
中毒	一级	二级	二级
低毒	二级	三级	三级
微毒	二级	三级	三级

表7-5 现场安全防护标准

级别	形式	防化服	防护服	防护面具
一级	全身	内置式重型防化服	全棉防静电内外衣	正压式空气呼吸器或全防型滤毒罐
二级	全身	封闭式防化服	全棉防静电内外衣	正压式空气呼吸器或全防型滤毒罐
三级	呼吸	简易防化服	战斗服	简易滤毒罐、面罩或口罩、毛巾等防护器材

对于火灾爆炸事故现场，要根据危险化学品着火后产生的热辐射强度和爆炸后形成的冲击波对人体的伤害程度来采取相应的安全防护措施。安全防护等级确定后，并不是不可改变的，应随着现场情况的发展变化对防护等级进行调整。

二、呼吸系统防护

在火灾和危险物质泄漏等事故的现场应急抢险行动中，呼吸系统防护是必需的，自给式正压空气呼吸器（SCBA）和稍差一些的防毒面具，则是这些应急行动中最重要的防护用具器材。

使用呼吸防护用具时，必须高度重视并认真解决好以下几个问题。

① 选用何种类型的呼吸防护用具？在污染物质性质、浓度不明的情况下，必须使用隔绝式防护用具。在使用过滤式防护用具时要注意，不同的毒物使用不同的滤料。

② 呼吸防护用具能否起作用？新的防护用具要有检验合格证，库存的是否在有效期内？用过的是否更换新的滤料？

③ 如何佩戴呼吸防护用具（必须要密封）？

④ 何时佩戴呼吸防护用具（发现有毒征兆时，可能为时已晚）？

⑤ 何时摘下呼吸防护用具（长时间地佩戴面具会感到不舒服，如时间过长，还需更换滤料）？

1. 自给式正压空气呼服器（SCBA）的使用

自给式正压空气呼吸器（SCBA）主要用于应急人员执行长期暴露于有毒环境的任务时，例如营救燃烧建筑中的人员，或处理化学泄漏事故。处理化学泄漏事故时，应急人员要通过关闭切断阀来防止泄漏，如果这种操作不能遥控，就必须由一组应急人员穿戴呼吸器到阀门处进行人工切断。同样，储罐破裂有毒物质泄漏时，有时需进行堵漏，也要求佩戴呼吸器等防护设备。除了自持性呼吸器，这些操作还要求穿戴全身防护服，以防止化学物质通过皮肤进入身体。

应急人员使用呼吸器需要接受训练。呼吸器在逃生时特别重要，应该储藏在专门场所，如控制室、应急指挥中心、消防站、特殊设施和应急供应仓库。此外，还应对呼吸器进行定期检查、维修保养和试用。

（1）正压式空气呼吸器的组成　如图7-10所示，包括供气阀组件、减压器组件、压力显示组件、背架组件、面罩组件、气瓶和瓶间组件、高压及中压软管组件。

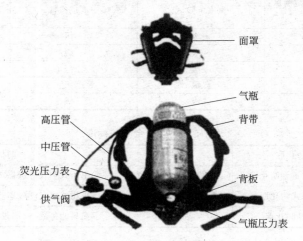

图7-10　正压式空气呼吸器的组成

① 供气阀组件。供气阀必须与安装有呼吸阀的面罩密封连接，以保证面罩内的绝对压力。供气阀有倾斜、隔膜的平衡系统，对面罩内的压力变化起反作用，以调节面罩内的气体流量，保证面罩内压力高于周围环境压力，即自给正压式供气。特点：设计紧凑，呼吸阻力低，可保证大流量的供气要求。黑色橡胶重置按钮可保证使用者关闭供气阀的输出气量，在测试过程中或任务完成后取下面罩而不使气瓶内的气体泄出。供气阀进气端的红色旋钮是旁通阀的开关，逆时针旋转为打开，反之则为关闭，正常输出的流量为120L/min左右。旁通阀主要用于辅助供气，如排放掉系统内余气压，气刷除雾或第二种方式的恒流供气（在供气阀出现不正常的供气故障时）。

② 减压器组件。减压器的作用是将气瓶内高压气体减压为中压，保证供气阀的正常工作。在气瓶压力为28～30MPa时输出的中压值范围为0.5～1.1MPa。活塞上内置安全泄压阀，当中压值大于1.1MPa时可安全泄压，保证中压系统不会超压。

③ 压力显示组件。压力显示组件主要由压力表和报警气哨组成，压力表用于指示气瓶

内的气体压力，该压力表表盘有荧光，使用者在暗处也可观察表的压力指示。表蒙由聚碳酸酯材料制成，耐磨且抗冲击。压力表外还设有橡胶护套。当气瓶压力为（5±9.5）MPa 时，报警哨会发出 90dB 以上的报警声响，警示使用者撤离险区。

④ 背架组件。背架组件主要包括背板、背带、腰带、气瓶固定带等，背板的结构形状符合人体功效学，即采用了适合人体背部和臀部的生理结构、特性、形状，使呼吸器的重量主要分布于臀部，可使佩戴者活动灵活，减少疲劳。背板采用高强度复合材料制成，特点：强度高、耐冲撞、不易变形，并防静电和隔热。背带和腰带采用阻燃的聚酯织带制成，并配有高强度抗腐蚀的扣件。气瓶固定带有凸轮锁扣与插销封闭，以防意外打开。

⑤ 面罩组件。面罩为双折边密封，面罩内设有与口鼻相贴合的小口鼻罩，可最大限度地减小面罩内的实际有害空间，口鼻罩上设有两个单向通气活门，气刷自动除雾，在面罩的下颚处设有呼气阀和发话传声器。面罩的眼窗目镜是由透明聚碳酸酯材料制成，清晰明亮，目镜上涂有防刮伤的保护层，抗冲击、耐磨损。面罩配有网状或胶质快速着装系带，可以全面调整，以适应不同尺寸的头型。

⑥ 气瓶和瓶阀组件。气瓶是储存压缩空气的高压容器，最高工作压力为 30MPa。气瓶上设有气瓶阀开关手轮，逆时针旋转为开启，反之则为关闭。

⑦ 高压及中压软管组件。与压力显示组件相连接的是高压软管，与供气阀相连接的是中压软管。

正压式空气呼吸器主要的三个组件为气瓶、减压器和供气阀，如图 7-11 所示。

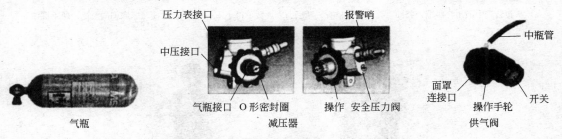

图 7-11 正压式空气呼吸器的三个主要部件

① 气瓶安全使用。不必用太大的劲关闭瓶阀，因为这样会使瓶阀的密封表面受损。

注意：碳纤维气瓶的寿命为制造日起 15 年，必须按气瓶上的规定时间到有资质的机构做法定检测；充气压力不得超过气瓶的额定工作压力；作业时不得有锐利角划伤气瓶表面；气瓶的碳纤维受损时不得继续使用；不要让充满气的气瓶在阳光下暴晒。充气质量须达到以下标准之一：ISO 8573.1 的 I 级空气质量标准；欧洲 EN12021 或德国 DIN3188；美国 CGAD/E 级标准。

② 减压器安全使用。减压器将瓶中的高压气源减压至大约 0.7MPa 的中压，通过中压管送到供气阀，经过再次减压后供使用者呼吸。减压器上设有压力报警装置，当气瓶内压力降到（5.5±0.5）MPa 时会发出不小于 90dB 的声响报警信号，即使是在高湿度的空气或喷淋水中，甚至在较低温度下也不会丧失功能。减压器上还设置有安全压力释放阀，其值设置在 1.1MPa 左右，万一发生故障，压力升高，它会打开阀门，将压力释放，保证供气阀的正常工作。

注意：一旦减压器的安全压力释放阀有排气现象，应立即撤离工作现场，并停止使用此呼吸器，送生产厂家；待故障排除后，才能继续使用；可以调整减压器的报警压力，但需专人并经培训合格者执行；减压器报警哨上的喷嘴口在使用时的方向是向下的，不可自行调整此方向，以免影响正常报警功能；不得自行调整输出压力；出现故障时，应送回生产厂家修理，不得自行拆装；更换高压接口上的 O 形密封圈时不要弄伤密封表面。

③ 供气阀安全使用。供气阀的红色按钮是开关，它有三种状态：待机——这种状态下的红色按钮处于关闭，0.7MPa 的中压气被主阀阻止，只要使用者吸气，红色按钮就会被弹出；吸气和呼气——使用者首次吸气时，红色按钮就会被弹出，这种状态下处于正常的吸气和呼气；关闭和排气——使用完毕后要将系统内的压缩空气排尽时，只需将红色按钮往里压，供气阀就会将残余气体排除。此状态还有一特殊功能，若供气阀万一有故障吸不到气时，按下红色按钮可强制通气，称为旁通供气功能。

注意：万一出现供气阀吸不到气，必须立即按下红色按钮，立即离开现场到安全场所；供气阀没有连接到面罩上时，不要从阀口处吸气；假如供气阀的红色按钮按下，仍不能将供气阀关闭，应用手掌心把阀口挡住，再按红色按钮。

（2）正压式呼吸器的操作使用　呼吸器的操作使用包括三个环节：佩戴呼吸器（图 7-12）；检查系统安全性能（图 7-13）；使用完毕后脱去（图 7-14）。

1. 从包装箱中取出呼吸器，将面罩放好

2. 检查气瓶压力表读数不得小于 27MPa

3. 使气瓶底朝向自己，两手握住两侧把手

4. 呼吸器举过头顶，使肩带落在肩上

5. 插好胸带扣
6. 拉紧肩带
7. 插好腰带扣
8. 整腰带至松紧适宜

图 7-12　佩戴呼吸器

（3）使用前检查项目

① 目视检查减压阀的阀口及 O 形圈、面罩、肩带、腰带完好无损。

② 空气瓶固定牢靠，检查各连接完好。

③ 按压需气阀顶部的红色按钮（激活阀），稍微打开气瓶阀，放出少量气体后立即关闭气瓶阀，检测激活阀是否完好：压力值稳定，无泄漏声；观测气压值，标准为 22MPa 以上。

④ 哨子报警装置测试：卸下面罩，关闭气瓶阀。用手掌盖住吸气阀出口，按压需气阀并慢慢抬起手掌，使系统排气（维持压力慢慢下降），当压力逐步下降到预定值 6MPa 时发出报警哨声。

（4）使用操作步骤

① 展开肩带与腰带，背上设备，扣上腰带固定好（空气瓶手阀方向朝下）。

1. 关闭供气阀

2. 打开瓶阀半圈，然后再关闭
3. 检查报警压力，轻压供气阀红色按钮慢慢排气

4. 观察压力表，报警哨响时，指针必须在 5～6MPa 之间

5. 将瓶阀重新打开
6. 挂好面罩颈带，将面罩套入脸部

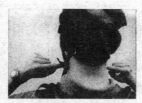

7. 调整头带中心至头顶

8. 首先调整下颌处头带，然后调整太阳穴、顶部头带

9. 用手心将进气口堵住，吸气，面罩内应无气流流动

10. 将供气阀和面罩连接

11. 深吸一口气将供气阀打开，就可以进入工作场所

图 7-13　检查系统安全性能

1. 脱开供气阀

2. 取下面罩

3. 松开腰带

4. 松开胸带
5. 脱卸整套呼吸器

图 7-14　使用完毕后脱去

② 向下拉肩带，直到感觉到舒适，将带的端部卷起在腰带内。

③ 张开面罩头部固定带，从头部固定具中央带拆下颈带。拉开胶皮带，将面罩罩在下颚上，使固定具中央带放在头的后面，均匀拉紧上下面的固定带。

④ 由正负压原理，在第一次呼吸时，吸气阀就自动被激活，吸气时自动进气，呼气时停止供气，听不到泄漏声表明密封良好。

⑤ 呼出的空气会自动从呼吸阀流出。深呼吸几次，呼气和吸气均舒畅无不适感觉。如无法实现自动供停气，有泄漏声，说明面罩未密闭，调整收紧固定带扣，直至吸气阀自动工作。

正压式空气呼吸器佩戴顺口溜：一看压力，二听哨，三背气瓶，四戴罩；瓶阀朝下，底朝上；面罩松紧要正好；开总阀、插气管，呼吸顺畅抢分秒。

（5）使用时注意事项

① 呼吸器及配件避免接触明火、高温，呼吸器严禁沾染油脂。

② 使用前必须检查气瓶压力，低于 20MPa 不宜使用。

③ 气瓶是碳纤维复合材料气瓶，使用过程中要轻拿轻放，切勿强烈碰撞。瓶内高压压缩空气突然释放非常危险。

④ 如面罩和脸部不密封，必须重新调整至密封后才能继续使用。有胡须会影响气密性，头发夹在面罩中会影响气密性。不必将面罩头带拉得太紧，这会使人感到不适。天气较冷时，面罩刚带上可能有气雾在透镜上，只要将供气阀连接上呼吸时，气雾会消失。

⑤ 进入危险区域作业，必须两人以上，相互照应。如有条件，再有一人监护最好。工作过程中时刻关注压力表变化，当气瓶压力下降至 5～6MPa 时，残气报警器发出 90dB 的连续声响，提醒使用人员气源将用完，应立即撤出危险区域。警报响起后预计可以再使用 5～8min。

⑥ 使用中如果感觉呼吸阻力增大，呼吸困难，发现头晕等不适现象，以及其他不明原因时，应及时撤离现场。

⑦ 危险区域内，任何情况下严禁摘下面罩。在危险区域或未到达安全区域时，不能卸下设备（取下面罩）。

2. 防毒面具的使用

防毒面具用于逃生，一般有两种类型。第一种类似自持性呼吸器，但它提供空气的时间很有限（通常 5min），可使人员到达安全处所或逃到无污染区。这种呼吸器由头部面罩或头盔以及气瓶组成，用皮带携带比较方便。第二种防毒面具是一种空气净化装置，依赖于过滤或吸收罐提供可呼吸空气。它与军事中的防毒面具类似，只针对专门气体才有效，要求环境中有足够的氧气供应急人员呼吸（极限情况为 16%）。这种装置只有在氧气浓度至少为 19.5%、有毒浓度在 0.1%～2% 之间时才适用。此外，这种防毒面具在过滤器的活化物质吸收饱和时就失效了，而且，过滤器中的活化物质会由于长时间放置而失效，因此要求定期保养维修。这种防毒面具的优点是穿戴时间短、简便。防毒面具如图 7-15 所示。

（1）防毒面具构造

① 橡胶面具　橡胶全面罩，用于保护眼睛、皮肤免除各种刺激性毒气伤害，一般有 1～4 个型号。

② 导气管　是连接面罩和滤毒罐的呼吸软管，内径 30mm，长约 50cm。

③ 滤毒罐　各型滤毒罐中间充填物均为特制的活性炭，上下两端分别为干燥剂、纱

图 7-15 防毒面具

布、隔板、弹簧。其滤毒作用主要是各种有毒气体进入罐内被活性炭吸附，使有毒气体净化为清净气体后吸入人体，唯独 5 型防一氧化碳的滤毒罐中间为催化剂（氧化剂），其他构造相同。

④ 专用背包 是放置滤毒罐和面具的专用包，底下有通气孔及纱层，可防止粉尘等堵塞滤毒罐而使吸气阻力增大。

（2）防毒面具的使用方法

① 连接防毒面具 旋下罐盖，将滤毒罐接在面罩下面，取下滤毒罐底部进气孔的橡皮塞。

② 使用前要先检查全套面具的气密性 方法是：将面罩和滤毒罐连接好，戴好防毒面具，用手或橡皮塞堵住滤毒罐进气孔，深呼吸，如没有空气进入，则此套面具气密性较好，可以使用。否则应修理或更换。

③ 佩戴时如闻到毒气微弱气味，应立即离开有毒区域。

④ 有毒区域的氧气占空气体积的 18％ 以下、有毒气体占总体积 2％ 以上的地方，各型滤毒罐都不能起到防护作用。滤毒罐分为大、中、小三种形式，分别适用于毒气体积浓度不大于 2％、1％ 和 0.5％ 的场合。当浓度小于 0.3％ 时，也可选用滤毒盒。不论哪种滤毒罐，都必须在氧气含量大于 18％ 的时候才能使用。所以，在阴沟、地窖、井下或车间内进行化学救援作业时，都必须使用专用的长管送风面具、隔绝式空气面具或空气（氧气）呼吸器。防毒口罩只能用于毒气传播区的人员疏散。

⑤ 每次使用后应将滤毒罐上部的螺帽盖拧上，并塞上橡皮塞后储存，以免内部受潮。

⑥ 滤毒罐应储存于干燥、清洁、空气流通的库房环境，严防潮湿、过热，有效期为 5 年，超过 5 年应重新鉴定。

（3）使用注意事项

① 根据产品的要求进行组装，保持连接部位密闭不漏气，使用时根据头型的大小选择合适的面罩。

② 佩戴时必须先将滤毒罐底部的进气口打开，使呼吸畅通，否则会出现窒息事故，威胁人身安全。使用中应注意滤毒罐是否失效，如闻到异样气味（毒剂味），发现滤毒罐增重或作业时间过长，应引起警惕。

③ 检查气密性，简便的方法是：使用者佩戴好面具，用手将滤毒罐进气口堵住，做几次深呼吸，如感觉憋气、呼吸困难，说明这套面具气密性良好。

④ 在进入毒区前，必须弄清楚作业现场毒剂性质和浓度，否则禁止使用。滤毒罐只适用于氧含量大于 19.5％、小于 23.5％，有毒气体浓度小于 2％ 的场所。

⑤ 各种型号的滤毒罐只能防护与其相适应的各种有毒气体和蒸气，使用时务必要核对清楚并控制使用时间，千万不可粗心大意（有的公司规定：滤毒罐自出厂之日起，使用保管期为 4 年，超过 4 年为失效）。

⑥ 滤毒罐型号、色别、保护范围及罐内药剂，如表 7-6 所示。

表 7-6 滤毒罐型号、色别、保护范围及罐内药剂

型号	颜色	防护范围	罐内药剂
1L	绿+白	氢氰酸及其衍生物、砷化物、光气、毒烟毒雾	活性炭
2	草绿	氢氰酸及砷生物、各种有机蒸气	活性炭
3	褐	各种有机气体和蒸气	活性炭
4	灰	氨、硫化氢	少许锌盐和过氧化锰浸过的活性炭
5	白	一氧化碳	一层是活性炭,二层是氧化铜、氧化锰与其他金属氧化物
7	黄	各种酸性气体和蒸气	用碱金属酸盐浸过的活性炭

⑦ 过滤式防毒面具由于受到氧含量、有毒气体浓度的限制,在发生泄漏、环境污染事故时,不能佩戴它去检测氧含量、有毒气体浓度,更不能佩戴此面具去抢救中毒病人。因此,要求事故柜内的过滤式防毒面具只限于在发现泄漏、污染环境事故时逃生使用,不得用于抢救中毒病人、抢险、抢修、处置装置泄漏作业。

三、头部防护

头部防护用品是为防御头部不受外来物体打击和其他因素危害而配备的个人防护装备。根据防护功能要求,主要有安全帽、防护头罩(防尘帽、防水帽、防寒帽、防静电帽、防高温帽、防电磁辐射帽、防昆虫帽等)、一般防护帽(工作帽)。

1. 安全帽

安全帽的作用在于:防止物体打击伤害;防止高处坠落伤害头部;防止机械性损伤;防止污染毛发伤害。安全帽属于特种劳动防护用品,必须符合国家强制性标准《安全帽》(GB/T 2811—2007)。选择安全帽时,必须选择符合国家标准、标志齐全、经检验合格的产品,具有安全标志、安全鉴定证和生产许可证。它可以在以下几种情况下保护人的头部不受伤害或降低头部伤害的程度:

① 飞来或坠落下来的物体击向头部时;
② 当作业人员从 2m 及以上的高处坠落下来时;
③ 当头部有可能触电时;
④ 在低矮的部位行走或作业,头部有可能碰撞到尖锐、坚硬的物体时。
安全帽的结构如图 7-16 所示。

图 7-16 安全帽结构

安全帽的佩戴使用要符合规定,如果佩戴和使用不正确,就起不到充分的防护作用。
① 使用安全帽时,首先要选择与自己头形适合的安全帽。
② 佩戴安全帽前,要仔细检查合格证、使用说明、使用期限,并调整帽衬尺寸。

③ 帽衬顶端与帽壳内顶之间必须保持 20～50mm 的空间，至少不要小于 32mm 为好。有了这个空间，才能形成一个能量吸收系统，使遭受的冲击力分布在头盖骨的整个面积上，减轻对头部的伤害。

④ 必须戴正安全帽，如果戴歪了，一旦头部受到物体打击，就不能减轻对头部的伤害。

⑤ 必须系好下颚带。如果没有系好下颚带，一旦发生坠落或物体打击，安全帽就会离开头部，这样起不到保护作用，或达不到最佳效果。

⑥ 安全帽在使用过程中会逐渐损坏，要经常进行外观检查。如果发现帽壳与帽衬有异常损伤、裂痕等现象，或水平垂直间距达不到标准要求的，就不能再使用，而应当更换新的安全帽。

⑦ 不能随意对安全帽进行拆卸或添加附件，以免影响其原有的防护性能。佩戴一定要戴正、戴牢，不能晃动，调节好后箍，以防安全帽脱落。

⑧ 安全帽如果较长时间不用，则需存放在干燥通风的地方，远离热源，不受日光的直射。

⑨ 安全帽的使用期限：塑料的不超过 2.5 年，玻璃钢的不超过 3 年，具体使用期限参考产品使用说明。到期的安全帽要进行检验测试，符合要求方能继续使用，或淘汰更新。

还有一点需要注意，安全帽只要受过一次强力的撞击，就无法再次有效吸收外力，有时尽管外表上看不到任何损伤，但是内部已经遭到损伤，不能继续使用。

2. 工作帽

工作帽又叫护发帽，主要是对头部，特别是对头发起到保护作用。它可以保护头发不受灰尘、油烟和其他环境因素的污染，也可以避免头发被卷入到转动的传动带或滚轴里，还可以起到防止异物进入颈部的作用。

3. 防护头罩

防护头罩是使头部免受火焰、腐蚀性烟雾、粉尘以及恶劣气候伤害的个人防护装备，如图 7-17 所示。

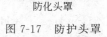

防毒头罩　　　　　　　防化头罩　　　　　　　耐高温头罩

图 7-17　防护头罩

四、眼面部防护

眼面部防护用品是预防烟雾、尘粒、金属火花和飞屑、热、电磁辐射、激光、化学飞溅物等因素伤害眼睛或面部的个人防护用品。眼面部防护用品种类很多，根据防护功能，大致可分为防尘、防水、防冲击、防高温、防电磁辐射、防射线、防化学飞溅、防风沙、防强光类，如图 7-18 所示。

目前我国普遍生产和使用的主要有焊接护目镜和面罩、炉窑护目镜和面罩、防冲击眼护具、微波防护镜、X 射线防护镜、尘毒防护镜等类别。

标准单用型防护面罩　　炼钢用防热头罩　　配帽防护面罩　　涂铝头盔　　耐高温面罩

图 7-18　眼面部防护用品

五、皮肤（躯干）防护

1. 躯干防护用品

躯干防护用品就是通常讲的防护服。根据防护功能，防护服一般分为防化服、防火服、防寒服、防砸背心、防毒服、阻燃服、防静电服、防高温服、防电磁辐射服、耐酸碱服、防油服、水上救生衣、防昆虫服、防风沙服 14 类，每一类又可根据具体防护要求或材料分为不同品种。

（1）防化服　消防防化服（Fire-fighting Anti-chemical Clothes）是消防员防护服装之一，它是消防员在有危险性化学物品和腐蚀性物质的火场和事故现场进行灭火战斗和抢险救援时，为保护自身免遭化学危险品或腐蚀性物质的侵害而穿着的防护服装。有关国家标准和行业标准包括《消防员化学防护服装》（GA770—2008）、《防护服装——化学防护服通用技术要求》（GB 24539—2009）、《防护服装酸碱类化学品防护服》（GB 24540—2009）。军用标准包括《隔绝式防毒衣通用规范》（GJB 2063—1994）、《FFY03 型防毒衣规范》（GJB 1971—1994）、《含碳透气防毒服通用规范》（GJB 1750—1993）。

① 半封闭防化服（轻型防化服、简易防化服）。利用特殊研制的纤维制造，既可以防护各种化学物质，又能提供阻燃性，足以维持甚至改善热防护服的效用。适用于防护危险化学品，并且已经通过相应的 CE 标准和渗透喷溅（类型 4）的测试，符合防静电 EN1149.1 标准。通常应用于炼钢厂、石油化工厂、电信、航空、紧急医疗部门、化工厂。

轻型防化服由于织物的独特性，是防护性、耐用性及舒适性最完美的组合。材料本身具有防护性，而并非通过覆膜，覆膜产品的防护性由于刮擦，容易被破坏掉；低脱屑，防静电；可以防护有害物质，保护工人；并且可以保护敏感产品和生产过程，避免遭受来自人体的污染。

② 全密封防化服是消防员进入化学危险物品或腐蚀性物品火灾或事故现场，以及有毒、有害气体或事故现场，寻找火源或事故点，抢救遇难人员，进行灭火战斗和抢险救援时穿着的防护服装。

防酸渗透性能（80％H_2SO_4、60％HNO_3、30％HCl）：60min 不渗透。

防碱渗透性能（6.1mol/L NaOH）：60min 不渗透。

阻燃性能：有焰燃烧时间≤2s；无焰燃烧时间≤10s。

损毁长度≤10cm（无熔融、滴落现象）。

③ 重型防化服。消防防化服采用经阻燃层处理的锦丝绸布，双面涂覆阻燃防化面胶，制成遇火只产生碳化，不产生熔滴，又能保持良好强度的胶布作为主材，经贴合-缝制贴条工艺制成服装主体和手套，并配以阻燃、防化、耐电压、抗刺穿靴构成。使用前，检查以确保内置呼吸器正常工作。将保护服完全打开，固定并调整内置呼吸器。先穿底部，再穿袖子，接着穿头部。调整面罩，将内置呼吸器软管连于面罩连接器，并打开阀门。将防护服完全关闭（头部和背部）。

（2）防火服 防火服也称为防火工作服，是消防员及高温作业人员近火作业时穿着的防护服装，用来对其上下躯干、头部、手部和脚部进行隔热防护，包括防火上衣、防火裤、防火头套、防火手套以及防火脚套。具有防火、隔热、耐磨、耐折、阻燃、反辐射热等特性，反辐射热温度高达1000℃。

防火服由阻燃纤维织物与真空镀铝膜的复合材料制作而成，不含石棉，具有密度小、强度高、阻燃、耐高温、抗热辐射、防水、耐磨、耐折、对人体无害等优点，能有效地保障消防队员、高温场所作业人员接近热源而不被酷热、火焰、蒸气灼伤。防火服由外层、隔热层、舒适层等多层织物复合而成，这种组合部分的材料可允许制成单层或多层。隔热服外层应采用具有反射辐射热的金属铝箔表面材料，并能满足基本服装制作工艺要求和辅料相对应标准的性能要求。

防火工作服分为7类。7套阻燃防火服包括消防战斗服、抢险救援服、消防防蜂服、防电弧阻燃服、消防防化服、消防隔热服、消防避火服。每套的功用完全不一样，在出警过程中，消防官兵将根据不同类型的险情，选择功能不同的作战服实施救援。如银白色的"消防隔热服"，主要用于扑救辐射热较强的石油火灾，可以隔绝高达800℃的高温；而军绿色的"消防避火服"，主要是隔绝火焰，利于队员在短时间内进入火焰燃烧区域进行救人。此外，还有用于防化、绝缘及摘取蜂窝时所穿戴的各式作战服。

2. 护肤用品

护肤用品用于防止皮肤（主要是面、手等外露部分）免受化学、物理等因素危害的个体防护用品。按照防护功能，护肤用品分为防毒、防腐、防射线、防油漆及其他类。

六、手足部防护

1. 手部防护用品

手部防护用品是具有保护手和手臂功能的个体防护用品，通常称为劳动防护手套。

手部防护用品按照防护功能分为12类，即一般防护手套、防水手套、防寒手套、防毒手套、防静电手套、防高温手套、防X射线手套、防酸碱手套、防油手套、防震手套、防切割手套、绝缘手套。每类手套按照材料又能分为许多种。

2. 足部防护用品

足部防护用品是防止生产过程中有害物质和能量损伤劳动者足部的护具，通常称为劳动防护鞋。

足部防护用品按照防护功能分为防尘鞋、防水鞋、防寒鞋、防足趾鞋、防静电鞋、防高温鞋、防酸碱鞋、防油鞋、防烫脚鞋、防滑鞋、防刺穿鞋、电绝缘鞋、防震鞋13类，每类鞋根据材质不同又能分为许多种。

第五节 泄漏事故的现场处置

危险化学品事故的发生多与泄漏有关，而流体危险化学品事故引发的直接祸根就是泄漏。当危险化学品介质从其储存的设备、输送的管道及盛装的器皿中外泄时，极易引发中毒、火灾、爆炸及环境污染事故。

一、泄漏形式

泄漏是一种常见的现象，无处不在。泄漏所发生的部位是相当广泛的，几乎涉及所有的流体输送与储存的物体。泄漏的形式和种类也是多种多样的，而按照人们的习惯称法多为：漏气、漏汽、漏水、漏油、漏酸、漏碱；法兰漏、阀门漏、油箱漏、水箱漏、管道漏、三通漏、弯头漏、四通漏、变径漏、焊缝漏、轴封漏、反应器漏、换热器漏、填料漏、船漏、车漏、管漏等。跑、冒、滴、漏是人们对各种泄漏形式的一种通俗说法，其实质就是泄漏，涵盖气体泄漏和液体泄漏。

（1）按泄漏量分类　液态介质可分为无泄漏、渗漏、滴漏、重漏、流淌5级。

① 无泄漏。检测不出有泄漏为准。

② 渗漏。一种轻微泄漏，表面有明显的介质渗漏痕迹，像渗出的汗水一样，故又称为渗汗。擦掉痕迹，几分钟后又出现渗漏痕迹。

③ 滴漏。介质漏成水球状，缓慢地流下或滴下，擦掉痕迹，5min后再现水球状渗漏。

④ 重漏。介质泄漏较重，连续成水珠状流下或滴下，但未达到流淌程度。

⑤ 流淌。介质泄漏严重，介质喷涌不断，成线状流淌。

气态介质可分为无泄漏、渗漏、泄漏、重漏4级。

① 无泄漏。用小纸条或纤维检查为静止状态，用肥皂水检查无气泡。

② 渗漏。用小纸条检查微微飘动，用肥皂水检查有气泡，用湿的石蕊试纸检验有变色痕迹，有色气态介质可见淡色烟气。

③ 泄漏。用小纸条检查时飞舞，用肥皂水检查气泡成串，用湿的石蕊试纸检验马上变色，有色气态介质明显可见。

④ 重漏。泄漏气体产生噪声，可听见。

（2）按泄漏时间分类　可分为经常性泄漏、间歇性泄漏、突发性泄漏三种。突发性泄漏最危险。

① 经常性泄漏。从安装运行或使用开始就发生的一种泄漏。施工质量、安装维修质量不佳造成。

② 间歇性泄漏。运转或使用一段时间后才发生的泄漏，时漏时停。

③ 突发性泄漏。突然产生的泄漏，危害性很大。往往是由于误操作、超温超压、疲劳破坏和腐蚀等因素所致。

（3）按泄漏机理分类　可分为界面泄漏、渗透泄漏、破坏性泄漏三种。破坏性泄漏危险性最大。

① 界面泄漏。在密封件（垫片、填料）表面和与其接触件的表面之间产生的一种泄漏。

② 渗透泄漏。介质通过密封件（垫片、填料）本体毛细管渗透出来。这种泄漏发生在致密性较差的植物纤维、动物纤维和化学纤维等材料制成的密封件上。

③ 破坏性泄漏。密封件由于急剧磨损、变形、变质、失效等因素，使泄漏间隙增大而造成的一种危险性泄漏。

（4）按泄漏密封部位分类　可分为静密封泄漏、动密封泄漏、关启件泄漏、本体泄漏。其中关启件泄漏最难治理，其次是动密封泄漏。

① 静密封泄漏。无相对运动密封副间的一种泄漏，如法兰、螺纹、箱体、卷口等结合面的泄漏。相对比较好治理，可用带压密封技术处理。

② 动密封泄漏。有相对运动密封副间的一种泄漏，如旋转轴与轴座间、往复杆与填料间、动环与静环间等动密封的泄漏，较难治理。

③ 关启件泄漏。关闭件（如阀瓣、闸板、球体、旋塞、滑块等）与关闭座（阀座、旋塞体等）间的一种泄漏。这种泄漏很难治理。

④ 本体泄漏。壳体、管壁、阀体等材料自身产生的一种泄漏，如砂眼、裂缝等缺陷的泄漏。

（5）按泄漏危害分类　可分为不允许泄漏、允许微漏、允许泄漏。

① 不允许泄漏。是指一种用感觉和一般方法检查不出密封部位有泄漏现象的特殊工况，如高易燃易爆、极度危害、放射性介质及非常重要的部位，是不允许泄漏的。

② 允许微漏。是指允许介质微漏而不至于产生危害的后果。

③ 允许泄漏。是指一定场合下的水和空气类介质存在的泄漏。

（6）按泄漏介质流向分类　可分为向外泄漏、向内泄漏、内部泄漏。内部泄漏最难治理。

① 向外泄漏。介质从内部向外部空间传质的一种现象。

② 向内泄漏。外部空间的物质向受压体内部传质的一种现象，如空气和液体渗入真空设备或容器中。

③ 内部泄漏。密封系统内介质产生传质的一种现象，如阀门在密封系统中关闭后的泄漏。

（7）按泄漏介质分类　可分为漏气、漏汽、漏水、漏油等。

泄漏产生的原因可分为纵向和横向两大类。如设计不良、制造不精、安装不正、操作不当、维修不周，可谓纵向原因。如受压系统内外压差、结合面间隙大小、密封结构形式、密封材料性能不同、介质性能（如温度、腐蚀性、浸润性、辐射性、导热性及介质分子大小等）优劣、内外温度高低及变化、轴与孔偏心距、旋转的线速度、往复次数，润滑状态好坏、震动和冲击的大小等因素的影响，可谓横向原因。

二、泄漏控制技术

泄漏控制技术是指通过控制危险化学品的泄放和渗漏，从根本上消除危险化学品的进一步扩散和流淌的措施和方法。泄漏控制技术应树立"处置泄漏，堵为先"的原则。当危险化学品泄漏时，如果能够采用带压密封技术来消除泄漏，那么就可降低甚至省略事故现场抢险中的隔离、疏散、现场洗消、火灾控制和废弃物处理等环节。

1. 关阀制漏法

管道发生泄漏，泄漏点如处在阀门之后且阀门尚未损坏，可采取关闭输送物料管道阀门、断绝物料源的措施，制止泄漏。但在关闭管道阀门时，必须设开花水枪或喷雾水枪掩护。

如果泄漏部位上游有可以关闭的阀门，应首先关闭该阀门，如关掉一个阀门还不可靠时，可再关一个处于此阀上游的阀门，泄漏自然会消除；如果反应器、换热容器发生泄漏，应考虑关闭进料阀。通过关闭有关阀门、停止作业或通过采取改变工艺流程、物料走副线、局部停车、打循环、减负荷运行等方法控制泄漏源。若泄漏点位于阀门上游，即属于阀前泄漏，这时应根据气象情况，从上风方向逼近泄漏点，实施带压堵漏。

2. 带压堵漏（带压密封技术）

管道、阀门或容器壁发生泄漏，且泄漏点处在阀门以前或阀门损坏，不能关阀止漏时，可使用各种针对性的堵漏器具和方法实施封堵泄漏口，控制泄漏。可以选用的常用堵漏方法如表7-7所示。堵漏抢险一定要在喷雾水枪、泡沫的掩护下进行，堵漏人员要精而少，增加堵漏抢险的安全系数。

表 7-7   可以选用的常用堵漏方法

部位	泄漏形式	方法
罐体	砂眼	螺钉加黏合剂旋进堵漏
	缝隙	使用外封式堵漏袋、电磁式堵漏工具组、粘贴式堵漏密封胶（适用于高压）、潮湿绷带冷凝法或堵漏夹具、金属堵漏锥堵漏
	孔洞	使用各种木楔、堵漏夹具、粘贴式堵漏密封胶（适用于高压）、金属堵漏锥堵漏
	裂口	使用外封式堵漏袋、电磁式堵漏工具组、粘贴式堵漏密封胶（适用于高压）堵漏
管道	砂眼	使用螺钉加黏合剂旋进堵漏
	缝隙	使用外封式堵漏袋、金属封堵套管、电磁式堵漏工具组、潮湿绷带冷凝法或堵漏夹具堵漏
	孔洞	使用各种木楔、堵漏夹具堵漏、粘贴式堵漏密封胶（适用于高压）
	裂口	使用外封式堵漏袋、电磁式堵漏工具组、粘贴式堵漏密封胶（适用于高压）堵漏
阀门	断裂	使用阀门堵漏工具组、注入式堵漏胶、堵漏夹具堵漏
法兰	连接处	使用专用法兰夹具、注入式堵漏胶堵漏

（1）调整消漏法　采用调整操作、调节密封件预紧力或调整零件间相对位置，是一种无须封堵的消除泄漏的方法。

（2）机械堵漏法

① 支撑法。在管道外边设置支撑架，借助工具和密封垫堵住泄漏处的方法，称为支撑法。这种方法适用于较大管道的堵漏，是因无法在本体上固定而采用的一种方法。

② 顶压法。在管道上固定一螺杆直接或间接堵住设备和管道上的泄漏处的方法，称为顶压法。这种方法适用于中低压管道上的砂眼、小洞等漏点的堵漏。

③ 卡箍法。用卡箍（卡子）将密封垫卡死在泄漏处而达到治漏的方法，称为卡箍法。

④ 压盖法。用螺栓将密封垫和压盖紧压在孔洞内面或外面达到治漏的一种方法，称为压盖法。这种方法适用于低压、便于操作管道的堵漏。

⑤ 打包法。用金属密闭腔包住泄漏处，内填充密封填料或在连接处垫有密封垫的方法，称为打包法。

⑥ 上罩法。用金属罩子盖住泄漏而达到堵漏的方法，称为上罩法。

⑦ 胀紧法。堵漏工具随流体入管道内，在内漏部位自动胀大堵住泄漏的方法，称为胀紧法。这种方法较复杂，并配有自动控制机构，用于地下管道或一些难以从外面堵漏的场合。

⑧ 加紧法。液压操纵加紧器夹持泄漏处，使其产生变形而致密，或使密封垫紧贴泄漏处而达到治漏的一种方法，称为加紧法。这种方法适用于螺纹连接处、管接头和管道其他部位的堵漏。

（3）塞孔堵漏法　采用挤瘪、堵塞的简单方法直接固定在泄漏孔洞内，从而达到止漏的一种方法。这种方法实际上是一种简单的机械堵漏法，它特别适用于砂眼和小孔等缺陷的堵漏上。

① 捻缝法。用冲子挤压泄漏点周围金属本体而堵住泄漏的方法，称为捻缝法。这种方法适用于合金钢、碳素钢及碳素钢焊缝，不适合于铸铁、合金钢焊缝等硬脆材料以及腐蚀严重而壁薄的本体。

② 塞楔法。用韧性大的金属、木头、塑料等材料制成的圆锥体楔或扁楔敲入泄漏的孔洞里而止漏的方法，称为塞楔法。这种方法适用于压力不高的泄漏部位的堵漏。

③ 螺塞法。在泄漏的孔洞处钻孔攻丝，然后上紧螺塞和密封垫治漏的方法，称为螺塞法。这种方法适用于本体壁厚而孔洞较大的部位的堵漏。

（4）焊补堵漏法 焊补方法是直接或间接地把泄漏处堵住的一种方法。这种方法适用于焊接性能好、介质温度较高的管道。它不适用于易燃易爆的场合。

① 直焊法。用焊条直接填焊在泄漏处而治漏的方法，称为直焊法。这种方法主要适用于低压管道的堵漏。

② 间焊法。焊缝不直接参与堵漏，而只起着固定压盖和密封件作用的一种方法，称为间焊法。间焊法适用于压力较大、泄漏面广、腐蚀性强、壁薄刚性小等部位的堵漏。

③ 焊包法。把泄漏处包焊在金属腔内而达到治漏的一种方法，称为焊包法。这种方法主要适用于法兰、螺纹处，以及阀门和管道部位的堵漏。

④ 焊罩法。用罩体金属盖在泄漏部位上，采用焊接固定后得以治漏的方法。适用于较大缺陷的堵漏部位。如果必要，可在罩上设置引流装置。

⑤ 逆焊法。利用焊缝收缩的原理，将泄漏裂缝分段逆向逐一焊补，使其裂缝收缩不漏，有利焊道形成的堵漏方法，简称逆焊法，也叫做分段逆向焊法。这种方法适用于低中压管道的堵漏。

（5）粘补堵漏法 利用胶黏剂直接或间接堵住管道上泄漏处的方法。这种方法适用于不宜动火以及其他方法难以堵漏的部位。胶黏剂堵漏的温度和压力与它的性能、填料及固定形式等因素有关，一般耐温性能较差。

① 粘接法。用胶黏剂直接填补泄漏处或涂敷在螺纹处进行粘接堵漏的方法，称为粘接法。这种方法适用于压力不高或真空管道上的堵漏。

② 粘贴法。用胶黏剂涂敷的膜、带和薄软板压贴在泄漏部位而治漏的方法，称为粘贴法。这种方法适用于真空管道和压力很低的部位的堵漏。

③ 粘压法。用顶、压等方法把零件、板料、钉类、楔塞与胶黏剂堵住泄漏处，或让胶黏剂固化后拆卸顶压工具的堵漏方法。这种方法适用于各种粘堵部位，其应用范围受到温度和固化时间的限制。

④ 缠绕法。用胶黏剂涂敷在泄漏部位和缠绕带而堵住泄漏的方法，称为缠绕法。此方法可用钢带、铁丝加强。它适用于管道的堵漏，特别是松散组织、腐蚀严重的部位。

（6）胶堵密封法 使用密封胶（广义）堵在泄漏处而形成一层新的密封层的方法。这种方法效果有限，适用面广，可用于管道的内外堵漏，适用于高压高温、易燃易爆部位。

① 渗透法。用稀释的密封胶液混入介质中或涂敷表面，借用介质压力或外加压力将其渗透到泄漏部位，达到阻漏效果的方法，称为渗透法。这种方法适用于砂眼、松散组织、夹碴、裂缝等部位的内部堵漏。

② 内涂法。将密封机构放入管内移动，能自动地向漏处射出密封剂，这称为内涂法。这种方法复杂，适用于地下、水下管道等难以从外面堵漏的部位。因为是内涂，所以效果较好，无须夹具。

③ 外涂法。用厌氧密封胶、液体密封胶外涂在缝隙、螺纹、孔洞处密封而止漏的方法，称为外涂法。也可用螺帽、玻璃纤维布等物固定，适用于在压力不高的场合或真空管道的堵漏。

④ 强注法。在泄漏处预制密封腔或泄漏处本身具备密封腔，将密封胶料强力注入密封腔内，并迅速固化成新的填料而堵住泄漏部位的方法，称为强注法。此方法适用于难以堵漏的高压高温、易燃易爆等部位。

（7）改道法（改换密封法） 在管道或设备上用接管机带压接出一段新管线，代替泄漏的、腐蚀严重的、堵塞的旧管线，这种方法称为改道法。此法多用于低压管道。

（8）其他堵漏法

① 磁压法。利用磁钢的磁力将置于泄漏处的密封胶、胶黏剂、垫片压紧而堵漏的方法，称为磁压法。这种方法适用于表面平坦、压力不大的砂眼、夹碴、松散组织等部位的堵漏。

② 冷冻法。在泄漏处适当降低温度，致使泄漏处内外的介质冻结成固体而堵住泄漏的方法，称为冷冻法。这种方法适用于低压状态下的水溶液以及油介质。

③ 凝固法。利用压入管道中某些物质或利用介质本身，从泄漏处漏出后，遇到空气或某些物质即能凝固而堵住泄漏的一种方法，称为凝固法。某些热介质泄漏后析出晶体或成固体能起到堵漏的作用，同属凝固法的范畴。这种方法适用于低压介质的泄漏。如适当制作收集泄漏介质的密封腔，效果会更好。

（9）综合治漏法。综合以上各种方法，根据工况条件、加工能力、现场情况，合理地组合上述两种或多种堵漏方法，称作综合性治漏法。如先塞楔子，后粘接，最后由机械固定；先焊固定架，后用密封胶，最后机械顶压等。

3. 倒罐

当采用上述的关阀断料、堵漏封口（带压密封技术）等堵漏方法不能制止储罐、容器或装置泄漏时，可采取疏导的方法，通过输送设备和管道将泄漏设备内部的液体倒入其他容器、储罐中，以控制泄漏量和配合其他处置措施的实施。常用的倒罐方法有 4 种：压缩机倒罐、烃泵倒罐、压缩气体倒罐、静压差倒罐。

（1）压缩机倒罐　利用压缩机倒罐就是将两装置液相管接通，事故装置的气相管接到压缩机出口管路上，将安全装置的气相管路接到压缩机的入口管路上，用压缩机来抽吸安全装置的气相压力，经压缩送入事故装置，这样在两装置之间压力差的作用下，将泄漏液体由事故装置倒入安全装置。

该方法的优点：效率高，速度快。缺点：压力的增大，会增加事故罐的泄漏量；在寒冷地区，液化石油气的饱和蒸气压可降到 0.05～0.2MPa 左右，且储罐内的液化石油气单位时间内的气体量较少，很容易造成气化量满足不了压缩机吸入量的要求，使压缩机无法工作，需要附加加热增压设备来提高储罐内压力，使压缩机倒罐正常进行。

注意事项：

① 事故装置与安全装置间的压力差应保持在 0.2～0.3MPa 范围内，为加快倒罐作业，可同时启动两台压缩机；

② 应密切注意事故装置的压力及液面变化，不宜使事故装置的压力过低，一般应保持在 147～196kPa，以免空气渗入，在装置内形成爆炸性混合气体；

③ 在开机前应用惰性气体对压缩机气缸及管路中的空气进行置换。

（2）烃泵倒罐　该方法是将两装置的气相管相连通，事故装置的出液管接在烃泵的入口，安全装置的进液管接在烃泵的出口，将液态的液化石油气由事故装置导入安全装置。

该方法的优点：工艺流程简单，操作方便，能耗小。缺点：必须保持烃泵入口管路上有一定的静压头，以避免液态石油气发生气化。事故装置内的压力及液位差应使烃泵能被液化石油气气体充满，这就使得该方法受到一定的限制，如颠覆于低洼地带的液化石油气槽车，就无法保证静压头。当事故装置内压力低于 0.75MPa 时，就必须与压缩机联用，提高事故装置内气相压力，以保证入口管路上足够的静压头。

注意事项：

① 烃泵的入口管路长度不应大于 5m，且呈水平略有下倾地与泵体连接，以保证入口管

路有足够的静压头，避免发生气阻和抽空；

② 液化石油气液相管道上任何一点的温度不得高于相应管道内饱和压力下的饱和温度，以防止液化石油气在管道内产生气体沸腾现象，造成"气塞"，使烃泵空转；

③ 气、液相软管接通后，应先排净管内空气，并防止空气进入管路系统，软管拆卸时应先泄压，避免造成事故；

④ 根据事故装置的具体情况，确定适合型号的烃泵，以保证烃泵的扬程能满足液体输送压力、高度及管路阻力的要求。

（3）压缩气体倒罐　压缩气体倒罐就是将甲烷、氮气、二氧化碳等压缩气体或其他与液化石油气混合后不会引起爆炸的不凝、不溶的高压惰性气体送入准备倒罐的事故装置中，使其与安全装置间产生一定的压差，从而将液化石油气从事故装置中导入安全装置中。

该方法的优点：工艺流程简单，操作方便。缺点：液化石油气损失较大。

注意事项：

① 压缩气瓶的压力导入事故装置前应减压，进入容器的压缩气体压力应低于容器的设计压力；

② 压缩气瓶出口的压力一般控制在比事故装置内液化石油气饱和蒸气压高 1～2MPa 范围内。

（4）静压差倒罐　静压差倒罐的原理是将事故装置和安全装置的气、液相管相连通，利用两容器间的位置高低之差产生的静压差，使液化石油气从事故装置中导入安全装置中。

该方法的优点：工艺流程简单，操作方便。缺点：速度慢，两容器间容易达到压力平衡，倒罐不完全。

注意事项：必须保证两装置间有足够的位置高度差才能采用此方法倒罐，一般在两装置温度差别不大（即两者饱和蒸气压近似）时，两装置间高度差不应小于 15～20m。

4. 转移

如果储罐、容器、管道内的液体泄漏严重而又无法堵漏或倒罐时，应及时将事故装置转移到安全地点处置，尽可能减少泄漏的量。首先应在事故点周围的安全区域修建围堤或处置地，然后将事故装置及内部的液体导入围堤或处置地内，再根据泄漏液体的性质采用相应的处置方法。

对油罐车的处理要加强保护。在吊起油罐车时，一定与吊车司机紧密配合，用水枪冲洗钢丝绳与车体的摩擦部位，防止打出火花，用泡沫覆盖车体的其他部位。在油罐事故车拖离现场时，用泡沫对油罐车进行覆盖，并派消防车跟随，防止托运中发生问题。

5. 点燃

当无法有效地实施堵漏或倒罐处置时，可采取点燃措施，使泄漏出的可燃性气体或挥发性的可燃液体在外来引火物的作用下形成稳定燃烧，控制其泄漏，减低或消除泄漏毒气的毒害程度和范围，避免易燃和有毒气体扩散后达到爆炸极限而引发燃烧爆炸事故。点燃之前，要做好充分的准备工作，撤离无关人员，担任掩护和冷却等任务的人员要到达指定位置，检测泄漏点周围已无高浓度可燃气。点火时，处置人员应在上风向，穿好避火服，使用安全的点火工具操作，如点火棒（长杆）、电打火器等。

三、泄漏物处置技术

泄漏物处置技术是指采取筑堤围堵与挖掘沟槽、稀释与覆盖、收容（集）、固化、低温冷却、废弃等方法，及时对现场泄漏物进行处理，使泄漏物得到安全可靠的处置，防止二次事故的发生。

1. 围堤堵截和挖掘沟槽

修筑围堤是控制陆地上的液体泄漏物最常用的收容方法。常用的围堤有环形、直线形、V形等。通常根据泄漏物流动情况修筑围堤，拦截泄漏物。如果泄漏发生在平地上，则在泄漏点的周围修筑环形堤。如果泄漏发生在斜坡上，则在泄漏物流动的下方修筑V形堤。储罐区发生液体泄漏时，要及时关闭雨水阀，防止物料沿明沟外流。对于无法移动装置的泄漏，则在事故装置周围修筑围堤或修建处置池。

挖掘沟槽也是控制陆地上液体泄漏物的常用收容方法。通常根据泄漏物的流动情况挖掘沟槽，收容泄漏物。如果泄漏物沿一个方向流动，则在其流动的下方挖掘沟槽。如果泄漏物是四散而流，则在泄漏点周围挖掘环形沟槽。

修围堤堵截和挖掘沟槽收容泄漏物的关键，除了它们本身的特性外，就是确定围堤堵截和挖掘沟槽的地点。这个点既要离泄漏点足够远，保证有足够的时间在泄漏物到达前修挖好，又要避免离泄漏点太远，使污染区域扩大，带来更大的损失。如果泄漏物是易燃物，操作时要特别小心，避免发生火灾。

2. 稀释与覆盖

为减少大气污染，通常是采用水枪或消防水带向有害物蒸气云喷射雾状水，加速气体向高空扩散，使其在安全地带扩散。在使用这一技术时，将产生大量的被污染水，因此应疏通污水排放系统。

对于可燃物，也可以在现场施放大量水蒸气或氮气，破坏燃烧条件。对于液体泄漏，为降低物料向大气中的蒸发速度，可用泡沫或其他覆盖物品覆盖外泄的物料，在其表面形成覆盖层，抑制其蒸发，降低泄漏物对大气的危害和泄漏物的燃烧性。泡沫覆盖必须和其他的收容措施如围堤、沟槽等配合使用。通常泡沫覆盖只适用于陆地泄漏物。选用的泡沫必须与泄漏物相容，实际应用时，要根据泄漏物的特性选择合适的泡沫。常用的普通泡沫只适用于无极性和基本上呈中性的物质；对于低沸点，与水发生反应，具有强腐蚀性、放射性或爆炸性的物质，只能使用专用泡沫；对于极性物质，只能使用属于硅酸盐类的抗醇泡沫；用纯柠檬果胶配制的果胶泡沫对许多有极性和无极性的化合物均有效。对于所有类型的泡沫，使用时建议每隔30~60min再覆盖一次，以便有效地抑制泄漏物的挥发。如果需要，这个过程可能一直持续到泄漏物处理完。

3. 收容（集）

对于大量液体泄漏，可选择用隔膜泵将泄漏出的物料抽入容器内或槽车内，再进行其他处理。当泄漏量小时，可用沙子、吸附材料、中和材料等吸收中和。所有的陆地泄漏和某些有机物的水中泄漏都可用吸附法处理。吸附法处理泄漏物的关键是选择合适的吸附剂。常用的吸附剂有活性炭、天然有机吸附剂、天然无机吸附剂、合成吸附剂。中和，即酸和碱的相互反应，反应产物是水和盐，有时是二氧化碳气体。现场应用中和法要求最终pH值控制在6~9之间，反应期间必须监测pH值变化。只有酸性有害物和碱性有害物才能用中和法处理。对于泄入水体的酸、碱或泄入水体后能生成酸、碱的物质，也可考虑用中和法处理。对于陆地泄漏物，如果反应能控制，常常用强酸、强碱中和，这样比较经济；对于水体泄漏物，建议使用弱酸、弱碱中和。常用的弱酸有醋酸、磷酸二氢钠，有时可用气态二氧化碳。磷酸二氢钠几乎能用于所有的碱泄漏，当氨泄入水中时，可以用气态二氧化碳处理。

常用的强碱有碳酸氢钠水溶液、碳酸钠水溶液、氢氧化钠水溶液。这些物质也可用来中和泄漏的氯。有时也用石灰、固体碳酸钠、苏打灰中和酸性泄漏物。常用的弱碱有碳酸氢钠、碳酸钠和碳酸钙。碳酸氢钠是缓冲盐，即使过量，反应后的 pH 值也只是 8.3。碳酸钙溶于水后，碱性和氢氧化钠一样强，若过量，pH 值可达 11.4。碳酸钙与酸的反应速度虽然比钠盐慢，但因其不向环境加入任何毒性元素，反应后的最终 pH 值总是低于 9.4 而被广泛采用。

对于水体泄漏物，如果中和过程中可能产生金属离子，必须用沉淀剂清除。中和反应常常是剧烈的，由于放热和生成气体会产生沸腾和飞溅，所以应急人员必须穿防酸碱工作服、戴防烟雾呼吸器。可以通过降低反应温度和稀释反应物来控制飞溅。如果非常弱的酸和非常弱的碱泄入水体，pH 值能维持在 6~9 之间，建议不使用中和法处理。

现场使用中和法处理泄漏物受下列因素限制：泄漏物的量、中和反应的剧烈程度、反应生成潜在有毒气体的可能性、溶液的最终 pH 值能否控制在要求范围内。

4. 固化

通过加入能与泄漏物发生化学反应的固化剂或稳定剂，使泄漏物转化成稳定形式，以便于处理、运输和处置。有的泄漏物变成稳定形式后，由原来的有害变成了无害，可原地堆放，不需进一步处理；有的泄漏物变成稳定形式后仍然有害，必须运至废物处理场所进一步处理或在专用废弃场所掩埋。常用的固化剂有水泥、凝胶、石灰。

（1）水泥固化　通常使用普通硅酸盐水泥固化泄漏物。对于含高浓度重金属的场合，使用水泥固化非常有效。许多化合物会干扰固化过程，如锤、锡、铜和铅等的可溶性盐类，会延长凝固时间，并大大降低其物理强度，特别是高浓度硫酸盐对水泥有不利的影响，有高浓度硫酸盐存在的场合一般使用低铝水泥。酸性泄漏物固化前应先中和，避免浪费更多的水泥。相对不溶的金属氢氧化物，固化前必须防止溶性金属从固体产物中析出。

（2）凝胶固化　凝胶是由亲液溶胶和某些增液溶胶通过胶凝作用而形成的冻状物，没有流动性。可以使泄漏物形成固体凝胶体。形成的凝胶体仍是有害物，需进一步处置。选择凝胶时，最重要的问题是凝胶必须与泄漏物相容。

（3）石灰固化　使用石灰作为固化剂时，加入石灰的同时需加入适量的细粒硬凝性材料，如粉煤灰、研碎了的高炉炉渣或水泥窑灰等。

5. 低温冷却

低温冷却是将冷冻剂散布于整个泄漏物的表面上，减少有害泄漏物的挥发。在许多情况下，冷冻剂不仅能降低有害泄漏物的蒸气压，而且能通过冷冻将泄漏物固定住。影响低温冷却效果的因素有冷冻剂的供应、泄漏物的物理特性及环境因素。

冷冻剂的供应将直接影响冷却效果。喷撒出的冷冻剂不可避免地要向可能的扩散区域分散，并且速度很快，整体挥发速率的降低与冷却效果成正比。泄漏物的物理特性，如当时温度下泄漏物的黏度、蒸气压及挥发率，对冷却效果的影响与其他影响因素相比很小，通常可以忽略不计。环境因素如雨、风、洪水等将干扰、破坏形成的惰性气体膜，严重影响冷却效果。

常用的冷冻剂有二氧化碳、液氮和冰。选用何种冷冻剂取决于冷冻剂对泄漏物的冷却效果和环境因素。应用低温冷却时必须考虑冷冻剂对随后采取的处理措施的影响。

6. 废弃

将收集的泄漏物运至废物处理场所处置。用消防水冲洗剩下的少量物料，冲洗水排入污水系统处理或收集后委托有条件的单位处理。

第六节 事故现场的洗消技术

洗消是消除染毒体和污染区毒性危害的主要措施。洗消是化学事故现场处置中一项必不可少的环节和任务，它直接关系到化学事故应急救援的成败。

一、洗消原则

洗消就是对危险化学品造成污染的消除。洗消应遵循"既要消毒及时、彻底、有效，又要尽可能不损坏染毒物品，尽快恢复其使用价值"的原则，同时要坚持"因地制宜，专业性和群众性洗消相结合"的原则。根据毒物的理化性质、受污染物体的具体情况和器材装备，正确选择相应的洗消剂和洗消方法，将灾害事故的危害降到最低限度，并提高群众的自消自保水平，增强人民群众的自我保护意识。

二、洗消方法

根据有毒有害化学品的分子结构在洗消过程中是否受到破坏与变化，可将洗消方法分为化学洗消法和物理洗消法。

1. 物理洗消法

物理洗消法主要有：利用通风、日晒、雨淋等自然条件使毒物自行蒸发、散失及被水解，使毒物逐渐降低毒性或被逐渐破坏而失去毒性；用水浸泡、蒸、煮沸或直接用大量的水冲洗染毒体；可利用棉纱、纱布等浸以汽油、煤油、酒精等溶剂，将染毒体表面的毒物溶解擦洗掉；对液体及固体污染源采用封闭掩埋或将毒物移走的方法，但掩埋时必须加大量的漂白粉。物理洗消法的优点是处置便利、容易实施。

2. 化学洗消法

化学洗消法是利用洗消剂与毒源或染毒体发生化学反应，生成无毒或很小毒性的产物，它具有消毒彻底、对环境保护较好的特点。然而，要注意洗消剂与毒物的化学反应是否产生新的有毒物质，防止发生次生反应染毒事故。化学洗消实施中需借助器材装备，消耗大量的洗消药剂，成本较高。在实际洗消中，化学与物理的方法一般是同时采用。化学洗消法主要有中和法、催化剂法、氧化法等。为了使洗消剂在化学突发事件中能有效地发挥作用，洗消剂的选择必须符合"洗消速度快，洗消效果彻底，洗消剂用量少，价格便宜，洗消剂本身不会对人员、设备起腐蚀伤害作用"的洗消原则。

(1) 中和法　中和法是利用酸碱中和反应的原理消除毒物。强酸（H_2SO_4、HCl、HNO_3）大量泄漏时，可以用 5%～10%NaOH、Na_2CO_3、$Ca(OH)_2$ 等作为中和洗消剂；也可用氨水，但氨水本身具有刺激性，使用时要注意浓度的控制；反之，若是大量碱性物质泄漏（如氨的泄漏），用酸性物质进行中和，但同样必须控制洗消剂溶液的浓度，否则会引起危害。中和洗消完成后，对残留物仍然需要用大量水冲洗。常见毒物的中和剂如表 7-8 所示。

(2) 氧化还原法　利用洗消剂与毒物发生氧化还原反应，主要针对毒性大且持久的油状液体毒物。这类洗消剂有漂白粉（有效成分是次氯酸钙）、三合二（其性质与漂白粉相似，但漂白粉含次氯酸钙少、杂质多、有效氯低，消毒性能不如三合二，但易制造，价格低廉）等。如氯气钢瓶泄漏，可将泄漏钢瓶置于石灰水槽中，氯气经反应生成氯化钙，可消除氯对人员的伤害和环境污染。也可利用燃烧来破坏毒物的毒性，对价值不大或火烧后仍能使用的设施、物品可采用此法，但可能因毒物挥发造成邻近及下风方向空气污染，所以必须注意妥善采取个人防护。

表 7-8 常见毒物的中和剂

毒气名称	中和剂
氨气	水、弱酸性溶液
氯气	消石灰及其水溶液，苏打等碱性溶液或氨水（10%）
一氧化碳	苏打等碱性溶液
氯化氢	水、苏打等碱性溶液
光气	苏打、氨水，氢氧化钙等碱性溶液
氯甲烷	氨水
液化石油气	大量的水
氰化氢	苏打等碱性溶液
硫化氢	苏打等碱性溶液
氟	水

（3）催化法 利用催化剂把毒物加速转化成无毒物或低毒。一些有毒的农药（包括毒性较大的含磷农药），其水解产物是无毒的，但反应速度很慢，加入某些催化剂可促其水解。不少农药加碱性物质可催化水解，因此碱水或碱溶液可对农药引起的染毒体洗消。

三、洗消的对象

化学事故发生后，消除灾害影响的最有效的方法是洗消。洗消的范围：在救援行动情况许可的情况下，对受污染对象进行全面的洗消；对所有从污染区出来的被救人员进行全面的洗消；对所有从污染区出来的参战人员进行全面的洗消；对所有从污染区出来的车辆和器材装备进行全面的洗消；对整个事故区域进行全面的洗消；还须对参战人员的防化服、战斗服、作训服和使用的防毒设施、检测仪器、设备进行消毒。

1. 对染毒人员和器材的洗消

严格按照洗消程序和标准进行洗消，要达到国家规定的有关标准。洗消的方式有开设固定洗消站和实施机动洗消两种方式。固定洗消站一般设在便于污染对象到达的非污染地点，并尽可能靠近水源，主要是针对染毒数量大，洗消任务繁重时。机动洗消主要是针对需要紧急处理的人员而采取的洗消方法，如利用洗消帐篷对须承担灭火救援任务而被严重污染的人员进行及时洗消，具有灵活、方便的优点。

一般可用大量清洁的热水，常用公众洗消帐篷、战斗员个人洗消帐篷、高压清洗机等专业洗消设备对人员进行洗消。如发生的是严重的化学事故，仅靠普通清水无法达到实施洗消的要求时，可加入消毒剂进行洗消。如果没有消毒剂，也可用肥皂擦身。对人员实施洗消的场所必须是密闭的，有专人负责检测。对人员实施洗消时，应依照伤员—妇幼—老年—青壮年的顺序安排洗消。对染毒车辆器材（包括水带、参战人员的衣服、检测仪器等）的洗消，尤其是车辆的洗消，可用高压清洗机、高压水枪等设施，按自上而下、由里到外、从前到后的顺序清洗，没有专业设备，也可用水或消毒液擦洗、浸泡、冲刷、日光照射等方法实施。洗消完毕的人员和器材装备，检测合格后方可离开，否则，染毒对象需要重新洗消，直到检测合格。

2. 毒源和污染区的洗消

危险化学品灾害事故发生后，要做到及时排除危险物质，不仅需及时组织救援力量对泄漏部位实施堵漏或倒罐转移，而且必须对危险源和污染区实施洗消。对液体泄漏毒物，必须在有毒物质泄漏得到控制后，才能实施洗消。洗消方法的选择，根据毒物性质和现场情况来确定。对事故现场的洗消，有时需反复多次进行，通过检测达到消毒标准，方可停止洗消作业。

四、洗消技术和器材

在洗消时，一般使用大量的、清洁的水或加温后的热水。如果毒性大，应根据毒物的性质选择相应的洗消剂，借助于采用了相应洗消技术的洗消装备和器材实施洗消。部分洗消器材如图 7-19 所示。

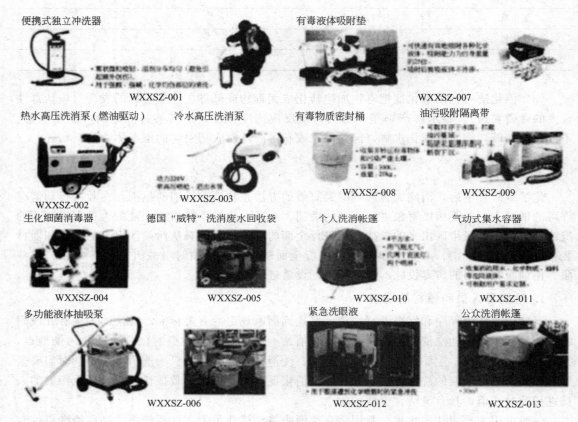

图 7-19   洗消器材图示

1. 洗消技术

洗消技术的发展经历了三个阶段：常温常压喷洒洗消阶段；高温、高压、射流洗消阶段；非水洗消阶段。随着洗消技术的发展，也推动了洗消器材和装备的开发和研究。

（1）常温常压喷洒洗消技术   20 世纪 40 年代以来，传统的洗消技术是以水基、常温常压喷洒技术为主。常温是指洗消装备中除人员、洗消车外无专门加热元件，洗消液接近自然界水温度；常压是指工作压力低，一般为 0.2～0.3MPa；喷洒是指洗消装备中的冲洗力量小，洗消液流量大。这种技术效率低，洗消液用量大，而且低温会导致洗消液严重冻结，进而影响装备效能的发挥。

（2）高温、高压、射流洗消技术   该技术的采用是新一代洗消装备的特征和标志。自

20 世纪 80 年代以来，高温、高压、射流技术在洗消领域得到广泛应用，洗消装备水平得到了极大的提高。高温是指水温 80℃、蒸汽温度 140～200℃、燃气温度 500℃ 以上；高压是指工作压力为 6～7MPa、燃气流速可高达 400m/s，射流包括液体、气体射流和光射流。德国、意大利率先将高温、高压、射流技术应用于水基洗消装备。由于高温、高压、射流洗消装备利用高温和高压形成的射流洗消，产生物理和化学双重洗消效能，因此具有洗消效率高、省时、省力、省洗消剂甚至不用洗消剂等特点，代表了当今洗消装备的国际水平和发展趋势。

（3）非水洗消技术　随着科学技术的发展，各类装备中应用的电子、光学精密仪器、敏感材料逐渐增多。它们一般受温度、湿度影响较大，不耐腐蚀，在受污染的情况下，不能用水基和传统的具有腐蚀性的洗消剂洗消。目前，从整体技术而言，对敏感装备的免水洗消技术尚处于起步阶段。洗消方法主要有热空气洗消法、有机溶剂洗消法和吸附剂洗消法。美国计划在 2020 年前从根本上提高对电子设备、航空电子设备和其他敏感装备的洗消能力。显然，开发新型免水洗消方法、研制免水洗消装备已成为新时期极为紧迫的研究课题。

2. 洗消器材和装备

洗消器材和装备是对染有毒剂、放射性沉降物、生物制剂的人员、武器装备、地面及工事进行消毒和消除沾染所用器材的统称。主要有各种洗消车辆、轻便洗消器和各类洗消剂等。洗消剂是洗消器材的重要组成部分，分为消毒剂和消除剂。前者有漂白粉、氯胺和碱性化合物。后者主要是洗涤剂和络合剂。洗消车辆通常指喷洒车、淋浴车。轻便洗消器材有车辆洗消器和坦克消毒器等。消防部队和化工厂的专职队伍已逐步配置了防化洗消车、化学灾害事故抢险救援车、洗消帐篷、抽污泵、高压清洗机等专业器材装备。

在洗消力量不能满足需要的情况下，可借助一些原本不是专门为洗消研制但可暂时被用来实施洗消的器材，以解决洗消器材的不足。根据所需洗消的范围大小不同，所用洗消剂量多少的差异，可选用下列器材和装备。

① 消防车。主要用于灭火，但需要时可用来喷洒洗消液实施洗消。如水罐消防车，可以喷水，也可以喷射预先配制的洗消液。用泡沫消防车对毒源或污染区实施洗消时，可用泡沫液罐盛放浓度较高的洗消液，经比例混合器与水混合后，通过水枪或水炮喷射染毒区域或染毒地面。干粉消防车是采用化学洗消粉剂对毒源或污染区实施洗消较理想的装备，必要时干粉消防车也可作为洗消供水车使用。利用消防车洗消，可使救援与洗消同步进行，它也可作为对参战消防车进行洗消的工具，对高层建筑物、树木、大面积的染毒区的洗消也非常便利。我国研制生产的遥控消防车，更具有接近染毒区实施洗消的优越性。

② 洒水车。城市中的洒水车在实施洗消时稍加改装后，装入洗消剂就可直接对地面实施洗消。城市中还有一种对马路两旁树木喷射杀虫剂的车辆，配有喷水枪，能将水喷到一定的高度。这种车辆在化学救援消毒中可对染毒树木、染毒建筑物、染毒设备实施消毒。

③ 背负式喷雾器。喷雾器可作为一种小型洗消器材，对污染区和植物染毒物实施洗消。

（1）空气加热机　用途：主要用于洗消帐篷内的供热或送风。性能及组成：电源为 220V/150Hz，有手动控制和恒温器自动控制两种，双出口柴油风机，耗油量 3.65L/h，油箱 51L，工作时间 14h，供热量 35000kcal❶/h，最高风温 95℃，重量 70kg。维护：使用标准燃油，定期检查养护，保证喷嘴清洁。

（2）热水器　用途：主要供给加热洗消帐篷内的用水。性能及组成：主要部件有燃烧

---

❶ 1cal＝4.18J。

器、热交换器、排气系统、电路板和恒温器，可以提供95℃的热水，水的热输出功率在70～110kW之间，水罐分为两档工作，水流量600～3200L/h，升值能力为30℃/3200L/h，供水压力1.2MPa，电源为220V/50Hz，重量148kg。维护：使用后，擦拭热水罐外部、燃油过滤器；每6个月擦拭泵内过滤器和用酸性不含树脂的润滑油擦拭燃烧器电机一次。每使用200次后，对点火器喷嘴进行例行保养，检查是否积炭，并擦拭干净。

（3）公众洗消帐篷　用途：主要用于化学灾害救援中人员洗消。性能及组成：高2.8m，长10.3m，宽5.6m，面积60m²，一个帐篷袋包括一个运输包（内有帐篷、撑杆）和一个附件箱（内有一个帐篷包装袋、一个拉索包、两个修理用包、一个充气支撑装置、一条塑料链和一个脚踏打气筒），帐篷内有喷淋间、更衣间等场所。维护：每次使用后必须清洗干净，擦干晾晒后，方能收放。使用时，尽量选择平整且磨损较小的场地搭设，避免帐篷刮划破损。

（4）战斗员个人洗消帐篷　用途：主要用于战斗员洗消。性能及组成：折叠尺寸900mm×600mm×500mm，面积4m²，重量25kg，压缩空气充气，底板可充当洗消槽，并连接有DN45的供水管和排水管。维护：使用后，必须清洗晾晒，方能收放。使用时，尽量选择平整且磨损较小的场地搭设，避免帐篷刮划破损。

（5）高压清洗机　用途：主要用于清洗各种机械、汽车、建筑物、工具上的有毒污渍。性能及组成：由长手柄带高压水管、喷头、开关、进水管、接头、捆绑带、携带手柄喷枪、清洗剂输送管、高压出口等组成，电源启动能喷射高压水流，需要时，可以添加清洗剂。维护：不要使用带有杂质和酸性的液体，所有水管接口保持密封。避免电子元件触水，用后立即关机。

（6）快捷式化学泡沫洗消机　用途：主要用于洗消放射、生物、化学类污染。性能参数：该设备在水流量约为4L/min时喷沫量为8m³/min；一箱洗消液的洗消能力为40m²；一瓶气可供4箱洗消液使用；钢瓶为6L/30MPa；工作压力0.8MPa；最大进气压1.6MPa。

3. 设备清除

在发生危险物质已经泄漏到装置或环境中的事故后，应该把注意力放到在应急行动中受到污染的应急设备的清除上。指导恢复和清除的重要因素是时间，如果过多拖延时间，最后清除的花费将会更高。小范围的设备清除与净化的方法一样，通常用清洗的方法来完成。

大范围设备的清除是一个包含两阶段的操作过程。第一个阶段是去除或降低在大范围面积上的基本水平的污染。这个过程可能由人工清除残骸、使用灭火软水管清洗地面或使用真空吸尘器收集微粒等组成。必须在粗清除后进行，通常以采样来决定下一步。

第二个过程由前面所描述的定位的小范围清除所组成，必须准备收集废液并处理残骸和危险物质。表7-9列出了一些关于大范围的清除方法。在许多情况下，对大范围扩散污染事故将需要外界专业承包商来帮助清除。

表7-9　大范围清除的方法

方法	评论
水洗	水必须收集并且处理。周围没有仍是好的电力设备或绝缘物。用于铺砌过的表面、金属表面和工厂的外墙是有效的；不能用于多孔渗透的表面
真空	从真空管排出来的废气必须要过滤。可应用于开放的表面，和水一样对于清洗铺砌过的表面是十分有效的，对于多孔渗透的和非多孔渗透的表面是非常有效的
中和	必须十分小心来尽量避免受控的反应

续表

方法	评论
吸收/吸附	较大的处理范围。如果物质是不相容的,可能有潜在的反应问题
刮除	较大量的物质需要处理。清除掉没有受到污染的物质。可能产生风刮起灰尘的危害
蒸气清洗	对于非多孔渗透的表面和污染物是非常有效的,废液必须收集起来并处理掉
二氧化碳喷吹	对于大多数非多孔渗透的表面和污染物是非常有效的
高压清洗	对于非多孔渗透的表面和污染物是非常有效的,废液必须收集起来并处理掉
喷砂/磨蚀	对于非多孔渗水的表面是有效的

第八章

事故现场急救方法与技术

当事故发生了，再健全的救援网络、再快的急救运输，在事故现场缺医少药，只有靠受到事故危害的人员自身以及第一目击者在现场采取正确的自救、急救措施，才可能有效减少伤害，把伤病员从死亡线上拉回来。普及"自救急救"常识是非常必要的，它是保障人们生命安全的最好的必要防线之一。

第一节 事故现场自救方法

事故现场自救是指发生事故后，事故单位实施的救援行动以及在事故现场受到事故危害的人员自身采取的保护防御行为。自救是事故现场急救工作最基本、最广泛的救援形式。

一、事故现场自救的基本原则

自救行为的主体是企业及职工本身。由于他们对现场情况最熟悉，反应速度最快，发挥救援的作用最大，事故现场急救工作往往通过自救行为应能得到控制或解决。

非抢险人员应当遵循"安全第一，主动、迅速、镇定、向外、离开事故现场"的基本原则。

自救是为了保全性命，所以应当选择比较安全的方法，尽快离开事故现场。在选择相应的逃生方法时，哪一种安全系数大就选择哪一种。

在自救的过程中，主动比被动好，要采取积极的态度，不要错失良机。如果选择安全逃生，必须要速度快，迅速比迟缓好。事故的发展速度往往相当快，所以一定要行动敏捷。自救的过程中还要镇定，不慌不乱，树立坚定的求生欲望。向外逃生要比向里好，这样的安全系数要高一些。

二、事故现场自救的基本方法

1. 要保持良好的心态

在事故突然发生的异常情况下，特别是火灾发生时，烟气及火的出现，多数人心理恐慌，这是最致命的弱点，保持冷静的头脑，对防止惨剧的发生是至关重要的。如在以往的火灾中，有些人盲目逃生，跳楼、惊慌失措找不到疏散通道和安全出口等，失去逃生时机而死亡。在发生事故时，保持心理稳定是逃生的前提，若能临危不乱，先观察事故发展态势，再决定逃生方式，运用学到的避灾常识和人类的聪明才智就会化险为夷，把灾难损失降到最低限度。

2. 利用疏散通道和安全出口自救逃生

发生事故时，不要惊慌失措，应及时向疏散通道和安全出口方向逃生。疏散时要听从工作人员的疏导和指挥，分流疏散，避免争先逃生，朝一个出口拥挤，堵塞出口。盲目逃生，往往欲速则不达。

3. 自制器材逃生

发生火灾等事故时，要学会利用现场一切可以利用的物质逃生，要学会随机应用，如将毛巾、口罩用水浇湿当成防烟工具，捂住口、鼻；把被褥、窗帘用水浇湿后，堵住门口阻止火势蔓延；利用绳索或布匹、床单、地毯、窗帘结绳自救。

4. 寻找避难所逃生

在无路可逃的情况下，应积极寻找避难处所，如到阳台、楼层平顶等待救援；选择火势、烟雾难以蔓延的房间，如厕所、保安室等；关好门窗，堵塞间隙，房间如有水源，要立即将门窗和各种可燃物浇湿，以阻止或减缓火势和烟雾的蔓延速度。无论白天或者夜晚，被困者都应大声呼救，不断发出各种呼救信号以引起救援人员的注意，帮助自己脱离险境。

5. 在逃生过程中要防止中毒

火灾发生后，往往会产生大量有毒气体。在逃生过程中应用水浇湿毛巾或衣服捂住口鼻，采用低姿行走，以减小烟气的伤害。匍匐爬行是避免毒气伤害的最科学的逃生方法。火灾中如果站着走，走不了多远便会窒息。

三、火灾事故自救方法

（1）绳索自救法　家中有绳索的，可直接将其一端挂在门、窗挡或重物上沿另一端爬下。在此过程中，脚要成绞状夹紧绳子，双手交替往下爬，并尽量采用手套、毛巾将手保护好。

（2）匍匐前进法　由于火灾发生时烟气大多聚集在上部空间，因此在逃生过程中应尽量将身体贴近地面匍匐或弯腰前进。

（3）毛巾捂鼻法　火灾烟气具有温度高、毒性大的特点，一旦吸入后很容易引起呼吸系统烫伤或中毒，因此疏散中应用湿毛巾捂住口鼻，以起到降温及过滤的作用。

（4）棉被护身法　用浸泡过的棉被或毛毯、棉大衣盖在身上，确定逃生路线后用最快的速度钻过火场并冲到安全区域。如果身上的衣物不慎起火，应迅速将衣服脱下或撕下，或就地滚翻将火压灭。千万不能身穿着火的衣服跑动。如果有水，可迅速用水浇灭，但人体被火烧伤时一定不能用水浇，以防感染。

（5）毛毯隔火法　将毛毯等织物钉或夹在门上，并不断往上浇水冷却，以防止外部火焰及烟气侵入，从而达到抑制火势蔓延速度、增加逃生时间的目的。

（6）被单拧结法　把床单、被罩或窗帘等撕成条或拧成麻花状，按绳索逃生的方式沿外墙爬下。

（7）跳楼求生法　火场切勿轻易跳楼！在万不得已的情况下，住在低楼层的居民可采取跳楼的方法进行逃生。但要选择较低的地面作为落脚点，并将席梦思床垫、沙发垫、厚棉被等抛下做缓冲物。

(8) 管线下滑法　当建筑物外墙或阳台边上有落水管、电线杆、避雷针引线等竖直管线时，可借助其下滑至地面，同时应注意一次下滑时人数不宜过多，以防止逃生途中因管线损坏而致人坠落。

(9) 竹竿插地法　将结实的晾衣杆直接从阳台或窗台斜插到室外地面或下一层平台，两头固定好以后顺杆滑下。

(10) 攀爬避火法　通过攀爬阳台、窗口的外沿及建筑周围的脚手架、雨棚等突出物以躲避火势。

(11) 楼梯转移法　当火势自下而上迅速蔓延而将楼梯封死时，住在上部楼层的居民可通过老虎窗、天窗等迅速爬到屋顶，转移到另一家或另一单元的楼梯进行疏散。

(12) 卫生间避难法　当实在无路可逃时，可利用卫生间进行避难，用毛巾紧塞门缝，把水泼在地上降温，也可躺在放满水的浴缸里躲避。但千万不要钻到床底、阁楼、大橱等处避难，因为这些地方可燃物多，且容易聚集烟气。

(13) 火场求救法　发生火灾时，可在窗口、阳台或屋顶处向外大声呼叫、敲击金属物品或投掷软物品，白天应挥动鲜艳布条发出求救信号，晚上可挥动手电筒或白布条引起救援人员的注意。

(14) 逆风疏散法　应根据火灾发生时的风向来确定疏散方向，迅速逃到火场上风处躲避火焰和烟气。

(15) "搭桥"逃生法　可在阳台、窗台、屋顶平台处用木板、竹竿等较坚固的物体搭在相邻建筑上，以此作为跳板过渡到相对安全的区域。

第二节　事故现场急救

事故现场急救是指发生事故时，在医护人员或救护车未到达前，利用现场的人力、物力，对事故现场的伤员实施及时、有效的初步救助或救护所采取的一切医学救援行动和措施。化学事故现场会出现不同程度的人员烧伤、中毒、化学品致伤和复合伤等伤害。事故发生后的几分钟、十几分钟是抢救危重伤员的最重要时刻，医学上称之为"救命的黄金时刻"。

一、事故现场急救概述

1. 现场急救的目的和意义

(1) 挽救生命　通过及时有效的抢救措施，如对心跳呼吸停止的病人进行心肺复苏，以达到挽救生命的目的。

(2) 减少伤残　当发生危险化学品事故特别是重大或灾害性事故时，不仅可能出现群体性化学中毒、化学烧伤，往往还可能发生各类外伤及复合伤，诱发潜在的疾病或原来某些疾病恶化，现场急救时正确地对伤病员继续冲洗、包扎、复位、固定、搬运及其他相应处理，可以大大地降低伤残率。

(3) 稳定病情　在现场对伤病员进行对症支持及相应的特殊治疗与处置，以使病情稳定，为进一步的抢救治疗打好基础。

(4) 减轻痛苦　通过一般及特殊的急救和护理，达到稳定伤病员情绪、减轻病人痛苦的目的。事故现场抢救的关键就是两个字"抢"和"救"。"抢"是抢时间，时间就是生命。"救"就是现场急救，对伤病员的救援措施和手段要正确，表现出精良的技术水准和随机应变的工作能力。

2. 现场急救的基本原则

事故现场急救，必须遵循"先救人、后救物，先救命、后治疗，先危重、后较轻"和"争分夺秒，防救兼顾"的原则，同时还应注意以下几点。

（1）救护者应做好个人防护　事故发生后，毒烟会经呼吸系统和皮肤侵入人体。因此，救护者必须摸清毒烟的种类、性质和毒性，在进入毒区抢救之前，首先要做好个体防护，选择并正确佩戴好合适的防毒面具和防护服。

（2）切断毒物来源　救护人员在进入事故现场后，应迅速采取果断措施切断毒物的来源，防止毒物继续外逸。对已经逸散出来的有毒气体或蒸气，应立即采取措施降低其在空气中的浓度，为进一步开展抢救工作创造有利条件。

（3）迅速将中毒者（伤员）移离危险区　迅速将中毒者（伤员）转移至空气清新的安全地带。在搬运过程中要沉着、冷静，不要强抢硬拉，防止造成骨折。如已有骨折或外伤，则要注意包扎和固定。

（4）采取正确的方法，对患者进行紧急救护　把患者从现场中抢救出来后，不要慌里慌张地急于打电话叫救护车，应先松解患者的衣扣和腰带，维护呼吸道畅通，注意保暖；去除患者身上的毒物，防止毒物继续侵入人体。对患者的病情进行初步检查，重点检查患者是否有意识障碍，呼吸和心跳是否停止，然后检查有无出血、骨折等。根据患者的具体情况，选用适当的方法，尽快开展现场急救。

（5）尽快将患者送就近医疗部门治疗　就医时一定要注意选择就近医疗部门，以争取抢救时间。但对于一氧化碳中毒者，应选择有高压氧舱的医院。

3. 现场急救的注意事项

进行急救时，不论伤病员还是救援人员都需要进行适当的防护。这一点非常重要！特别是把患者从严重污染的场所救出时，救援人员必须加以预防，避免成为新的受害者。

要将受伤人员小心地从危险的环境转移到安全的地点，应至少2～3人为一组集体行动，以便互相监护照应，所用的救援器材必须是防爆的。

急救处理要程序化，可采取如下步骤：先除去伤病员污染衣物──→然后冲洗──→共性处理──→个性处理──→转送医院。要注意对伤员污染衣物的处理，防止发生继发性损害。

在危险化学品事故现场急救时，还需特别注意以下几个方面的事项。

① 危险化学品事故造成的人员伤害具有突发性、群体性、特殊性和紧迫性，现场医务力量和急救的药品、器材相对不足，应合理使用有限的救护资源，在保证重点伤员得到有效救治的基础上，兼顾到一般伤员的处理。在急救方法上可采取对群体性伤员实行简易分类后的急救处理，即由经验丰富的医生负责对伤员的伤情进行综合评判，按轻、中、重简易分类，对分类后的伤员除了标上醒目的分类识别标志外，在急救措施上按照先重后轻的治疗原则，实行共性处理和个性处理相结合的救治方法。

② 注意保护伤员的眼睛。

③ 对救治后的伤员实行一人一卡，将处理意见记录在卡上，并别在伤员胸前，以便做好交接，有利伤员的转诊救治。

④ 合理调用救护车辆。在现场医疗急救过程中，常因伤员多而车辆不够用，因此，合理调用车辆、迅速转送伤员也是一项重要的工作。在救护车辆不足的情况下，对危重伤员可以在医务人员的监护下，由监护型救护车护送，而中度伤员实行几个人合用一辆车，轻伤员可用公交车或卡车集体护送。

⑤ 合理选送医院。伤员转送过程中，实行就近转送医院的原则。但在医院的选配上，应根据伤员的人数和伤情，以及医院的医疗特点和救治能力，有针对性地合理调配，特别要注意避免危重伤员的多次转院。

⑥ 妥善处理好伤员的污染衣物。及时清除伤员身上的污染衣物，对清除下来的污染衣物集中妥善处理，防止发生继发性损害。

⑦ 统计工作。统计工作是现场医疗急救的一项重要内容，特别是在忙乱的急救现场，更应注意统计数据的准确性和可靠性，也为日后总结和分析积累可靠的数据。

二、中毒和窒息的现场救治

1. 迅速将患者救离现场

中毒往往发生急骤、病情严重，因此，必须全力以赴、分秒必争、及时抢救。化学事故/中毒事件发生后，应迅速将污染区域内的所有人员转移至毒害源上风向的安全区域，以免毒物的进一步侵入。这是现场急救的一项重要措施，它关系到下一步的急救处理和控制病情的发展，有时还是抢救成功的关键。

① 平地抢救。两人抬或一人背。有肺水肿的患者，最好是两人抬或用担架抬。

② 由下而上的抢救方法（如在地沟、设备、储藏室、塔内发生中毒时）。用安全绳将患者往上吊，但应注意要有人保护，且在没有脱离危险区域之前应给患者戴上过滤式或隔离式防毒面具。抢救人员须戴上空气（氧气）呼吸器并捆扎安全绳。如遇酸碱容器，救护人员还应穿戴好防酸碱护具。上边的救护人员应站在固定好的支架上，以防滑倒。上下过程应预先设好信号进行联系。

③ 由上而下的抢救方法（如在高空管架和塔顶发生中毒时）。从走廊或爬梯上往下抬时，必须将患者的头部保护好，应采用脚在前头在后的方式。当用安全绳往下吊时，必须把安全绳悬挂在稳固的支架上，用布带固定患者，防止摔落，下面要有人接应。

④ 现场医务人员要根据患者病情迅速将病员进行分类，做出相应的标志，以保证医护人员对危重伤员的救治。同时要加强对一般伤员的观察，定期给予必要的检查和处理，以免贻误救治时机。医务人员在进行现场救治时，要根据实际情况佩戴适当的个体防护装置。在现场要严格按照区域划分进行工作，不要到污染区域。

2. 采取适当方法进行紧急救护

（1）迅速将患者移至空气新鲜处，松开衣领、紧身衣物、腰带及其他可妨碍呼吸的一切物品，取出口中假牙和异物，保持呼吸道畅通，有条件时给氧。注意保暖，静卧，若有呕吐则应侧卧，以防呕吐物吸入气管。同时，密切注意中病毒者的病情变化，如有呼吸、心跳停止者，应立即在现场进行人工呼吸和胸外心脏按压术，不要轻易放弃。但对氧化物等剧毒物质中毒者，不要进行口对口（鼻）人工呼吸。

（2）防止毒物继续吸收。皮肤接触强腐蚀性和易经皮肤吸收引起中毒的物质（脂溶性）时，应立即脱去污染的衣服（包括贴身内衣）、鞋袜、手套，立即用大量流动清水或肥皂彻底清洗。清洗时，要注意头发、手足、指甲及皮肤皱褶处，冲洗时间不少于 $10\sim15\text{min}$。忌用热水冲洗。但有一些遇水能发生化学反应的物质，如四氯化铁、石灰、电石等，则不能立即用水清洗，应先用布、纸或棉花将其去除后再用水清洗，以免加重损伤。此外，也可以用"中和剂"（弱酸性和弱碱性溶液）清洗。不要使用化学解毒剂。

眼睛受污染时，应用大量流动清水彻底冲洗。冲洗时应将眼睑提起，注意将结膜囊内的化学物质全部冲洗掉，同时要边冲洗边转动眼球。冲洗时间不少于 15min。不要使用化学解毒剂。

吸入中毒患者，应立即送到空气新鲜处，安静休息，保持呼吸道通畅，必要时给予吸氧。呼吸能力减弱时，要马上进行人工呼吸。口服中毒者，发生痉挛或昏迷时，非专业医务人员不可随便进行处理。除此以外的其他情形，则可采取下述方法处理［毫无疑问，进行应急处理的同时，要立刻找医生治疗，并告知其引起中毒的化学药品的种类、数量、中毒情况（包括吞食、吸入或沾到皮肤等）以及发生时间等有关情况］。

① 为了降低胃中药品的浓度，延缓毒物被人体吸收的速度并保护胃黏膜，可饮食下述任一种物品：牛奶、打散的鸡蛋、面粉、淀粉、土豆泥的悬浮液以及水等。

② 如果一时找不到上述物品，可于500mL蒸馏水中加入约50g活性炭。用前再添加400mL蒸馏水，并把它充分摇动润湿，然后给患者分次少量吞服。一般10～15g活性炭，大约可吸收1g毒物。

③ 用手指或匙子的柄摩擦患者的喉头或舌根，使其呕吐，催吐要反复数次，直至呕吐物为饮入的清水为止。在催吐前给患者饮水500～600mL（空胃不易引吐）。食入石油产品或出现昏迷、抽搐、惊厥未控制前不能催吐。

若用这个方法还不能催吐时，可于半酒杯水中加入15mL吐根糖浆（催吐剂之一），或在80mL热水中溶解一茶匙食盐，给予饮服（但吞食酸、碱之类腐蚀性药品或烃类液体时，因有胃穿孔或胃中的食物一旦吐出而进入气管的危险，因而遇到此类情况不可催吐）。绝大部分毒物于4h内，即从胃转移到肠。

④ 用毛巾之类的东西，盖上患者身体进行保温，避免从外部升温取暖。

注：把两份活性炭、一份氧化镁和一份丹宁酸混合均匀而成的物品，称为万能解毒剂。用时可将2～3茶匙此药剂，加入一酒杯水做成糊状，即可服用。

（3）意识丧失者的处理　意识丧失的患者，要注意瞳孔、呼吸、脉搏及血压的变化，及时除去口腔异物，有抽搐发作时，要及时使用安定或苯巴比妥类止痉剂。

（4）特效解毒药物的应用　对某些有特效解毒药物的中毒，解毒治疗越早效果越好。如氧化物中毒后，应立即吸入亚硝酸异戊酯，同时静脉缓注3%的亚硝酸钠10～5mL；或用2mL 4-DMAP肌内注射，随后用50%硫代硫酸钠20mL缓慢静脉注射。苯胺中毒要及早应用1%亚甲蓝，按1～2mg/kg体重，稀释后缓慢静脉注射。有机磷酸酯类中毒要及时应用阿托品和肟类解毒剂。

3. 迅速将患者送往就近医疗部门做进一步检查和治疗

现场救援中，医务人员要尽快查清毒源，明确诊断，以利针对性处理。在病因一时不明的情况下，应根据临床表现，边抢救边对事件的原因进行查找，以免延误救治时机。治疗的要点是维持心脑肺功能，保护重要脏器，以及对症支持治疗。经现场初步抢救后，在医护人员的密切监护下，将患者转移到附近医院进行进一步的处理。在护送途中，应密切观察患者的呼吸、心跳、脉搏等生命体征，某些急救措施，如输氧、人工心肺复苏术等也不能中断。

4. 常见急性化学中毒的现场救治

（1）刺激性气体中毒　刺激性气体是指对皮肤、眼、呼吸道黏膜有刺激作用的一类有害气体的统称，是工业生产中最常见的有害气体。主要有氯气、氨气、氮氧化物、光气、氟化氢、二氧化硫等。

① 发生中毒事故区域（特别是下风向）的人员应尽快撤离或就地躲避在建筑物内。

② 立即将病人移到空气新鲜的地方，脱去污染衣服，迅速用大量清水清洗污染的皮肤，同时要注意保暖。眼内污染者，用清水至少持续冲洗10min。

③ 保持呼吸道畅通，有条件的可给予雾化吸入和支气管解痉剂，必要时请医务人员实行气管切开术。

④ 对呼吸、心跳停止者立即施行人工呼吸和胸外心脏按压，有条件的可肌内注射呼吸兴奋剂等，同时给氧。病人自主呼吸、心跳恢复后方可送医院。

⑤ 针刺昏迷者人中、十宣、涌泉等穴位。

⑥ 立即拨打 120 电话，迅速送往医院抢救。

（2）有机溶剂中毒　有机溶剂指那些难溶于水的油脂、树脂、染料、蜡、烃类等有机化合物的液体。常见的有苯、甲苯、二甲苯、汽油、正己烷、氯仿、氯乙烷、甲醇、乙酯、丙酐、二硫化碳等。人体吸入了这些物质后，会出现头晕目眩、倦怠乏力、食欲不振、恶心呕吐等症状。

① 立即将中毒者转移到空气新鲜的地方，脱去被污染衣物，迅速用大量清水或肥皂水清洗被污染的皮肤，同时注意保暖。眼部被污染，立即用清水冲洗，至少冲洗 10min。

② 若中毒者昏迷，施救者可根据现场情况及中毒物质种类，采用拇指按压人中、十宣、涌泉等穴位的办法施救。

（3）窒息性气体中毒　这是最常见的急性中毒。据全国职业病发病统计资料，窒息性气体中毒高居急性中毒之首，由其造成的死亡人数占急性职业中毒总死亡数的 65%。根据这些窒息性气体毒作用的不同，可将其大致分为三类。

① 单纯窒息性气体。属于这一类的常见窒息性气体，有氮气、甲烷、乙烷、丙烷、乙烯、丙烯、二氧化碳、水蒸气及氧、氩等惰性气体。这类气体本身的毒性很低，或属惰性气体，但若在空气中大量存在，可使吸入气中氧含量明显降低，导致机体缺氧。正常情况下，空气中氧含量约为 20.96%，若氧含量小于 16%，即可造成呼吸困难；氧含量小于 10%，则可引起昏迷甚至死亡。

② 血液窒息性气体。常见的有一氧化碳、一氧化氮、苯的硝基或氨基化合物蒸气等。血液窒息性气体的毒性在于它们能明显降低血红蛋白对氧气的化学结合能力，从而造成组织供氧障碍。

③ 细胞窒息性气体。常见的是氧化氢和硫化氢。这类毒物主要作用于细胞内的呼吸酶，阻碍细胞对氧的利用，故此类毒物也称细胞窒息性毒物。

窒息性气体中毒有明显的剂量-效应关系，侵入体内的毒物数量越多，危害越大，且由于病情也更为急重，故特别强调尽快中断毒物侵入，解除体内毒物毒性。抢救措施开始得越早，机体的损伤越小，并发症及后遗症也越少。

④ 中断毒物继续侵入。迅速将伤员脱离危险现场，同时清除衣物及皮肤污染源。如硫化氢中毒伤员应脱去污染工作服；若有氢氧酸、苯胶、硝基苯等液体溅在身上，还应彻底清洗被污染的皮肤，不可大意。危重伤员易发生中枢性呼吸循环衰竭，应高度警惕。如有此类情况，应立即进行心肺复苏。

⑤ 解毒措施。单纯窒息性气体如氯气，并无特殊解毒剂，但二氧化碳吸入可使用呼吸兴奋剂，严重者用机械过度通气，以排出体内过量二氧化碳，视此为"解毒"措施亦无不可。血液窒息性气体中，对一氧化碳无特殊解毒药物，但可给高浓度氧吸入，以加速 HbCO（碳氧血红蛋白）解离，也可视为解毒措施。苯的氨基或硝基化合物中毒所形成的变性血红蛋白，目前仍以亚甲蓝还原为最佳的解毒治疗。

细胞窒息性气体中，氧化氢常用亚硝酸钠-硫代硫酸钠疗法进行驱排；近年国内还使用 4-二甲基氨基苯酚（4-DMAP）等代替亚硝酸钠，也有较好效果；亚甲蓝也可代替亚硝酸钠，但剂量应大。硫化氢中毒从理论上也可投用氧化氢解毒剂，但硫化氢在体内转化速率甚快，且上述措施会生成相当量的高铁血红蛋白MetHb而降低血液携氧能力，故除非在中毒后立即使用，否则可能弊大于利。

三、烧伤和冻伤的现场救治

1. 灼伤的概念和分类

机体受热源或化学物质的作用，引起局部组织损伤，并进一步导致病理和生理改变的过程称为灼伤。按发生原因不同可分为化学灼伤、热力灼伤和复合性灼伤。

化学灼伤是由强酸、强碱、磷和氢氟酸等化学物质所引起的灼伤。在搬运、倾倒、调制酸碱时，修理或清洗化学装置时，装酸碱的容器、管道发生故障或破裂时，均可引起化学灼伤。灼伤最常发生的部位是裸露的皮肤和眼结膜、眼角膜。热力灼伤是由于接触炙热物体、火焰、高温表面、过热蒸汽等所造成的损伤。在化工生产中还会发生由于液化气体、干冰接触皮肤后迅速蒸发或长期化，大量吸收热量，以致引起皮肤表面冻伤。复合性灼伤是由化学灼伤和热力灼伤同时造成的伤害，或化学灼伤兼有的反应。

2. 化学灼伤的现场急救

化学腐蚀品造成的化学灼伤与火烧伤、烫伤不同，不同类别的化学灼伤，急救措施不同，要根据灼伤物的不同性质，分别进行急救。

发现化学烧伤后，要立即脱去被污染的衣物、鞋袜，随后用大量清水冲洗创面15～20min。有条件时边冲洗边用pH试纸不断测定创面的酸碱度，一直冲洗到中性。

被强酸或强碱等灼伤，应迅速用大量清水冲洗，至少冲半小时，然后按酸、碱两类不同物质做如下处理：酸类灼伤用饱和的碳酸氢钠溶液冲洗，碱类灼伤用醋酸溶液冲洗或撒以硼酸粉。

酸碱一旦溅入眼睛，其腐蚀作用极快，尤其是氨水、生石灰等，往往在几分钟内即可渗透到眼睛深部，引起严重后果。为了挽救眼睛，必须争分夺秒，立即用清洁的水冲洗，不能坐失自救机会，以致失明。

凡溶于水的化学药品进入眼睛，应立即用水洗涤，然后根据不同情况分别处理：如属碱类灼伤，则用2%的医用硼酸溶液淋洗；如属酸类灼伤，则用3%的医用碳酸氢钠溶液淋洗。重者应立即送医院治疗。

对口腔的化学灼伤，应迅速用蒸馏水或自来水漱口，然后酌情处理：如属碱类灼伤，用2%的硼酸溶液反复漱口；如属酸类灼伤，则用3%的碳酸氢钠溶液反复漱口。最后，都应用洁净水多次漱洗。

3. 烧伤的救治

（1）使伤员尽快脱离火（热）源，缩短烧伤时间。注意避免助长火势的动作，如快跑，会使衣服烧得更炽热；站立，将使头发着火并吸入烟火，引起呼吸道烧伤等。被火烧者应立即躺平，用厚衣服包裹，湿的更好，若无此类物品，则躺着就地慢慢滚动。用水及非燃性液体浇灭火焰更好，但不要用沙子或不洁物品。

（2）迅速脱去伤员被烧的衣服、鞋及袜等，为节省时间和减少对创面的损伤，可用剪刀剪开。不要清理创面，使其避免污染，并减少外界空气刺激创面引起疼痛，暂时用较干净的衣服把创面包裹起来。对创面一般不做处理，尽量不弄破水泡，保护表皮，避免涂一些效果不肯定的药物、油膏或油。

（3）维护呼吸道通畅。火焰烧伤常伴呼吸道受烟雾热力等损伤，应注意保护呼吸道通畅，必要时要给予吸氧。查心跳、呼吸情况，是否合并有其他外伤和有害气体中毒以及其他合并症状。对爆炸冲击烧伤人员，应检查有无颅胸损伤、胸腹腔内脏损伤和呼吸道烧伤。注意有无复合伤，对大出血、开放性气胸、骨折等应先施行相应的急救处理。

（4）防休克、防窒息、防创面污染。烧伤的伤员常常因疼或恐惧发生休克，安慰和鼓励受伤者，使其情绪稳定，疼痛剧烈可酌情使用止痛药或可用针灸止痛；若发生急性喉头梗阻或窒息时，设法请医务人员做气管切开，以保证通气；现场检查和搬运伤员时，注意保护创面，防止污染。

（5）大面积严重烧伤，应就近输液抗休克，转送途中注意保持呼吸道通畅。高度口渴、烦躁不安，提示休克严重，应加快输液，只可少量口服盐水。

（6）迅速离开现场，立即把严重烧伤人员送往医院。注意搬运时动作要轻柔，行进要平稳，随时观察伤情。

4. 低温冻伤的现场救治

（1）低温冻伤分类　　冻伤后仅有皮肤苍白、冰冷、疼痛和麻木，复温后才表现出特征，分为 4 度。

① 一度冻伤。为皮肤浅层冻伤，局部皮肤从苍白色转为斑状蓝紫色，以后红肿、发痒、刺痛和感觉异常。

② 二度冻伤。为皮肤浅层和部分深层冻伤。局部红肿，发痒，灼痛。早期有水殖出现。

③ 三度冻伤。为皮肤全层和皮下组织冻伤。皮肤由苍白渐变为蓝色，再成黑色。感觉消失，冻伤周围组织可出现水肿和水殖，并有剧痛。

④ 四度冻伤。皮肤皮下组织、肌肉，甚至骨髓都被冻伤。呈暗灰色，感觉和运动功能完全消失。

（2）现场急救措施

① 一度冻伤，可让病人自己主动活动，并按摩受冻部位，促进血液循环。可以用辣椒、艾蒿、茄秆煮水熏洗、浸泡，再涂以冻疮膏即可。

② 对于遭遇严寒侵袭的人，首先要帮其脱离险境，或尽快将其从水中救出，转移到避风的室内，脱去湿冷的衣裤，擦干身体，换上保暖的衣被，给予热的饮料和精神安抚。

③ 如果病人呼吸、心跳微弱或似有似无，应立即将病人平放在硬板床上，拉直气管，清除口鼻异物，做"口对口"人工呼吸和心脏按压，促使心肺功能尽快恢复，同时兼顾保暖和复温处理。

④ 尽快使冻伤处复温。一般是将冻肢浸泡在温水中，不断添加热水，使水温由 36℃ 逐渐提高到 42℃ 左右，并保持这一范围，直到患处恢复温感，皮肤温度达到 36℃ 左右。如果一时找不到热水，将患肢放进救援人员温暖的怀抱中，也不失是个应急的好办法。复温过程宜在 10min 内完成，不宜过久，以便尽量减少对组织的损伤。

⑤ 患处若破溃感染，应在局部用 65%～75% 酒精或 1% 的新洁尔灭消毒，吸出水泡内液体，外涂冻疮膏、樟脑软膏等，保暖包扎。必要时应用抗生素及破伤风抗毒素。

（3）注意事项

① 千万不能采用拍打、雪搓、火烤或冷水漫泡等错误的方法，因为拍打、搓擦会损伤皮肤，增加感染的机会。

② 火烤只能使表面冻结组织融化，而不能使血管扩张和改善血液循环，相反，倒会增加组织代谢，加重组织缺氧和损伤，对预后不利。

第三节　事故现场通用救护技术

在事故发生的现场，常有很多人受伤，甚至会有很多伤势严重、处于濒死状态的伤员。因此，及时、准确、适宜的救护是挽救生命的关键。现场救护的目的就是使伤患及早得到治疗，为送达医院进一步救治赢得时间。现场救护是早期抢救伤员、开展自救互救的有效手段之一，了解掌握现场救护技术，就能减少伤害，避免更大的损失。下面介绍几种在事故现场通用的救护技术和方法。

一、心肺复苏技术

人们只有充分了解心肺复苏的知识，并接受过此方面的训练后，才可以为他人实施心肺复苏。

1. 心肺复苏的定义

心肺复苏（CPR）是针对呼吸心跳停止的急症危重病人所采取的抢救关键措施，即胸外按压形成暂时的人工循环并恢复自主搏动，采用人工呼吸代替自主呼吸，快速电除颤转复心室颤动，以及尽早使用血管活性药物来重新恢复自主循环的急救技术。心肺复苏的目的是开放气道、重建呼吸和循环。

心肺复苏（CPR）术，也称基本生命支持（Basic Life Support，BLS），是针对由于各种原因导致的心搏骤停，在 4～6min 内所必须采取的急救措施之一。目的在于尽快挽救脑细胞在缺氧状态下坏死（4min 以上开始造成脑损伤，10min 以上即造成脑部不可逆的伤害），因此施救时机越快越好。心肺复苏术适用于心脏病突发、溺水、窒息或其他意外事件造成的意识昏迷并有呼吸及心跳停止的状态。

2. 心肺复苏的临床表现

心脏性猝死的经过大致分为 4 个时期，即前驱期、终末期开始、心脏骤停与生物学死亡。不同病人各期表现有明显差异。在猝死前数天至数月，有些病人可出现胸痛、气促、疲乏及心悸等非特异性症状，也可无前驱表现，瞬即发生心脏骤停。终末期是由心血管状态出现急剧变化至发生心脏骤停，持续约 1h 以内。此期内可出现心率加快、室性异搏动与室性心动过速。

心脏骤停后脑血流量急剧减少，导致意识突然丧失。下列体征有助于立即判断是否发生心脏骤停：意识丧失，大动脉（颈、股动脉）搏动消失，呼吸断续或停止，皮肤苍白或明显发绀，如听诊心音消失更可确立诊断。以上观察与检查应迅速完成，以便立即进行复苏处理。

从心脏骤停至发生生物学死亡时间的长短，取决于原来病变性质，以及心脏骤停至复苏开始的时间。心室颤动发生后，病人将在 4～6min 内发生不可逆性脑损害，随后经数分钟过渡到生物学死亡。持续性室速引起者时间稍长些，但如未能自动转复或被治疗终止，最终会演变为心室颤动或心搏停顿。心搏停顿或心动过缓导致的心脏骤停，进展至生物学死亡的时间更为短促。

3. 心肺复苏的实施步骤

2010 年 10 月 18 日，美国心脏协会（AHA）公布最新心肺复苏（CPR）指南。此指南重新安排了 CPR 传统的三个步骤，从原来 2005 年旧的 A—B—C（A 开放气道——B 人工呼吸——C 胸外按压）改为 C—A—B（C 胸外按压——A 开放气道——B 人工呼吸）。这一改变适用于成人、儿童和婴儿，但不包括新生儿。

假如成年患者无反应、没有呼吸或呼吸不正常，施救者应立即实施 CPR，不再推荐"看、听、感觉"呼吸的识别办法。医务人员检查脉搏（1 岁以上触颈动脉，1 岁以下肢动脉）的时间不应超过 10s，如 10s 内没有明确触摸到脉搏，应开始心肺复苏。

（1）判断意识、触摸颈动脉搏动、听呼吸音　颈动脉位置：气管与颈部胸锁乳突肌之间的沟内。方法：一手食指和中指并拢，置于患者气管正中部位，男性可先触及喉结，然后向一旁滑移约 2～3cm，至胸锁乳突肌内侧缘凹陷处，如图 8-1 所示。

（2）胸部按压（C）　部位：胸骨下 1/3 交界处，或双乳头与前正中线交界处。定位：用手指触到靠近施救者一侧的胸廓肋缘，手指向中线滑动到剑突部位，取剑突上两横指，另一手掌根置于两横指上方，置胸骨正中，另一只手叠加之上，手指锁住，交叉抬起，如图 8-2 所示。

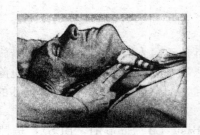 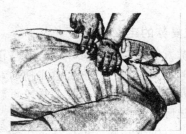

图 8-1　判断循环-触摸颈动脉搏动　　　　图 8-2　胸部按压的定位

按压方法：按压时上半身前倾，腕、肘、肩关节伸直，以髋关节为支点，垂直向下用力，借助上半身的重力进行按压，如图 8-3 所示。

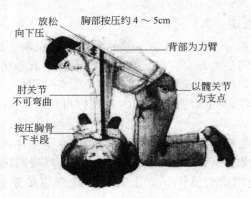

图 8-3　按压方法

频率：100 次/分（至少 100 次/分）。按压幅度：胸骨下陷至少 5cm。压下后应让胸廓完全回弹。压下与松开的时间基本相等。按压-通气比值为 30：2（成人、婴儿和儿童）。

为确保有效按压，必须保证做到以下几点：

① 患者应该以仰卧位躺在硬质平面上；

② 肘关节伸直，上肢呈一直线，双肩正对双手，按压的方向与胸骨垂直；

③ 对正常体型的患者，按压幅度至少 5cm；

④ 每次按压后，双手放松，使胸骨恢复到按压前的位置，放松时双手不要离开胸壁，保持双手位置固定；

⑤ 在一次按压周期内，按压与放松时间各为50%；

⑥ 每2min更换按压者，每次更换尽量在5s内完成；

⑦ CPR过程中不应搬动患者并尽量减少中断；

⑧ 采取正确的按压手法，两手手指跷起（扣在一起）离开胸壁，如图8-4所示。

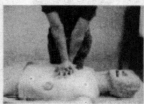

图8-4 按压手法示例

概括起来，高质量的心肺复苏有下列几项要求：按压速率至少为每分钟100次；成人按压幅度至少为5cm；保证每次按压后胸部回弹；尽可能减少胸外按压的中断；避免过度通气。

（3）开放气道，保持呼吸道畅通（A） 开放气道应先去除气道内异物。舌根后坠和异物阻塞是造成气道阻塞最常见的原因。清理口腔、鼻腔异物或分泌物，如有假牙一并清除。解开颈部纽扣、衣领及裤带。如无颈部创伤，清除口腔中的异物和呕吐物时，可一手按压开下颌，另一手用食指将固体异物钩出，或用指套或手指缠纱布清除口腔中的液体分泌物。开放气道手法：仰头抬颌法和托颌法（外伤时），如图8-5所示。

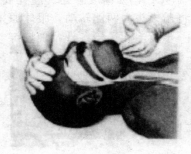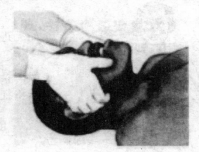

仰头－抬颌法 托颌法

图8-5 放开气道手法

仰头-抬颌法：将一手小鱼际肌置于患者前额部，用力使头部后仰，另一手置于下颌骨骨性部分向上抬颌，使下颌尖、耳垂连线与地面垂直。托颌法：将肘部支撑在患者所处的平面上，双手放置在患者头部两侧并握紧下颌角，同时用力向上托起下颌。如果需要进行人工呼吸，则将下颌持续上托，用拇指把口唇分开，用面颊贴紧患者的鼻孔进行口对口呼吸。托颌法因其难以掌握和实施，常常不能有效地开放气道，还可能导致脊髓损伤，因而不建议基层救助者采用。

（4）人工呼吸（B） 口对口：开放气道──→捏鼻子──→口对口──→"正常"吸气──→缓慢吹气（1s以上），胸廓明显抬起，8～10次/分──→松口、松鼻──→气体呼出，胸廓回落，避免过度通气，如图8-6所示。

每次吹气间隔1.5s，在这个时间抢救者应自己深呼吸一次，以便继续口对口呼吸，直至专业抢救人员的到来。

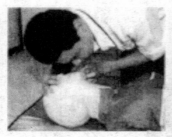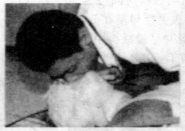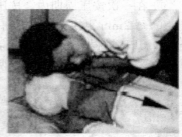

图 8-6 口对口人工呼吸

4. 心肺复苏有效的体征和终止抢救的指征

（1）观察颈动脉搏动，有效时每次按压后就可触到一次搏动。若停止按压后搏动停止，表明应继续进行按压。如停止按压后搏动继续存在，说明病人自主心搏已恢复，可以停止胸外心脏按压。

（2）若无自主呼吸，人工呼吸应继续进行，或自主呼吸很微弱，仍应坚持人工呼吸。

（3）复苏有效时，可见病人有眼球活动，口唇、牙床转红，甚至脚可动；观察瞳孔时，可由大变小，并有对光反射。

（4）当有下列情况时可考虑终止复苏：

① 心肺复苏持续 30min 以上，仍无心搏及自主呼吸，现场又无进一步救治和送治条件，可考虑终止复苏；

② 脑死亡，如深度昏迷、瞳孔固定、角膜反射消失，将病人头向两侧转动，眼球原来位置不变等，如无进一步救治和送治条件，现场可考虑停止复苏；

③ 当现场危险威胁到抢救人员安全（如雪崩、山洪暴发）以及医学专业人员认为病人死亡，无救治指征时。

二、止血技术

1. 指压止血法

指压止血法指抢救者用手指把出血部位近端的动脉血管压在骨髓上，使血管闭塞，血流中断而达到止血目的。这是一种快速、有效的首选止血方法。这种方法仅是一种临时的，用于动脉出血的止血方法，不宜持久采用。手指止血适用于头部、颈部和四肢的大出血。全身主要动脉压迫点如图 8-7 所示。

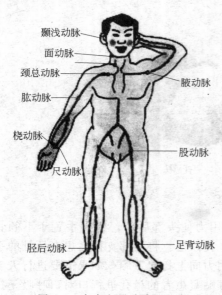

图 8-7 全身主要动脉压迫点

颞浅动脉
面动脉
颈总动脉
腋动脉
肱动脉
桡动脉
尺动脉
股动脉
胫后动脉
足背动脉

（1）颞浅动脉止血法 一手固定伤员头部，用另一手拇指垂直压迫耳屏上方凹陷处，可感觉到动脉搏动，其余四指同时托住下颚。本法用于头部发际范围内及前额、颞部的出血，如图 8-8（a）所示。

（2）面动脉止血法 一手固定伤员头部，用另一手拇指在下颚角前上方约 1.5cm 处向下颌骨方向垂直压迫，其余四指托住下颌。本法用于颌部及颜面部的出血，如图 8-8（b）所示。

（3）颈动脉止血法 用拇指在甲状软骨、环状软骨外侧与胸锁乳突肌前缘之间的沟内搏

(a)　　　(b)　　　(c)　　　(d)　　　(e)　　　(f)　　　(g)

图 8-8　指压止血法示例

动处，向颈椎方向压迫，其余四指固定在伤员的颈后部。用于头、颈、面部大出血，且压迫其他部位无效时。非紧急情况，勿用此法。此外，不得同时压迫两侧颈动脉。

（4）锁骨下动脉止血法　用拇指在锁骨上窝搏动处向下垂直压迫，其余四指固定肩部。本法用于肩部，眼窝或上肢出血，如图 8-8（c）所示。

（5）肱动脉止血法　一手握住伤员伤肢的腕部，将上肢外展外旋，并屈肘抬高上肢；另一手拇指在上臂肱二头肌内侧沟搏动处，向肱骨方向垂直压迫。本法用于手、前臂及上臂中或远端出血，如图 8-8（d）所示。

（6）尺、桡动脉止血法　双手拇指分别在腕横纹上方两侧动脉搏动处垂直压迫。本法用于手部的出血，如图 8-8（e）所示。

（7）指动脉止血法　用一手拇指与食指分别压迫指根部两侧，用于手指出血。

（8）股动脉止血法　用两手拇指重叠放在腹股沟韧带中点稍下方、大腿根部搏动处用力垂直向下压迫。本法用于大腿、小腿或足部的出血，如图 8-8（f）所示。

（9）腘动脉止血法　用一手拇指在膝窝横纹中点处向下垂直压迫。本法用于小腿或足部出血。

（10）足背动脉与胫后动脉止血法　用两手拇指分别压迫足背中间近脚腕处（足背动脉），以及足跟内侧与内踝之间处（胫后动脉）。本法用于足部出血，如图 8-8（g）所示。

2. 加压包扎止血法

伤口覆盖无菌敷料后，再用纱布、棉花、毛巾、衣服等折叠成相应大小的垫，置于无菌敷料上面，然后再用绷带、三角巾等紧紧包扎，松紧以达到止血目的为宜。这种方法用于小动脉以及静脉或毛细血管的出血，还可直接用于不能采用指压止血法或止血带止血法的出血部位，如图 8-9 所示。但伤口内有碎骨片时，禁用此法，以免加重损伤。

图 8-9　加压包扎止血法

3. 止血带止血法

四肢有大血管损伤，或伤口大、出血量多时，采用手指压迫止血法和加压止血法效果不好时，可采用止血带法止血。止血带止血是利用橡胶带、布带等扎住血管，阻止血液流通，从而达到止血的目的。该法使用不当，会造成更严重的出血或肢体缺血坏死。可划分为气囊止血带止血法、表带式止血带止血法和布料止血带止血法。

先上衬垫，然后上止血带：用左手的拇指、食指、中指持止血带的头端，将长的尾端绕肢体一圈后压住头端，再绕肢体一圈，然后用左手食指、中指夹住尾端后，将尾端从止血带下拉过，由另一缘牵出，系成一个活结，如图 8-10 所示。操作时肢体上止血带的部位要正确并且要有衬垫，止血带松紧要适度，过紧会造成皮肤与软组织挫伤，过松则达不到止血的效果。上完止血带后每隔 50min 要放松 3～5min，放松止血带期间，要用指压法、直接压迫法止血，以减少出血。

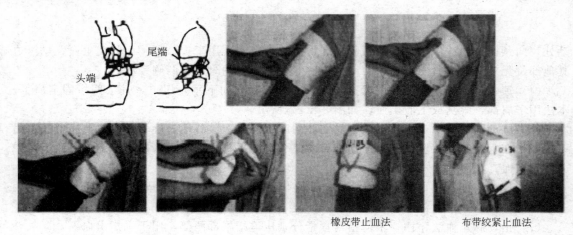

图 8-10   止血带止血法

上止血带注意事项：

① 止血带不要直接扎在肢体上，先在止血带与皮肤之间加布，保护皮肤以防损伤；

② 止血带可扎在靠伤口的上方，一般上肢在上臂的上 1/3 部位，下肢在大腿的上 1/3 部位；

③ 扎止血带后，应做明显的标记，注明扎止血带的时间。

尽量缩短扎止血带的时间，总时间不要超过 3h，避免止血时间过长，肢体远端缺血坏死。

4. 止血时的注意事项

① 首先要准确判断出血部位及出血量，然后决定采取哪种止血方法。

② 大血管损伤时需几种方法联合使用。颈动脉和股动脉损伤出血凶险，首先要采用指压止血法，并及时采取其他急救措施。如需要转运且时间较长时，可实行纱布回压包扎法止血。

③ 采用止血带止血法时，必须使止血带压力大于动脉压力时才能止血。如果用上止血带后仍然流血，应重新再扎紧一次。

④ 无论使用哪种止血带，都要记录时间，注意定时放松。放松止血带要缓慢，防止血压波动或再出血，同时一定要记住止血带止血的时间不能超过 1h，否则将会造成肌体缺血性坏死。

三、包扎技术

伤口是细菌侵入人体的门户，如果伤口被细菌污染，可能引起化脓或并发败血症、气性坏疽、破伤风，严重损害健康，甚至危及生命。所以，受伤以后，如果没有条件做到清创手术，在现场要先行包扎。包扎可保护伤口，减少感染，为进一步抢救伤病员创造条件。其基本的要求是动作要快且轻，不要碰撞伤口，包扎要牢靠，防止脱落。包扎材料常可用绷带、三角巾或毛巾、手帕、布块等。

常用的包扎材料有创可贴、尼龙网套、三角巾、弹力绷带、纱布、绷带、胶条及就地取材的材料，如干净的衣物、毛巾、头巾、衣服、床单等。创可贴有不同规格，其中，弹力创可贴适用于关节部位损伤。纱布绷带有利于伤口渗出物的吸收，可用于手指、手腕、上肢等身体部位损伤的包扎。

1. 包扎的原则

① 包扎伤口的动作要迅速而轻巧，包扎部位要准确而牢固——快、轻、准、牢。

② 包扎部位要准确，封闭要严密，不要遗漏伤口，防止伤口污染。

③ 包扎动作要轻，不要碰撞伤口，以免增加伤员的疼痛和出血。

④ 包扎要牢靠，松紧适宜，包扎过紧会妨碍血液流通和压迫神经。

2. 包扎的方法

（1）自粘性创可贴、尼龙网套包扎法　这是新型的包扎材料，用于表浅伤口、关节部位及手指伤口的包扎。自粘性创可贴透气性能好，还有止血、消炎、止疼、保护伤口等作用，使用方便，效果佳。尼龙网套包扎具有良好的弹性，使用方便，头部及肢体均可用其包扎，使用时先用敷料覆盖伤口，再将尼龙网套在敷料上。

（2）绷带包扎法　绷带一般用纱布切成长条制成，呈卷轴带。绷带长度和宽度有多种，适合于不同部位使用。常用的有宽5cm、长10cm和宽8cm、长10cm两种。

绷带包扎一般用于四肢、头部和肢体粗细相同部位。操作时先在创口上覆盖消毒纱布，救护人员位于伤员的一侧，左手拿绷带头，右手拿绷带卷，从伤口低处向上包扎伤臂或伤腿，要尽量设法暴露手指尖和脚趾尖，以观察血液循环状况。如指尖和脚趾尖呈现青紫色，应立即放松绷带。包扎太松，容易滑落，使伤口暴露造成污染。因此，包扎时应以伤员感到舒适、松紧适当为宜。

① 环形包扎法。环形包扎法是绷带包扎中最常用的，适用肢体粗细较均匀处伤口的包扎。首先用无菌敷料覆盖伤口，用左手将绷带固定在敷料上，右手持绷带卷绕肢体紧密缠绕；然后将绷带裁开一端稍作斜状环绕一圈，将第一圈斜出一角压入环形圈内，环绕第二圈；加压绕肢体环形缠绕4～5层，每圈盖住前一圈，绷带缠绕范围要超出敷料边缘；最后用胶布粘贴固定，或将绷带尾从中央纵形剪开形成两个布条，两布条先打一结，然后两者绕肢体打结固定（图8-11）。

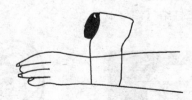

图8-11　环形包扎法

② 螺旋形包扎法。适用上肢、躯干的包扎。操作时首先用无菌敷料覆盖伤口，作环形包扎数圈，然后将绷带渐渐地斜旋上升缠每圈盖过前圈1/3或2/3成螺旋状（图8-12）。

③ 回反包扎法。用于头部或断肢体伤口包扎。首先用无菌敷料覆盖伤口；然后作环形固定两圈；左手持绷带一端于头后中部，右手持绷带卷，从头后方向前到前额；再固定前额处绷带向后反折；反复呈放射性反折，直至将敷料完全覆盖；最后环形缠绕两圈，将上述反折绷带端固定（图8-13）。

④ "8"字形包扎法。用于手掌、膝部和其他关节处伤口的包扎，选用弹力绷带。首先

螺旋反折包扎法

图 8-12　螺旋形包扎法

用无菌敷料覆盖伤口；包扎手时从腕部开始，先环形缠绕两圈；然后经手和腕"8"字形缠绕；最后绷带尾端在腕部固定；包扎关节时关节上下"8"字形缠绕（图 8-14）。

图 8-13　回反包扎法

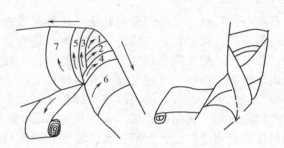

图 8-14　"8"字形包扎法

（3）三角巾包扎法　用一块正方形普通白布或纱布，边长为 100cm，对角剪开即成两块三角巾。三角巾最长的边称为底边，正对底边的角叫顶角，底边两端的两个角称为底角。三角巾顶角上缝有一条长 45cm 的带子称为系带。为了方便不同部位的包扎，可将三角巾叠成带状或将三角巾顶角附近处与底边中点折成燕尾式。

① 头顶帽式包扎法。先取无菌纱布覆盖伤口，然后把三角巾底边的中点放在伤员眉间上部，顶角经头顶拉到脑后枕部，再将两个底角在枕部交叉返回到额部中央打结，最后，拉紧顶角并反折塞在枕部交叉处（图 8-15）。

② 风帽式包扎法。适用于包扎头部和两侧面、枕部的外伤。先将消毒纱布覆盖在伤口上，将顶角打结放在前额正中，在底边的中点打结放在枕部，然后两手拉在两个底角向下颌包住并交叉，再绕到颈后在枕部打结（图 8-16）。

图 8-15　头顶帽式包扎法

图 8-16　风帽式包扎法

③ 面部包扎法。将三角巾顶角打一结，放在下颌处或顶角结放在头顶处，将三角巾覆盖面部，底边两角拉向枕后交叉，然后在前额打结，在覆盖面部的三角巾对应部位开洞，露出眼、鼻、口（图 8-17）。

④ 单眼包扎法。将三角巾折成带状，其上 1/3 处盖在伤眼，下 2/3 从耳下端绕经枕部向健侧耳上额部并压上上端带巾，再绕经伤侧耳上、枕部至健侧耳上与带巾另一端在健耳上打结固定（图 8-18）。

图 8-17　面部包扎法　　　　　　　图 8-18　单眼包扎法

⑤ 双眼包扎法。将无菌纱布覆盖在伤眼上，用带形三角巾从头后部拉向前，从眼部交叉，再绕向枕下部打结固定。

⑥ 手足包扎法。将手或足放在三角巾上，顶角在前拉至手或足的背面，然后将底边缠绕打结固定（图 8-19）。

图 8-19　手足包扎法

3. 包扎时的注意事项

① 包扎时尽可能戴上医用手套，如无医用手套，要用敷料、干净布片、塑料袋、餐巾纸为隔离层。

② 如必须用裸露的手进行伤口处理，在处理完成后，要用肥皂清洗手。

③ 除化学伤外，伤口一般不用水冲洗，也不要在伤口上涂消毒剂或消炎粉。

④ 不要对嵌有异物或骨折断端外露的伤口直接包扎。

四、伤患的搬运技术

1. 伤患搬运概述

（1）搬运的意义　搬运和输送是挽救病人生命的关键步骤，在救护伤员工作中具有很重要的意义。伤员经过急救处理后，应尽快送往医院，进行进一步检查和更有效的治疗。搬运不当，轻者会延误检查和治疗，重者可以使病情恶化，甚至死亡，切不可低估搬运的作用。

（2）搬运的要求

① 根据现场条件选择适宜的搬运方法和搬运工具。

② 搬运病人时，动作要轻捷、协调一致。

③ 对脊柱、骨盆骨折病人，应选择平整的硬担架，尽量减少震动，以免加重病情和给

病人带来痛苦。

④ 转运路途较远的病人，应寻找适应的交通工具。

⑤ 运送途中，最好有卫生人员护送，并要严密观察病情，应采取急救处理，以防止发生休克。

⑥ 到达医院后，向医务人员介绍急救处理经过，以供下一步检查诊断参考。

（3）注意事项

① 密切观察伤员的呼吸、脉搏和神志的变化，伤口渗血的情况，并要及时地妥善处理后再运送。

② 注意保持伤员的特定体位。

③ 注意颈部伤员的体位和呼吸道的通畅情况。

④ 应经常观察有夹板（或石膏）伤员肢体的末端循环情况，如有障碍时要立即处理。

⑤ 除腹部伤外，可给伤员适量饮水。

2. 搬运技术

（1）侧身匍匐搬运法　根据伤员受伤部位，应用左或右侧的匍匐法。搬运时，使伤部向上，将伤员的腰部放在搬运者的大腿上，并使伤员的躯干紧靠在胸前，使伤员的头部和上肢不与地面接触，如图 8-20 所示。

图 8-20　匍匐搬运法

（2）牵拖法　将伤员放在油布或雨衣上，将两个对角或两袖结扎，固定伤员的身体，然后用绳索与近侧一角连接，搬运者牵拖或匍匐前进，如图 8-21 所示。

图 8-21　牵拖法

（3）单人背、抱法　背伤员时，应将其上肢放在搬运者的胸前。抢救伤员时，搬运者一手抱其腰部，另一手托起大腿中部。头部伤员神志清楚，可采用这种方法，如图 8-22 所示。

图 8-22　单人背、抱法

（4）椅子式搬运法　多用于头部伤而无颅脑损伤的伤员，如图8-23所示。

（5）搬抬式搬运法　对脊柱伤或腹部伤员不宜采用，如图8-24所示。

图8-23　椅子式搬运法　　　　　　图8-24　搬抬式搬运法

　　还有平抱和平抬法、三人搬运或多人搬运法等，如图8-25和图8-26所示。另外，担架搬运也是事故现场广泛采用的一种搬运方式。

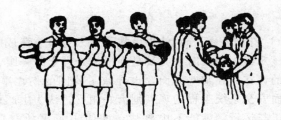

图8-25　平抱和平抬法　　　　　　图8-26　三人搬运或多人搬运法

第九章

事故的认定、责任、处理与经济损失

相当一部分人认为事故不是人为有意造成的，所以当事故在认定时、在责任分析中、在核对经济损失时，尤其是在事故处理上睁一眼、闭一眼就行了，不要太认真。由于这种观念的存在，在某些方面，也导致了我国的伤亡事故难以杜绝，以至于伤亡事故"前仆后继"。而安全系统工程的观点则恰好相反，认为生产系统是人造系统，只要认真科学设计，认真施工与运行，就能不出事故；即使出了事故，只要认真处理，吸取教训，事故就不可能再发生。

第一节　事故性质的认定

一、事故性质的认定

事故的性质一般分为责任性事故和非责任性事故。通常情况下，凡是在生产领域或人们在改造和利用大自然过程中发生的事故，一般都是责任事故。因为现代的工业生产系统都是根据人的意志和人的能力而设计的，因此，任何生产或生活过程中所发生的各类事故从理论和客观上讲，都是可以预防的，发生了事故都是由于人的责任没有尽到而酿成的。

大量的实践已经证明，凡是将工业生产系统中发生的事故，归属于非责任事故或自然事故的，此类事故必将还会重复发生或难以杜绝。对于事故性质的认定，可依据《中华人民共和国安全生产法》《生产安全事故报告和调查处理条例》《企业职工伤亡事故调查分析规则》和《企业职工伤亡事故分类标准》等国家法律、法规和标准或文件来评定。一般情况下，事故性质的认定是在尊重客观事实的基础上，依据国家法律法规和标准，由事故调查组负责认定。所以《生产安全事故报告和调查处理条例》第二十五条中做出了明确规定，"事故调查组履行下列职责：一、查明事故发生的经过、原因、人员伤亡情况及经济损失；二、认定事故的性质和事故责任。"

二、事故性质与原因认定的说明

对于事故性质的认定，一般是由事故原因决定的，找准了事故的原因，事故的性质也就清楚了。但是在个别的事故中，事故的真实原因是很难查清的，例如瓦斯爆炸事故、火灾事故和水灾事故等，由于此类事故的发生基本是毁灭性的，处在现场的人、物和各类能够证明的东西已经毁灭或面目全非，有时是很难查清真伪的，只有依据现场一些残留的迹象或事故调查的相关材料来推测或模拟试验而做出事故原因或性质的结论。

在此，需要说明的是，对于在生产过程中难以查清的事故原因、或出现几种说法与争议，事故性质或原因难以定夺时，一般是由安全生产监督管理机构组织专家再进行调查、研究、讨论后进行认定，最后由负责事故调查的当地人民政府或安全生产监督管理机构审定，并向社会公布。

第二节　事故责任的划分与追究

一、事故责任的划分

事故责任的划分或者分析是在事故原因分析的基础上进行的，进行责任的划分或分析的目的是使责任者吸取事故教训，改进工作。

事故责任的划分和分类如下。

1. 事故的直接责任者

事故的直接责任者，是指其行为与事故的发生有着直接关系的人员。

2. 事故的主要责任者

事故的主要责任者，是指对事故的发生起着主要作用的人员。发生下列情况之一的，其有关人员负直接责任或主要责任：

① 违章指挥或违章作业、冒险作业而造成事故的；

② 违反安全生产责任制和操作规程而造成事故的；

③ 违反劳动纪律、擅自开动机械设备、擅自更改、拆除、毁坏、挪用安全装置或设备而造成事故的。

3. 对事故负有领导责任者

对事故负有领导责任者，是指对事故的发生负有领导责任的人员。发生下列情况之一的，应负领导责任：

① 由于安全生产责任制、安全生产规章和操作规程不健全而造成事故的；

② 未按规定对职工进行安全教育和技术培训，或未经考试合格上岗工作而造成事故的；

③ 机械设备超过检修期或超负荷运行或设备有缺陷不采取措施而造成事故的；

④ 作业环境恶劣、混乱、不安全，未采取措施而造成事故的；

⑤ 新建、改建、扩建工程项目的安全设施，未与主体工程同时设计、同时施工、同时投入生产和使用而造成事故的。

总之，对事故责任的划分或分析，在实际的事故处理中是非常困难而又必须做好的事情，必须以严肃认真的态度对待。要根据事故调查所确认的事实，通过对直接原因和间接原因的分析，确定事故的直接责任者和领导责任者。然后在此基础上，在直接责任和领导责任者中，根据其在事故发生过程中的作用，确定事故的主要责任者（直接责任者、主要责任者、领导责任者）。最后，根据事故后果和责任者应负的责任，提出处理意见和防范措施建议。

在确定事故责任者时，应注意定性的准确性，把直接责任者、主要责任者、领导责任者很好地区分开来。

事故发生后，区分具体实施人员（操作者）的直接责任与领导人员的直接责任的界限：如具体实施人员按领导人员的指示实施，或实施中提出纠正意见未被领导人员采纳而造成伤亡事故的，由领导人员负直接责任；如具体实施人员提出了违反有关法规规定的主张、做法，由于领导人员同意实施，或者具体实施人员明知领导的指示违反有关法规规定，但不向领导人员反映，仍继续实施而造成伤亡事故的，则具体实施人员和领导人员都负直接责任。

分清职责范围与直接责任的关系：在自己的规定职责范围和特定义务范围之外，发生伤亡事故的，不负直接责任；如果分工不清，职责不明，就以其实际工作范围和群众公认的职责范围作为认定责任的依据。

如果是由集体研究做出错误决定而造成伤亡事故的，应由主持研究拍板定案者负主要责任。在安全生产工作方面，负有领导责任一般可分为：负有直接领导责任者；负有重要领导责任者；负有一般领导责任者。对于有关领导责任人员的责任区分如下。

① 直接领导责任者，是指在法定职责范围内，对其直接主管的工作不负责任，不履行或不正确履行自己的职责，对事故预防和发生负主要领导责任的领导干部或经营管理者。

② 重要领导责任者，是指在法定职责范围内，对自己应管的工作或应由其参与决定的工作，不履行或不正确履行自己职责，对事故预防和发生负次要领导责任的领导干部或经营管理者。

③ 一般领导责任者，是指对下属单位存在的问题失察或发现后纠正不力，对事故预防和发生负一定领导责任的领导干部或经营管理者。

二、事故责任的追究

事故责任追究，是指因安全生产责任者未履行安全生产有关的法定责任或义务，根据其行为的性质及后果的严重性，追究其行政责任、民事责任或刑事责任的一种制度（安全生产违法行为的法律责任追究方式基本是这三种）。

1. 行政责任

行政责任，是指行为人因违反行政法或因行政法规定而应承担的法律责任。行政责任一般分为职务过错责任和行政过错责任。前者是指行政机关工作人员在执行公务中因滥用职权或违法失职行为而应承担的法律责任；后者是指行政管理相对人因违反行政管理法规而应承担的法律责任。

（1）行政责任的种类

① 行政处分。根据《国务院关于国家行政机关工作人员的奖惩暂行规定》第六条的规定，对国家工作人员的行政处分分为警告、记过、记大过、降级、降职、撤职、留用察看、开除八种。根据《企业职工奖惩条例》第十二条的规定，对企业职工的行政处分分为警告、记过、记大过、降级、降职、留用察看、开除七种，并可给予一定的经济处罚（罚款）。

② 行政处罚。根据《中华人民共和国安全生产法》和《生产安全事故报告和调查处理条例》等法律法规规定，一般分为：警告；罚款；没收违法所得、没收非法财物；责令停产、停业；暂扣或者吊销许可证、暂扣或者吊销执照；行政拘留六种。

（2）事故责任的行政处分规定　事故责任的行政处分，主要是对职务性过错的制裁，它包括不作为失职处分和作为失职处分。《国务院关于特大安全事故行政责任追究的规定》（国务院令第302号）对各种不作为失职行为和作为违法、违纪行为的处分都作了明确规定；

《中华人民共和国安全生产法》第六章对安全生产监督管理人员的行政法律责任也有明确的规定。主要有以下几类：

① 防范性工作失职处分；

② 确保中小学生社会实践活动安全的失职处分；

③ 安全审批失职处分；

④ 监督管理失职处分；

⑤ 事故调查处理失职处分。

（3）事故责任的行政处罚规定　在《中华人民共和国安全生产法》《中华人民共和国突发事件应对法》《国务院关于特大安全事故行政责任追究的规定》《中华人民共和国消防法》《中华人民共和国矿山安全法》《中华人民共和国建筑法》《中华人民共和国环境保护法》《中华人民共和国治安管理条例》和《生产安全事故报告和调查处理条例》等法律、法规中，对违反安全规定或因违法行为造成事故的责任人（公民、法人或其他组织）的行政处罚，都有具体规定，在此不再叙述。

2. 刑事责任

刑事责任，是指行为人违反安全生产法律规定构成犯罪的，由司法机关依照刑事法律给予刑罚的法律责任。由于刑事违法的违法性质最为严重，故刑事责任也最为严厉。在我国，认定和追究刑事责任的主体只能是国家审判机关、即各级人民法院；承担刑事责任的主体只能是刑事违法者本人。

根据我国《刑法》中的规定，与安全生产有关的犯罪主要有危害公共安全罪，渎职罪，生产、销售伪劣商品罪和重大环境污染事故罪。其中危害公共安全罪是一类社会危害性非常严重的犯罪，是《刑法》分则规定的犯罪中除危害国家安全罪外，客观危险性最大的一类犯罪。罪名包括重大飞行事故罪、铁路运营事故罪、交通肇事罪、重大责任事故罪、重大劳动事故罪、危险物品肇事罪、工程重大事故罪、教育设施重大事故罪、消防责任事故罪等。

《中华人民共和国安全生产法》第七十七条、七十九条、八十条、八十一条、八十二条、八十四条、八十五条、八十八条、九十条、九十一条和九十二条，对追究刑事责任做了具体规定；同时，《生产安全事故报告和调查处理条例》第三十五条、第三十六条、第二十八条、第三十九条、第四十条、第四十一条也做出了相应规定。在此不再叙述。

3. 民事责任

民事责任，是指行为人违反民事法律规定而造成民事损害，由人民法院依照民事法律强制其进行民事赔偿的法律责任。民事责任主要表现为财产责任，是一种救济责任，用于救济当事人的权利，赔偿或补偿当事人的损失，多数可通过当事人协商解决。民事责任大体可分为违约民事责任和侵权民事责任两大类。

安全生产的民事责任主要是侵权民事责任，包括财产损失赔偿责任和人身伤害民事责任。《中华人民共和国安全生产法》第七十九条、八十六条、九十五条和四十八条，以及《生产安全事故报告和调查处理条例》相关条款对有关民事责任都做出了具体规定，在此不再叙述。

第三节　事故处理

一、伤亡事故的处理

事故的处理工作是一项极其严肃的工作，必须认真对待，真正查明事故原因，才能明确责任，吸取教训，进而避免同类事故的重复发生。《中华人民共和国安全生产法》明确规定了生产事故调查处理的原则是：实事求是；尊重科学；及时准确。

伤亡事故处理的目的是通过对事故责任者的处罚来教育广大干部和群众，使其认真执行国家安全生产方针，遵守安全生产法规，杜绝"三违"现象，防止相同或类似事故的发生。所以事故处理工作必须坚持"四不放过"的原则，就是"事故原因不查清不放过；防范措施不落实不放过；职工群众没有受到教育不放过；事故责任者没受到处理不放过。"

国务院关于《生产安全事故报告和调查处理条例》和有关规定，对伤亡事故的处理也做出了原则规定，下面进行简单归纳。

（1）事故调查组提出的事故处理意见和防范与整改措施，由发生事故的单位（企业）和主管部门负责组织落实，并接受单位工会组织和职工的监督。当地安全生产监督管理部门和负有安全生产监督管理职责的有关部门，对事故发生单位落实防范和整改措施的情况进行监督检查。

（2）因忽视安全生产、违章指挥、违章作业、玩忽职守或者发现事故隐患、危害员工生命安全情况而不采取有效措施以致造成伤亡事故的，由单位（企业）主管部门和安全生产监督管理部门按照国家有关规定，对单位（企业）负责人和直接责任人员给予行政处分；构成犯罪的，由司法机关依法追究刑事责任。

（3）违反安全生产有关规定，在伤亡事故发生后隐瞒不报、谎报、故意迟延不报、故意破坏事故现场，或者无正当理由，拒绝接受调查以及拒绝提供有关情况和资料的，由安全生产监督管理部门和负有安全生产监督管理职责的有关部门按照国家规定，对有关单位负责人和直接责任人员给予行政处分；构成犯罪的，由司法机关依法追究刑事责任。

（4）一般事故、较大事故和重大事故，负责事故调查的人民政府在收到事故报告之日起15日内做出处理批复；特别重大事故，30日内做出批复，特殊情况下，批复时间可以适当延长，但延长时间最长不超过30日。

（5）伤亡事故处理情况，应当由负责事故调查的人民政府或者授权的有关部门、机构及时向社会公布。在具体进行伤亡事故处理时，应注意以下几点。

① 在处理事故时，应当依据《中华人民共和国安全生产法》，并结合各级安全生产责任制的规定，分清事故的直接责任者（指其行为与事故的发生有直接关系的人员）、主要责任者（指对事故的发生起主要作用的人员）和领导责任者（指对事故的发生负有领导责任的人员）。

② 凡是因错误指挥，缺乏安全生产规章制度，使职工无章可循，不按规定对职工进行安全技术教育和考核，安全管理混乱，实行经济承包、租赁，承包合同没有劳动保护内容；机械设备和设施不按时检修或明知设施有隐患而不及时消除；劳动条件和作业环境恶劣而不采取措施、又不按规定提取和使用安全措施经费，或者自然环境发生变化导致作业环境出现危险和出现事故预兆而不采取紧急措施；新建、改建、扩建工程和技术改造项目，安全卫生设施不与主体工程实行"三同时"，以致造成伤亡事故的，应当追究单位主要负责人和有关领导人的责任。

③ 凡是因违章指挥、违章作业、玩忽职守、违反劳动纪律，或发现危急情况既不报告又不采取应有措施，不按规定配备、穿戴防护用品和用具以致造成伤亡事故的，应当追究事故直接责任者或主要责任者的责任。

④ 对事故责任者的处理，应当以教育为主，或者给予适当的行政处分和经济处罚。对事故责任者的处罚并不是事故调查的最终目的，其目的是使其吸取事故教训，避免再犯类似错误。但如果事故责任者的情节恶劣，后果严重，触犯了刑法，则应提请司法部门依法追究

刑事责任。

总之，对事故进行处理（对事故责任者的教育与处理），是对人民、对国家的一种高度负责的责任感，是保护人民和国家财产、防止类似事故重复发生的重要手段，是教育当事人和职工群众的一种方法，应该引起足够的重视。

二、事故的批复与结案

根据国家有关规定，职工伤亡事故的处理应按以下原则进行审批结案（指生产事故）。

（1）轻伤事故由事故发生单位（企业）处理结案。

（2）重伤事故由事故发生单位（企业）调查组提出处理意见，并由事故发生单位所在地的县（区）级安全生产监督管理部门批复结案，或根据事故调查组的事故调查报告做出处理决定（应征得企业所在地的政府安全生产监督管理部门的意见，由企业主管部门批复）。

事故发生单位对于上述两种事故发生和处理情况，即所发生的轻伤和重伤人员名单以及处理结案，还要及时呈报所在地的劳动和社会保障部门及劳动保险部门备案，以便及时做好受伤人员的评残和工伤福利工作。

（3）一般事故（死亡事故）由事故调查组提出处理意见，报请事故发生单位所在地的县（市、区）级人民政府批复结案（或地市级安全生产监督管理部门批复结案或处理）。

（4）较大事故（死亡事故）由事故调查组提出处理意见，报请事故发生单位所在地的地（市）级人民政府批复结案（或省、自治区、直辖市安全生产监督管理部门批复结案或处理）。

（5）重大死亡事故由事故调查组提出处理意见，由省、自治区、直辖市人民政府（或国家安全生产监督管理部门）批复结案。

（6）特别重大事故由事故调查组提出处理意见，由省、自治区、直辖市人民政府或国务院有关部门呈报事故调查报告，由国务院或国家安全生产监督管理部门批复结案。

对于伤亡事故处理，如企业或企业主管部门对安全生产监督管理部门的审查答复持有不同意见时，报上一级安全生产监督管理部门处理，如仍有不同意见，报请同级人民政府裁决，按最后裁决意见执行，企业和企业主管部门不得自行处理结案。

职工伤亡事故处理结案后，要在全体职工大会上或以通知、通告或公开宣布处理结案。对有关人员的处分决定，要装入本人档案。安全生产监督管理部门和有关部门对处理结果执行情况要进行监督检查。

伤亡事故处理结案后，按照 GB 6442—86《企业职工伤亡事故调查分析规则》的规定，应将下列事故资料归档保存：

① 职工伤亡事故登记表；

② 职工死亡、重伤事故调查报告书及批复；

③ 现场调查记录、图纸、照片；

④ 事故技术鉴定和试验报告；

⑤ 事故的物证、人证材料；

⑥ 事故的直接和间接经济损失材料；

⑦ 事故责任者自述材料；

⑧ 医疗部门对伤亡人员的诊断书；

⑨ 发生事故的工艺条件、操作情况和设计资料；

⑩ 处分决定和受处分人员的检查材料；

⑪ 事故通报、简报及文件；

⑫ 注明参加事故调查组的人员姓名、职务、单位。

事故资料的保存（归档）方式，除书面记录、照片（图片）等普通方式外，一些重要的资料应尽可能利用现代化的手段，如磁盘、光盘、细微胶片等进行保存，既便于查阅，又能长期保存。通常情况下，每起事故应单独建立相应的事故档案。建立事故档案时，应按照国家的有关档案标准进行，使事故档案工作标准化，为事故的统计分析工作发挥其应有的作用（相关事故档案将在第十章中阐述）。

在此，应该指出的是，很多事故发生单位，对于轻伤事故和重伤事故，尤其是轻伤事故不予重视，不计于统计范围之内，不纳入事故的处理与管理之中，这是一种非常不负责任的现象。尤其是目前很多事故发生单位，所出现的死亡事故人数多于轻伤事故人数，这是一种非常不正常的可怕现象！

第四节　事故经济损失

进行生产和经济建设的根本目的，就是最大限度地满足国家和人们不断增长的物质和文化生活的需要。对所发生的伤亡事故而带来的经济损失的统计计算，有助于定量地认识伤亡事故而造成的严重程度，可以促进事故管理工作的发展，改善企业的安全生产状况。

大量的事实证明，事故的发生会给国家、企业和人们带来经济损失，而这种损失有的是无法弥补的。例如，事故中发生了死亡，人是不能复活的，就是永远无法弥补的。研究伤亡事故经济损失应分为两大部分：第一大部分是有形损失，包括直接经济损失和间接经济损失，可以列出具体项目，逐项进行损失计算；另一大部分则是无形损失，指的是人在事故中造成伤残或死亡，由此而带来的人心混乱、意志消沉、精神不振、企业信誉下降或丧失等，这是无法直接进行统计计算的。下面从有形损失的角度，简单介绍事故经济损失计算方法与标准。

一、伤亡事故经济损失的概念和计算方法

伤亡事故经济损失计算方法和标准按照《企业职工伤亡事故经济损失统计标准》（GB 6721—86）进行计算。

伤亡事故经济损失，是指企业、单位职工在劳动生产过程中发生伤亡事故所引起的一切经济损失，包括直接经济损失和间接经济损失。

1. 事故直接经济损失

事故直接经济损失，是指因事故造成人身伤亡及善后处理支出的费用和毁坏财产的价值。

2. 事故间接经济损失

事故间接经济损失，是指因事故导致产值减少、资源破坏、环境污染和受事故影响而造成其他损失的价值。

3. 事故直接经济损失的统计计算范围

（1）职工伤亡后所支出的各类费用：

① 医疗费用（含营养费和护理费用）；

② 丧葬及抚恤费用；

③ 补助及救济费用（我国有的地区已出台了硬性标准，即因工死亡一名员工补助金最少为 20 万元人民币）；

④ 歇工工资。

（2）善后处理各类费用：

① 处理事故的事务性费用（包括招待、交通、住宿、饮食和人员出差费用等）；

② 现场抢救费用；

③ 清理现场费用；

④ 事故罚款和赔偿费用。

（3）财产损失价值：

① 固定资产损失价值；

② 流动资产损失价值。

4. 事故间接经济损失的统计计算范围

（1）因事故停产、减产的损失价值。

（2）由事故造成的各类工作损失价值。

（3）资源损失价值。

（4）处理环境污染的各项费用。

（5）补充新职工的教育和培训费用。

（6）其他损失费用。

5. 事故经济损失计算方法

（1）事故造成的总经济损失　是指事故直接经济损失与间接经济损失之和。其具体计算方法为：

$$J_z = Z_j + J_j$$

式中　J_z——事故总经济损失，万元；

Z_j——事故直接经济损失，万元；

J_j——事故间接经济损失，万元。

（2）事故造成的各项工作损失价值　是指由于事故使被伤害职工的劳动功能部分或全部丧失而造成的损失。其计算方法如下：

$$G_s = \frac{G_z}{R_p} \times \frac{S_l}{G_f}$$

式中　G_s——工作损失价值，万元；

G_z——发生一起事故的总损失工作日 [我国规定死亡一名职工按 6000 个工作日计算，受伤职工视伤害情况按《企业职工伤亡事故分类标准》（GB 6441—86）的附表确定]，日；

R_p——该企业上年的平均职工人数；

S_l——该企业上年的税利（税金加利润），对于亏损企业以及盈利小于工资总额的企业，可用企业上年的工资总额代替，万元；

G_f——该企业上年的实际工作日数，日。

（3）事故造成的固定资产损失价值　可按下列情况计算：

① 报废的固定资产，以固定资产净值减去残值计算；

② 损坏的固定资产，以修复费用计算。

（4）事故造成的流动资产损失价值　可按下列情况计算：

① 原材料、燃料、辅助材料等均按账面值减去残值计算；

② 成品、半成品、在制品等均以企业实际成本减去残值计算。

（5）事故已处理结案而未能结算的医疗费、歇工工资　采用测算方法计算。

（6）事故分期支付的抚恤、补助　按审定支出的费用，从开始支付日期累积到停发日期。目前对于因工死亡员工，在有的地区已制定了硬性规定，即要求事故发生单位对因事故死亡的每一个人一次性支付清楚。

（7）事故造成停产、减产损失　按事故发生之日起到恢复正常生产水平时为止，计算其损失的价值。

二、事故经济损失的统计原则和经济损失的评价指标与说明

1. 千人经济损失率

千人经济损失率，是指企事业单位一年内，每千名员工因事故造成的平均经济损失。其计算公式为：

$$J_q = \frac{J_c}{R_p} \times 1000‰$$

式中　J_q——千人经济损失率；

　　J_c——该企业全年内经济损失，万元；

　　R_p——该企业平均职工人数，人。

2. 百万元产值经济损失率

百万元产值经济损失率，是指企业内每百万元产值因事故造成的平均经济损失。其计算公式为：

$$J_b = \frac{J_c}{C_z} \times 100\%$$

式中　J_b——百万元产值经济损失率；

　　J_c——全年内经济损失，万元；

　　C_z——企业总产值，万元。

3. 事故经济损失统计的原则与说明

（1）事故经济损失的统计与计算必须坚持如实汇总的原则。在各项的费用汇总中，有的是从工资基金中支付，有的是从福利基金中支付，有的则是从其他部门支付。总之，凡是支出的费用，不论发生在什么单位（工会、财务、医院），什么会计科目内，均应搜集汇总，如实统计计算。在实际的统计中，有的事故发生单位为了自己的利益或者影响，尽量少报或大事化小，这是一种极不负责任的现象。

（2）事故中的物质损失指企业生产中或库存中的原材料、燃料、成品、半成品的损失，计算时应以账面值减去残值。所谓账面值，是指物资管理部门和财务管理部门账目上该项物资所应有的数量及其价值。所谓残值，是指事故发生后该项物资所幸存的数量及实际价值。

（3）事故中固定资产损失，应以新建或修复该项资产所需的费用减去残存部分可抵偿的

费用计算。这里要指出的是，新建或修复的固定资产，必须保证达到事故前的技术能力和特性，残存部分的价值的估算必须科学、准确。

（4）事故造成的停产、减产损失，应以事故前一个月的平均生产水平作为正常水平，从事故之日起至恢复正常水平所需的时间来计算。

（5）还应考虑由于事故停产、减产和质量下降对其他有关企业或部门的影响，认真计算所造成的损失，例如直接影响其他企业停产、减产、窝工所造成的损失，通常的情况下可按合同要求进行估算。

第十章

事故调查报告书、事故统计报表

第一节 事故调查报告书的内容与要求

一、事故调查报告书的重要性

伤亡事故是人们违背安全生产规律所受到的惩罚与教训。它告诉人们必须遵守自然规律和生产规律，必须按规章操作，或必须抛弃错误的理论、错误的管理和落后的技术设备，去研究新的理论技术，制定新的措施规则，采用新的技术设备。事故又是强迫人们必须接受的最真实的"科学试验"，它蕴藏着丰富的经验、教训、知识和新课题，可以说事故是技术进步之母。所以，如实记录事故经过和找出事故真正原因，撰写好伤亡事故调查报告书就显得十分重要与突出。

伤亡事故调查报告书是人类在进行生产活动以及在改造、利用大自然中所付出的沉重代价与接受教训的证明书，是一部血写的技术报告；是找出事故原因、教育当事人与后人、避免事故再次发生、防范事故发生的最有效的教材；是修正安全技术操作规程和制定技术标准及设计规范的重要依据；同时也是事故处理的关键材料，司法机关办案和刑事诉讼的主要证据。所以，如何全面、完整、准确地找到事故经过和事故原因，做出公正、科学、符合客观事实的结论，并用文字形式系统、翔实、规范地写出事故调查报告书，有着十分重要的意义。

二、事故调查报告书的主要内容

《生产安全事故报告和调查处理条例》（国务院令第 493 号）对事故调查报告书作出了非常明确的规定（第三章第三十条）：

① 事故发生单位概况；

② 事故发生经过和事故救援情况；

③ 事故造成的人员伤亡和直接经济损失；

④ 事故发生的原因和事故性质；

⑤ 事故责任的认定以及对事故责任者的处理；

⑥ 事故防范和整改措施。

同时，事故调查报告还应当附具相关证据材料，如《事故技术鉴定书》《事故调查询问笔录》《事故现场勘察报告》和相关调查材料、图纸和照片以及尸检报告等。事故调查组成人员还应当在事故调查报告上签名。事故调查报告书形成后，应立即呈报负责事故调查的人民政府审批。人民政府批复后，除按照有关规定进行公布和处理外，应与事故调查的有关资料一起归档保存。

三、事故调查报告书的相关要求

国家对事故调查报告书的格式和内容都做了比较详细的要求，在实际工作中也做得比较规范，但是对于事故调查报告书的相关证据材料，则没有形成规范的要求，或者说调查证据材料规定不全面、不具体、不规范，不能说明事故调查报告书中的内容，为此有必要做出要求或者说明。

例如，《事故技术鉴定书》是《事故调查报告书》的重要组成部分之一，也是撰写《事故调查报告书》的主要依据。但是，有些《事故调查报告书》中则写的原则性较强或十分模糊，甚至于根本不附具《事故技术鉴定书》。事故发生后，尤其是伤亡事故发生后，不进行详细的技术鉴定，也不制定切实可行的防范措施，就草草地了结事故，导致很多类似的事故重复发生，形成了事故的恶性循环。

因为《事故技术鉴定书》是《事故调查报告书》的核心，也是撰写《事故调查报告书》的基础，在此做如下阐述。

1. 对事故技术鉴定的要求

事故技术鉴定是事故调查和事故技术鉴定组的主要任务，其目的就是查清事故的直接原因，并分析研究找出事故的间接原因，从而达到运用技术的手段与方法说明违反客观（生产）规律或自然规律而酿成事故的必然性，实现事故技术鉴定的要求和事故调查的科学性。

由于事故的表现形式多种多样，事故的原因错综复杂，特别是有的事故发生后，事故的现场全部被破坏，甚至事故的当事人已经死亡或难以查到，这就需要大量、反复地勘察论证、调查分析、模拟试验、专项技术鉴定和重点物证采样化验。实践证明，一般事故的发生都离不开如下四大方面的原因，即人的不安全的行为、物的不安全状态、环境的不安全因素和管理上的失误、缺陷与混乱。事故的触发往往由这四种或其中的三种、两种原因同时联合作用或某一种原因单独作用而造成。通过现场技术勘察、调查询问、分析物证、模拟试验，技术鉴定组最后对事故的直接原因做出技术上的结论，并形成文字，以《事故技术鉴定书》的形式表达。

2. 技术鉴定书的基本内容与格式

（1）自然状况　自然状况是技术鉴定书的第一部分，是事故发生前与事故有关的各种自然情况的介绍。它主要包括天气（自然环境）、工作环境，即温度、照度、湿度、噪声、色彩度和有毒、有害物质的含量及取样分析或检测记录；事故单位设备或设施及使用状况；主要管理者、受害人和肇事者状况，包括姓名、年龄、文化程度、身体情况、职业、技术等级、工龄、本工种工龄、支付工资形式和接受安全教育情况。例如，事故发生前天气恶劣或下暴雨，就会引起一些人心烦意乱、关节疼痛和水量增加或出现水灾（水淹、涌水和透水），影响安全，容易引发事故。又如，事故肇事者或主要管理者没有受过一定的安全技术培训，不懂或马虎大意，也容易引发事故。所以，自然状况非常重要，它是技术鉴定书的引子、纲领。

（2）事故经过与勘察论证　事故经过与勘察论证是形成技术鉴定书的主要内容。事故经过，即指与事故有关的事，应客观而简洁地叙述，不能局限于当班或一个人，应根据所提供的各种材料、现场勘察的主要物证、现场或实验室的试验数据、专项技术鉴定、模拟试验报告和理论计算数值及法医检验报告等，进行综合分析、反复讨论后，对事故经过进行翔实、科学的叙述；应说明事故前或事故发生时，受害人和肇事者什么时间开始工作、工作内容、工作量、作业程序、操作时的动作或位置；同时对现场管理、经营管理、劳动组织、安全投入、安全教育和安全技术规程等方面存在的问题及其与事故的因果关系，也应论证表述清楚，并注明肇事者或单位违反的安全操作规程或国家安全生产法律、法规的名称、条款。在论证中必须有严密的推理过程，语言确切、用词恰当。

（3）事故原因与结论　事故原因与结论应该是所鉴定内容的精练、准确的概括，是以结果和讨论为前提，经过严密的逻辑推理所做出的最终决定，是全篇技术鉴定书的精髓。事故原因应主要阐述事故的直接原因，简单指出事故的间接原因。事故时间、事故地点、事故类别、伤亡人数、事故性质和鉴定结论日期等，都应在结论中简洁、准确地表述清楚。

（4）附件材料　附件材料也是事故技术鉴定书的主要组成部分，是撰写事故技术鉴定书的必备资料，它主要包括事故现场图、事故调查询问笔录、事故模拟试验报告、事故专项技术鉴定、法医检验报告、鉴定所依据的主要物证、照片、理论计算推导过程的数据和鉴定人员名单与签字。根据《事故技术鉴定书》的书写顺序，将附件材料编写成附件一、附件二、附件三等，并附在《事故技术鉴定书》之后。事故技术鉴定书中所使用的计量单位应采用国际统一标准，并前后一致。

总之，伤亡事故技术鉴定，尤其是重特大伤亡事故技术鉴定，是一项非常严肃、技术性和科学性比较强的工作，是制定事故防范和整改措施的重要根据，是写好《事故调查报告书》的主要依据。

第二节　事故调查报告书与事故实例评析

为了帮助事故管理者更好地搞好事故管理工作，防止类似事故重复发生，掌握事故调查报告书的书写格式和写作方法，更好地撰写好事故调查报告书，国务院颁布实施的《生产安全事故报告和调查处理条例》的内容要求，在此摘要两起事故调查报告书的主要内容，并作了一点评析，供读者学习参考。

一、一起特别重大火灾爆炸事故的事故调查报告与评析

天津港"8·12"瑞海公司危险品仓库特别重大火灾爆炸事故调查报告

2015年8月12日22时51分46秒，天津东疆保税港区瑞海国际物流有限公司危险品仓库发生特别重大火灾爆炸事故。

一、事故发生单位概况

天津东疆保税港区瑞海国际物流有限公司（简称瑞海国际）成立于2012年11月28日，为民营企业，员工70人，外用工20人。该公司是天津口岸危险品货物集装箱业务的大型中转、集散中心，是天津海事局指定危险货物监装场站和天津交委港口危险货物作业许可单位。公司以经营危险化学品集

装箱拆箱、装箱、中转运输、货物申报、运抵配送及仓储服务等业务为主。年货运吞吐量 100 万吨，年营业收入达 3000 万元以上。

1. 事故经过

2015 年 8 月 12 日 22 时 30 分左右，天津港交警支队夜班民警在滨海新区第五大街与跃进路交叉口的一处集装箱码头发现火情，拨打 119 报警，并设隔离带拦住车辆进入。随后消防车陆续赶到现场，展开救援，就在消防部队全力灭火之际，于 23 时 34 分左右，集装箱连续发生 2 次爆炸，现场火光冲天，在强烈爆炸声后，数十米高的灰白色蘑菇云瞬间腾起。第一次爆炸发生在 8 月 12 日 23 时 34 分 6 秒，近震震级约 2.3 级，相当于 3 吨 TNT；第二次爆炸发生在 30 秒后，近震震级约 2.9 级，相当于 21 吨 TNT。截止到 2015 年 9 月 8 日下午 3 时，天津港爆炸事故共造成 162 人遇难、11 人失联、798 人住院。

2. 事故救援情况

（1）消防救援 据天津市消防局指挥中心信息称，2015 年 8 月 13 日 11 时，天津消防总队先后调派 143 辆消防车，1000 余名消防官兵到场救援。

8 月 13 日 3 时 40 分，国家级陆上核生化应急救援队进入瑞海公司危险品仓库爆炸现场展开救援。8 月 13 日下午 5 时，对事故附近的 3 个居民小区实施紧急疏散安置。2015 年 8 月 15 日上午 11 时，距离爆炸核心区范围 3 公里内的人员全部撤离。

（2）医疗救援 据天津市急救中心消息称，2015 年 8 月 12 日 23 时 34 分接到第一个事故求救电话。23 时 46 分，第一辆救护车赶到现场，后陆续调派 32 部救护车。截至 8 月 14 日 12 时，天津市急救中心派出救护车 108 车次，昼夜转运伤员 198 人。

2015 年 8 月 13 日 7 时，国家卫计委首批专家到达天津。国家卫计委先后增派 4 批，共 43 名专家赴天津指导医疗救援工作。本次事故院内医疗救援采取集中专家、集中资源、集中患者、急救救治"四集中"的方式进行全力救治。天津市各医院累计救治住院患者 798 人，抢救危重伤员 58 人，门急诊处置数量尚未有准确的报道。

……

二、事故发生原因

事故调查组经过对现场全面调查取证、技术鉴定、综合分析后，最终认定事故直接原因是：瑞海公司危险品仓库运抵区南侧集装箱内的硝化棉由于湿润剂散失出现局部干燥，在高温（天气）等因素的作用下加速分解放热，积热自燃，引起相邻集装箱内的硝化棉和其他危险化学品长时间大面积燃烧，导致堆放于运抵区的硝酸铵等危险化学品发生爆炸。

调查组认定，瑞海公司严重违反有关法律法规，是造成事故发生的主体责任单位。该公司无视安全生产主体责任，严重违反天津市城市总体规划和滨海新区控制性详细规划，违法建设危险货物堆场，违法经营、违规储存危险货物，安全管理极其混乱，安全隐患长期存在。

调查组同时认定，有关地方党委、政府和部门存在有法不依、执法不严、监管不力、履职不到位等问题。天津交通、港口、海关、安监、规划和国土、市场和质检、海事、公安以及滨海新区环保、行政审批等部门单位，未认真贯彻落实有关法律法规，未认真履行职责，违法违规进行行政许可和项目审查，日常监管严重缺失；有些负责人和工作人员贪赃枉法、滥用职权。天津市委、市政府和滨海新区区委、区政府未全面贯彻落实有关法律法规，对有关部门、单位违反城市规划行为和在安全生产管理方面存在的问题失察失管。交通运输部作为港口危险货物监管主管部门，未依照法定职责对港口危险货物安全管理督促检查，对天津交通运输系统工作指导不到位。海关总署督促指导天津海关工作不到位。有关中介及技术服务机构弄虚作假，违法违规进行安全审查、评价和验收等。

三、事故责任（分析）认定以及对责任者处理建议

根据事故原因调查和事故责任认定，依据有关法律法规和党纪政纪规定，对事故有关责任人员和责任单位提出处理意见。

公安机关对 24 名相关企业人员依法立案侦查并采取刑事强制措施（瑞海公司 13 人，中介和技术服务机构 11 人）。

检察机关对25名行政监察对象依法立案侦查并采取刑事强制措施〔正厅级2人，副厅级7人，处级16人；交通运输部门9人，海关系统5人，天津港（集团）有限公司5人，安全监管部门4人，规划部门2人〕。

事故调查组另对123名责任人员提出了处理意见。建议对74名责任人员（省部级5人、厅局级22人、县处级22人、科级及以下25人）给予党纪政纪处分（撤职处分21人、降级处分23人、记大过及以下处分30人）；对其他48名责任人员，建议由天津市纪委及相关部门予以诫勉谈话或批评教育；1名责任人员在事故调查处理期间病故，建议不再给予其处分。

事故调查组建议对事故企业和有关中介及技术服务机构等5家单位分别给予行政处罚。

事故调查组建议对天津市委、市政府通报批评，并责成天津市委、市政府向党中央、国务院作出深刻检查；建议责成交通运输部向国务院作出深刻检查。

调查组建议依法吊销瑞海公司有关证照并处罚款，企业相关主要负责人终身不得担任本行业生产经营单位的负责人；对中滨海盛安全评价公司、天津市化工设计院等中介和技术服务机构给予没收违法所得、罚款、撤销资质等行政处罚。

四、事故教训、事故防范和整改措施

1. 事故教训

（1）要汲取此次事故的沉痛教训，坚持人民利益至上，认真进行安全隐患排查，全面加强危险品管理，切实搞好安全生产，确保人民生命财产安全。

（2）确保安全生产、维护社会安定、保障人民群众安居乐业是各级党委和政府必须承担好的重要责任。

（3）天津港"8.12"瑞海公司危险品仓库特别重大火灾爆炸事故以及近期一些地方接二连三发生的重大安全生产事故，再次暴露出安全生产领域存在突出问题，面临形势严峻。血的教训极其深刻，必须牢牢记取。

（4）各级党委和政府要牢固树立安全发展理念，坚持人民利益至上，始终把安全生产放在首要位置，切实维护人民群众生命财产安全。

（5）要坚决落实安全生产责任制，切实做到党政同责、一岗双责、失职追责。

（6）要健全预警应急机制，加大安全监管执法力度，深入排查和有效化解各类安全生产风险，提高安全生产保障水平，努力推动安全生产形势实现根本好转。

（7）各生产单位要强化安全生产第一意识，落实安全生产主体责任，加强安全生产基础能力建设，坚决遏制重特大安全生产事故发生。

2. 事故防范和整改措施

调查组提出了十个方面的防范措施和整改措施，即：

（1）坚持安全第一的方针，切实把安全生产工作摆在更加突出的位置；

（2）推动生产经营单位落实安全生产主体责任，任何企业均不得违法违规变更经营资质；

（3）进一步理顺港口安全管理体制，明确相关部门安全监管职责；

（4）完善规章制度，着力提高危险化学品安全监管法治化水平；

（5）建立健全危险化学品安全监管体制机制，完善法律法规和标准体系；

（6）建立全国统一的监管信息平台，加强危险化学品监控监管；

（7）严格执行城市总体规划，严格安全准入条件；

（8）大力加强应急救援力量建设和特殊器材装备配备，提升生产安全事故应急处置能力；

（9）严格安全评价、环境影响评价等中介机构的监管，规范其从业行为；

（10）集中开展危险化学品安全专项整治行动，消除各类安全隐患。

【评析】

此报告撰写得非常完整，内容比较全面，条理分明，值得学习与借鉴。

（1）从此事故报告中反映出，事故在发生之前是存在事故预兆的（可惜没有引起重视，从而酿成此次事故的发生）。这是事故管理者必须要掌握的内容和知识。

（2）事故性质认定十分明确，事故的防范措施制定既原则又详细。

二、一起冷却塔施工平台坍塌特别重大事故调查报告

江西丰城发电厂"11·24"冷却塔
施工平台坍塌特别重大事故调查报告

2016年11月24日，江西丰城发电厂三期扩建工程发生冷却塔施工平台坍塌特别重大事故，造成73人死亡、2人受伤，直接经济损失10197.2万元。

一、事故基本情况

（一）工程基本情况

江西丰城发电厂三期扩建工程建设规模为2×1000MW发电机组，总投资额为76.7亿元，属江西省电力建设重点工程。其中，建筑和安装部分主要包括7号、8号机组建筑安装工程，电厂成套设备以外的辅助设施建筑安装工程，7号、8号冷却塔和烟囱工程等，共分为A、B、C、D标段。拟建设两座高168米、直径135米的双曲线型自然通风冷却塔。事发7号冷却塔属于江西丰城发电厂三期扩建工程D标段，是三期扩建工程中两座逆流式双曲线自然通风冷却塔中的一座，采用钢筋混凝土结构。两座冷却塔布置在主厂房北侧，整体呈东西向布置，塔中心间距197.1米。7号冷却塔位于东侧，设计塔高165米，塔底直径132.5米，喉部高度132米，喉部直径75.19米，筒壁厚度0.23至1.1米。2016年3月18日，丰电三期扩建工程建设由土建施工进入安装阶段。丰电三期扩建项目位于丰城市西面石上村铜鼓山，总投资额76.7亿元，拟建两台100万千瓦超超临界燃煤机组。两台机组计划于2017年年底、2018年年初分别投产发电。

（二）事故所涉相关单位情况

1. 工程建设方。江西赣能股份有限公司丰城三期发电厂（以下简称丰城三期发电厂）为项目的法定建设单位，是江西赣能股份有限公司（以下简称江西赣能股份公司）的子公司，江西赣能股份公司控股股东为江西省投资集团公司（以下简称江西投资集团）。江西投资集团成立了丰城发电厂三期扩建工程项目建设领导小组，领导小组由江西投资集团、江西赣能股份公司、丰城二期发电厂等相关人员组成。领导小组下设工程建设指挥部。工程建设指挥部组织架构采用丰城发电厂二期和三期一体化管理模式，安全监督等工作均由丰城二期发电厂相应职能部门安排专人负责，新设置三期扩建工程项目工程部、综合部和生产准备办，负责三期扩建工程项目的内外协调、工程安全、质量、进度、控价、生产准备等工作，人员由丰城二期发电厂内部抽调。

2. 工程监理方。上海斯耐迪工程咨询有限公司（以下简称上海斯耐迪公司）为项目的监理单位，具有电力工程、机电安装工程、房屋建筑工程监理甲级资质，其业务经营由国家核电技术有限公司直接管理。

3. 工程总承包方。中南电力设计院有限公司（以下简称中南电力设计院）为项目的工程总承包单位，具有甲级工程设计综合资质，持有建筑施工安全生产许可证，是中国电力工程顾问集团有限公司（以下简称中电工程集团）的全资子公司，中电工程集团是中国能源建设集团（股份）有限公司的全资子公司。

4. 施工单位。河北亿能烟塔工程有限公司（以下简称河北亿能公司）为7号冷却塔施工单位，具有建筑工程施工总承包一级资质，持有建筑施工安全生产许可证。2016年3月18日，河北亿能公司与中南电力设计院签订了《江西丰城发电厂三期扩建工程施工D标段—冷却塔与烟囱施工合同》，计划工期为2016年3月20日至2017年8月25日。主要施工内容包括7号、8号冷却塔和烟囱。2016年3月26日，河北亿能公司成立了江西丰城发电厂三期扩建工程项目部（以下简称施工单位项目部），在总承包单位项目部统一管理下，具体负责7号冷却塔施工。

二、事故经过

2016年11月24日6时许，混凝土班组、钢筋班组先后完成第52节混凝土浇筑和第53节钢筋绑扎作业，离开作业面。5个木工班组共70人先后上施工平台，分布在筒壁四周施工平台上拆除第50节模板并安装第53节模板。此外，与施工平台连接的平桥上有2名平桥操作人员和1名施工升降机操作人员，在7号冷却塔底部中央竖井、水池底板处有19名工人正在作业。7时33分，7号冷却塔第50～52节筒壁混凝土从后期浇筑完成部位（西偏南15°～16°，距平桥前桥端部偏南弧线距离约28米处）开始坍塌，沿圆周方向向两侧连续倾塌坠落，施工平台及平桥上的作业人员随同筒壁混凝土及模架体系一起坠落，在筒壁坍塌过程中，平桥晃动、倾斜后整体向东倒塌，事故持续时间24秒。

三、事故信息接报及前期应急处置情况

2016年11月24日7时43分，江西省丰城市公安局110指挥中心接到河北亿能公司现场施工人员报警，称丰城发电厂三期扩建工程发生坍塌事故。110指挥中心立即将接警信息通知丰城市公安消防大队、120急救中心、丰城市政府应急管理办公室等单位和部门。

8时07分，丰城市委、市政府主要负责同志立即调派公安、安全监管、住房城乡建设、医疗、交通等单位携带挖掘机、吊车、铲车等重型机械设备赶赴现场处置。8时15分，丰城市委办公室、市政府应急管理办公室分别向宜春市委值班室、市政府应急管理办公室电话汇报事故情况。8时50分，丰城市委办公室、市政府应急管理办公室分别向宜春市委值班室、市政府应急管理办公室报告事故信息。

9时03分，江西省政府相关负责同志调度了解事故现场伤亡情况后，启动省级安全生产事故灾难应急预案。

9时13分，宜春市政府值班室向江西省政府值班室报告事故信息。

9时30分，国家安全生产应急救援指挥中心调度国家（区域）矿山应急救援乐平队、江西省矿山救护总队、丰城大队、新余大队、丰城市矿山救护队及部分安全生产应急救援骨干队伍携带无人机、生命探测仪、破拆及发电等设备参加救援。

9时50分，江西省政府值班室向国务院应急办报告事故信息。

10时30分，江西省政府主要负责同志抵达事故现场，对人员搜救等工作作出安排，决定成立事故救援指挥部（以下简称救援指挥部），由江西省政府相关负责同志担任救援指挥部总指挥，救援指挥部下设现场救援、安全保卫、医疗等7个小组。

11时20分，江西省委主要负责同志抵达事故现场指导救援和善后工作。

四、事故现场应急处置情况

救援指挥部调集3370余人参加现场救援处置，调用吊装、破拆、无人机、卫星移动通信等主要装备、车辆640余台套及10条搜救犬。救援指挥部通过卫星移动通信指挥车、微波图传、4G单兵移动通信等设备将现场图像实时与国务院应急办、公安部、安全监管总局、江西省政府联通，确保了救援过程的精准研判、科学指挥。

救援指挥部按照"全面排查信息、快速确定埋压位置、合理划分救援区域、全力开展搜索营救"的救援方案，将事故现场划分为东1区、东2区、南1区、南2区、西区、北1区、北2区等7个区，每个区配置2个救援组轮换开展救援作业。按照"由浅入深、由易到难，先重点后一般"的原则，救援人员采取"剥洋葱"的方式，用挖掘机起吊废墟、牵引移除障碍物，每清理一层就用雷达生命探测仪和搜救犬各探测一次，全力搜救被埋压人员。

11月24日18时、11月25日11时，救援指挥部分别召开了新闻发布会，通报事故救援和善后处置工作情况。

截止2016年11月25日12时，事故现场搜索工作结束，在确认现场无被埋人员后，救援指挥部宣布现场救援行动结束。

五、医疗救治及善后情况

丰城市120急救中心接报后立即派出第一批3辆救护车赶赴事故现场将伤员送往医院。丰城市人民医院开辟"绿色通道"，安排事故伤员直接入院检查、治疗，按照一级护理标准提供24小时专人护理服务。11月24日11时，救援指挥部调集的南昌大学第一附属医院第一批医疗专家赶到丰城市指导

救助伤员。

救援指挥部成立了善后处置组，下设9个工作服务小组，按照每名遇难者一个工作班子的服务对接工作机制，做好遇难者家属的情绪疏导、心理安抚、赔偿协商、生活保障等工作。截至2016年11月30日，事故各项善后事宜基本完成。

六、事故原因

经调查认定，事故的直接原因是施工单位在7号冷却塔第50节筒壁混凝土强度不足的情况下，违规拆除第50节模板，致使第50节筒壁混凝土失去模板支护，不足以承受上部荷载，从底部最薄弱处开始坍塌，造成第50节及以上筒壁混凝土和模架体系连续倾塌坠落。坠落物冲击与筒壁内侧连接的平桥附着拉索，导致平桥也整体倒塌。具体分析如下。

（一）混凝土强度情况

7号冷却塔第50节模板拆除时，第50、51、52节筒壁混凝土实际小时龄期分别为29～33小时、14～18小时、2～5小时。

根据丰城市气象局提供的气象资料，2016年11月21日至11月24日期间，当地气温骤降，分别为17～21℃、6～17℃、4～6℃和4～5℃，且为阴有小雨天气，这种气象条件延迟了混凝土强度发展。

事故调查组委托检测单位进行了同条件混凝土性能模拟试验，采用第49～52节筒壁混凝土实际使用的材料，按照混凝土设计配合比的材料用量，模拟事发时当地的小时温湿度，拌制的混凝土入模温度为8.7～14.9℃。试验表明，第50节模板拆除时，第50节筒壁混凝土抗压强度为0.89～2.35MPa；第51节筒壁混凝土抗压强度小于0.29MPa；52节筒壁混凝土无抗压强度。

而按照国家标准中强制性条文，拆除第50节模板时，第51节筒壁混凝土强度应该达到6MPa以上。

对7号冷却塔拆模施工过程的受力计算分析表明，在未拆除模板前，第50节筒壁根部能够承担上部荷载作用，当第50节筒壁5个区段分别开始拆模板后，随着拆除模板数量的增加，第50节筒壁混凝土所承受的弯矩迅速增大，直至超过混凝土与钢筋界面粘结破坏的临界值。

（二）平桥倒塌情况

经察看事故监控视频及问询现场目击证人，认定7号冷却塔第50～52节筒壁混凝土和模架体系首先倒塌后，平桥才缓慢倒塌。

经计算分析，平桥附着拉索在混凝土和模架体系等坠落物冲击下发生断裂，同时，巨大的冲击张力迅速转换为反弹力反方向作用在塔身上，致使塔身下部主弦杆应力剧增，瞬间超过抗拉强度，塔身在最薄弱部位首先断裂，并导致平桥整体倒塌。

（三）人为破坏等因素排除情况

经调查组现场勘查、计算分析，排除了人为破坏、地震、设计缺陷、地基沉降、模架体系缺陷等因素引起事故发生的可能。

七、事故处理

根据事故原因调查和事故责任认定，依据有关法律法规和党纪政纪规定，对事故有关责任人员和责任单位提出处理意见：

司法机关已对31人采取刑事强制措施，其中公安机关依法对15人立案侦查并采取刑事强制措施（涉嫌重大责任事故罪13人，涉嫌生产、销售伪劣产品罪2人），检察机关依法对16人立案侦查并采取刑事强制措施（涉嫌玩忽职守罪10人，涉嫌贪污罪3人，涉嫌玩忽职守罪、受贿罪1人，涉嫌滥用职权罪1人，涉嫌行贿罪1人）。

对上述涉嫌犯罪人员中属中共党员或行政监察对象的，按照干部管理权限，责成相关纪检监察机关或单位在具备处理条件时及时作出党纪政纪处理；对其中暂不具备处理条件且已被依法逮捕的党员，由有关党组织及时按规定中止其党员权利。

根据调查认定的失职失责事实、性质，事故调查组在对12个涉责单位的48名责任人员调查材料慎重研究的基础上，依据《中国共产党纪律处分条例》第二十九条、第三十八条，《行政机关公务员处分条例》第二十条和《中国共产党问责条例》第六条、第七条等规定，拟对38名责任人员给予党纪政纪处分。

对 9 名责任情节轻微人员，建议进行通报、诫勉谈话或批评教育；另有 1 人因涉嫌其他严重违纪问题，已被纪检机关立案审查，建议将其应负的事故责任转交立案机关一并办理。

事故调查组建议对 5 家事故有关企业及相关负责人的违法违规行为给予行政处罚。

事故调查组建议责成江西省政府和中国能源建设集团有限公司作出深刻检查。

八、事故教训

一定要绷紧安全弦，深刻吸取江西省宜春丰城发电厂三期在建项目发生冷却塔施工平台坍塌特别重大事故的教训，充分认识安全生产形势的严峻性，牢固树立安全生产红线意识和底线思维；要对隐患零容忍，切实落实安全主体责任，扎实做好隐患排查整治工作，把安全工作落到实处。要监督指导不放松，加强特种设备管理人员和作业人员教育培训和技术指导，认真做好各项保障工作，严格督促操作人员按照操作规范进行作业，确保特种设备使用安全。除了防止高空坠落和坍塌事故，要举一反三，做好排除安全生产中易燃易爆设备上的隐患治理工作。

第三节　事故统计与事故统计报表

事故统计与事故报表工作，是事故管理者的一项重要工作，是国家和各级人民政府衡量与掌握安全工作成效的重要标志，也是国家和各级安全生产监督管理部门掌握事故发生规律和事故发生动态的一种重要手段与方法。所以，如实和按时进行事故统计与报表，是一项非常严肃而又重要的工作。

一、事故统计的概念及作用

1. 事故统计的概念

为了加强安全生产和伤亡事故管理工作，事故统计技术也日益受到重视，并迅速地发展起来。为了弄清事故统计的概念，首先应当明确统计的概念。简单地说，统计是一种从数量上认识事物的方法，是数理统计方法的通称。它主要用来收集、分析并说明有关数据。可以说，统计是在条件不定时进行决断的一门科学，是从数量方面去认识事物的一种科学方法。事故统计，就是运用科学的统计分析方法，对大量的事故资料和数据进行加工、整理和分析，从中揭示出事故发生的某些必然性规律，为防止事故发生指明方向。简而言之，事故统计就是统计学在事故问题中的应用，即关于事故数据资料的收集、整理、分析和推断的科学方法。由于数理统计学比较复杂，在进行事故统计时，可以直接通过有关公式的运用，去理解它的使用与思考方法。伤亡事故统计报表，是直接反映安全工作面貌和安全技术措施有效程度的综合报告，是国家规定的下级机关对上级机关的报告文件。1956 年，国务院制定了《工人职员伤亡事故报告规程》，各部门据此制定了相应的管理措施。

2. 事故统计的作用

事故统计工作是事故管理的一个重要组成部分，它对安全专业人员提高掌握和控制事故隐患的能力具有重要指导意义。它是安全工作的基础，是安全工作必要的业务建设。只有及时、准确地提供事故统计资料，如实反映企业的安全状态和伤亡事故情况，才能防止事故的发生，保障安全生产。其主要作用如下：

① 为各级领导和有关部门制定工作计划、指导生产和制定政策提供依据；

② 便于比较各行各业的安全管理工作水平，考核各企业、单位的安全工作情况；

③ 便于与国外比较，以便取长补短，实现国家安全管理工作的科学化、规范化和进行安全生产；

④ 为安全教育、培训和教学工作提供科学的数据与资料；

⑤ 为科学研究指明方向和提供新课题。

另外，运用或使用事故统计方法，还可以帮助安全工作者解决下列问题：

① 把大量的资料概括为一种简单明了的表格，有利于解决问题和认识事故规律；

② 确定分析样本数据结论的精确度，或通过抽样获得资料的置信度，从而确定保证达到要求精确度应收集或综合的资料数据；

③ 较全面和有意义地分析事故，为科学防范事故找出证据；

④ 计算某些事故发生的概率，以对某种环境中的不肯定情况作出具有一定精确度的判断与方法；

⑤ 找出生产过程或系统中事故原因及其相互关系，为改进工作或提高安全管理打下基础；

⑥ 为科学研究和改进工作（工艺流程、技术规程、安全操作和设备检修等）积累资料和数据。

总之，事故统计有两个方面的作用：一是对过去的事故资料进行整理、分析，称之为事故描述性统计；二是对已有的事故资料（样本）进行推理，进而推测总体，得出某种结论，称之为事故推理性统计。由于样本来自总体，它在一定程度上反映了总体的性质。但是，由于样本只是总体的一部分，因此它不能完全精确无误地反映总体的性质。在事故管理中，推理性统计更显得重要一些，因为它可以根据已掌握的有限事故资料（样本），去预测和控制事故的发生，或者建立事故预测模型，预测事故的发生和发展，以便采取措施进行防范。所以事故统计工作相当重要，这就要求事故管理者必须具有科学认真的工作态度和实事求是的工作精神。

二、事故统计的基本步骤和内容

1. 事故统计的基本步骤

事故统计工作一般分为三个步骤。

（1）事故资料搜集 事故资料搜集又称统计调查，是对大量零星的原始材料进行技术分组，它是整个事故统计工作的前提和基础。资料搜集是根据事故统计的任务或要求，制订调查方案，确定调查对象和单位，拟定调查项目和表格，并按照事故统计工作的性质，选定方法。我国的伤亡事故统计是一项经常性的统计工作，统计调查采用报告法，即下级按照国家制定的报表制度，逐级（按月和年）将伤亡事故统计报表上报。

（2）事故资料整理 资料整理又称统计汇总，是将搜集的事故资料进行审核、汇总，并根据事故统计的要求计算有关数值。汇总的关键是统计分组，就是按一定的统计标志，将分组研究的对象划分为性质相同的组。如按事故类别、事故原因和事故时间等分组，然后按组进行统计计算。

（3）事故综合分析 综合分析是将汇总整理的资料及有关数值，填入统计表或绘制统计图，使大量的零星资料系统化、条理化、科学化，是统计工作的结果。事故统计结果可以用统计指标、统计表、统计图等形式表达。

2. 事故统计的基本内容

伤亡事故统计的基本内容包括以下几点：

① 统计一个地区、一个单位或部门在一定时期内的伤亡事故发生情况，从量的方面反映事故发生状况；

② 计算伤亡事故的各种统计指标，从质的方面提供便于衡量和比较的数据；

③ 对伤亡事故数据进行综合分析，根据不同目的和任务进行分类和专门调查，研究事故的规律，提出减少和消除或防范事故的措施；

④ 编制伤亡事故统计报告、报表和绘制图表；

⑤ 依据事故统计的资料或数据，建立事故预测模型，找出事故发生规律，进行事故预测预防。

事故资料的统计调查、整理和综合分析，是事故统计工作中紧密联系着的三个阶段，是人们认识事故本质的一种重要方法。图 10-1 是一种常见的事故统计程序。

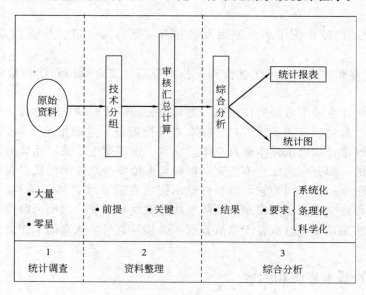

图 10-1   事故统计程序

由图 10-1 事故统计程序看出，事故统计工作分为三个步骤：事故资料统计调查，即收集事故资料，将大量的、零星的事故原始资料，根据事故统计研究的目的进行恰当的分组；事故资料整理，是进行事故资料审核、汇总，并根据事故统计的目的和要求，计算出有关的数值；综合分析，是将汇总、整理的事故资料及有关数据填入统计表或标上统计图，为寻找事故规律提出科学与依据。

3. 事故统计调查

(1) 制定事故统计调查方案   主要包括以下内容。

① 确定事故统计调查目的。事故统计调查是为一定的统计研究任务服务的，在制订调查方案时，首先应该确定调查目的，明确资料收集内容。

② 确定事故统计调查对象。调查对象就是调查统计研究现象的总体，是客观存在的、由许多个别单位在一个共同特征上综合起来的集团。这里，伤亡事故统计就是调查对象，也就是统计总体。调查单位就是组成调查总体的单位，也就是在调查中需要登记其特征的单位。每起伤亡事故就是统计总体的组成单位。为了防止调查单位重复或遗漏，还必须规定报告单位，即填报单位。

③ 确定事故统计调查项目。即确定对被调查单位登记的问题，统计研究上报，称之为标志。它是总体单位所具有的特征的名称，如事故发生的时间、地点，受伤害人的姓名、年龄、工龄，伤害部位、伤害种类、伤害程度、事故原因、事故类型、事故经济损失情况、伤

害休工天数等。标志又分为数量标志和品质标志，前者用数字表示。确定事故统计调查项目时，一是要考虑实际需要与可能，凡是调查目的需要又可以取得的，就要充分满足；二是项目的表达应明确，如数字式、是否式、文字式等，使答案具有确定的表示形式；三是项目之间应尽可能相互联系，以便对照。

调查项目要以表格形式表示。调查表格形式分单一表和一览表两种，把调查项目分类设置成各种调查表格，以便登记和汇总处理。为了使填表无误，应附以简明易懂的填表说明，如对项目的解释、有关数字的计算方法以及填写时应注意的事项等。

④ 确定事故统计调查时间。包括调查项目所反映的时间和调查工作进行的时间。

⑤ 制定事故统计调查的组织实施计划。此计划包括调度时间、检查时间和完成时间等。

（2）调查的种类和方法　一般情况下，事故统计调查的种类有：

① 经常性调查和一次性调查；

② 全面调查和非全面调查；

③ 统计报表和专门调查。

事故统计调查的方法包括：

① 直接观察法；

② 报告法；

③ 采访法（包括个别采访法和开会调查法）；

④ 被调查者自填法。

（3）统计报表的调查运用　事故统计报表有下列类型：

① 基本统计报表和专业统计报表（基层安全员专用报表）；

② 原始记录（包括综合性原始记录和专用原始记录）；

③ 统计台账（介于原始记录和统计报表之间的一种资料汇集形式，有班组、车间或企业统计台账与安全员工作纪实等）。

4. 事故统计资料整理

（1）事故统计资料整理的基本方式　事故统计资料整理有以下基本工作方式。

① 逐级汇总。是指自下而上逐级整理汇总本系统或本地区的事故统计调查资料。

② 集中汇总。是指将全部调查资料集中到一个机关，通过一次汇总直接取得所需要的资料或结果。

③ 综合汇总。是指把逐级汇总和集中汇总结合起来进行的事故统计工作。

④ 会审汇编的资料汇总。是指在上级机关统一组织领导下，下级机关的统计人员按规定时间携带统计表及其他有关资料集中到上级机关，再分工合作，共同审核和汇总统计资料。

（2）事故统计资料汇总技术　常用的事故统计资料汇总技术有以下两种。

① 事故统计资料的检查方法。检查资料的准确性，可用逻辑检查法和计算检查法进行检查。逻辑检查法主要是看资料的内容是否合乎逻辑，指标之间是否有相互矛盾等；计算检查法主要是检查计算方法和结果有无差错，如发现逻辑错误或计算错误，应及时通知原单位复查、更正，并追究其原因。

除检查资料的准确性外，还应检查统计资料的及时性、全面性、真实性，资料份数、指标及表格是否齐全等。在此必须说明的是，统计资料的真实性相当重要，如果其调查资料失去了真实性，也就失去了统计资料的意义。所以，实事求是是安全工作的基础。

② 事故统计资料的汇总方法。统计资料有三种汇总方法，即手工汇总、机械汇总和电

子计算机汇总。手工汇总和计算机汇总是目前我国使用的主要汇总方法。手工汇总包括划记法、过录法、折叠法和卡片法等，主要适用于基层工作。计算机汇总已普遍使用，但主要适用于机关和大型企业。

（3）事故统计分组　事故统计分组，是指根据统计研究的任务和目的，按照一定的标志，将所研究的对象划分为若干性质相同的部分或组。它的主要任务如下。

① 划分对象的类型。不同行业可有不同的分组方法。如冶金企业职工伤亡事故原因分析综合月（年）报表中，将事故类别划分20组，而有的行业将事故类别划分为21组。

② 反映研究对象的内部结构。分组以后，分别计算出各组在全体中所占之比例，以反映研究对象的内部结构。如安全管理人员熟悉的1：29：300海因里希法则，就是反映内部结构的一例。

③ 研究对象之间的依存关系。如工伤事故与工龄长短的关系、与季节的关系等。

正确选择分组标志，是保证统计分组科学性的前提。应从最能反映事物本质特征的统计研究目的和任务出发，并考虑具体的历史条件来选择分组标志和确定分组数。如工种、级别、工龄、本工种工龄、受过何种安全教育等，就是从统计研究的目的和任务出发进行分组的。又如将伤亡事故按其伤害程度分为死亡、重伤、轻伤及重大人身险肇事故等四组，就比较能客观反映事物的本质特征。组数的确定分两种情况，当按品质标志分组时，容易确定分组数；按数量标志分组时，组数的确定则比较困难，应根据具体分析对象，恰当地分组。一般情况下，事故的重要统计分组有5种类型：

① 按企业生产性质和任务分组（按行业分组）；
② 按事故类别分组；
③ 按事故原因分组；
④ 按伤害部位、伤害种类和伤害程度分组；
⑤ 按事故的严重程度分组。

对一个地区、一个行业或一个企业多年发生的事故实行分组调查统计，其各组最终统计的事故总数应该是相等的。然而，在实际的工作中有可能出现不同的事故数据，应当认真查找原因，及时解决。

三、事故统计指标概念和事故统计指标体系

1. 事故统计指标

在事故统计指标方面，最重要的统计指标有总量指标、相对指标或平均指标。现将这几类指标分述如下。

（1）总量指标　它是反映在一定历史条件下，现象的规模或工作总量的统计指标，又称为统计绝对数。例如，某一地区或某一企业的职工人数，主要产品（如钢、铁、钢材、矿石）的总产量，伤亡事故的次数，工伤事故的死亡人数、重伤人数，体工日数等，这些统计数字都是反映总规模、总水平的总量指标。

总量指标是由指标名称和具有一定计量单位的数值构成的。指标的计量单位要根据事物的性质和研究任务决定。正确确定指标的计量单位是计算总量指标应该注意的一个问题。总量指标的计量单位一般分为实物单位和货币单位两类。

① 实物单位。它是根据事物的自然属性和物理属性采用的计量单位。
② 货币单位。当计算各种产品或商品的总量时，由于它们的自然属性和使用价值不同，不能直接加总计算，因此，要按它们的社会属性用货币单位来计算。

总量指标的另一种计量单位是劳动量单位，即用劳动时间表示的计量单位。如在劳动统计中采用的工时、工日等。相应的劳动量指标可以相加。

不同行业在统计事故时，总量指标有着不同的内容。总量指标在统计工作中有特别重要的意义，是统计的基本数据。只有具有了完整的、准确的总量指标，才可能计算相对指标、平均指标及其他统计指标。总量指标的准确性，取决于调查资料的可靠性和对调查资料的正确整理和运算。

（2）相对指标 两个有联系的总量指标之比，称为相对指标，也叫相对数。运用相对指标，首先可以体现现象之间的比例关系。如某钢铁厂 2000～2017 年的死亡事故中，车辆伤害占 19.6％，物体打击占 15.7％，机械伤害占 13.4％，高处坠落占 9.3％，其相互比例约为 5∶4∶3.5∶2.3。其次，使不能直接对比的统计指标找出共同比较的基础。例如，各省之间的伤亡事故情况，由于工业规模、工业人口、企业性质等的不同，很难相互比较。采用相对指标，如千人负伤率、万吨钢（煤）死亡率等，则可以相互比较。

在一定情况下，相对指标比总量指标更能说明问题，给人以鲜明的印象。在企业中常用的相对指标有 5 种，即千人死亡率、千人负伤率、事故频率、事故严重率、按主要产品产量计算的死亡率（如百万吨产品产量计算的死亡率）。

（3）平均指标 这是反映事物一般水平的重要指标。它表明同质总体的某一标志在一定历史条件下的一般水平。如钢铁工业的伤亡事故水平，不能用鞍钢或宝钢某厂的事故数字表示，而必须将各个钢铁公司的事故死亡总数，除以各企业同期职工人数总和得出的平均数来衡量。也就是说，平均指标反映的是各企业同一时期同类现象某一标志的一般水平。平均指标有多种，常用的有算术平均数、众数和中位数等。

2．事故统计指标体系

上面介绍了三种事故指标，在事故管理中经常提到或常用的事故指标一般为事故绝对指标（总量指标）和事故相对指标。

事故绝对指标，是指反映伤亡事故全面情况的绝对数值，如事故起数、死亡人数、重伤人数、轻伤人数、直接经济损失、损失工作日等。

事故相对指标，是指伤亡事故的两个相联系的绝对指标之比，表示事故的比例关系，如千人死亡率、千人重伤率、百万吨产品死亡率等。我国的事故指标体系大致如图 10-2 所示。

为了能综合反映我国生产事故情况，国家安全生产监督管理总局成立后，围绕国家生产工作的总体思路和部署，结合我国经济发展和行业特点，借鉴国外先进的生产事故指标体系和分析方法，对统计指标体系进行了改革，提出了适应我国目前的生产事故统计指标体系。

通过整理和改革后的生产事故指标体系的内容基本分为 4 大类。

（1）综合类伤亡事故统计指标体系 事故起数、死亡事故起数、死亡人数、受伤人数、直接经济损失、较大事故起数、较大事故死亡人数、重大事故起数、重大事故死亡人数、特别重大事故起数、特别重大事故死亡人数、较大事故率、重大事故率、特别重大事故率。

（2）工矿企业类伤亡事故统计指标体系

① 煤矿企业伤亡事故统计指标。伤亡事故起数、死亡事故起数、死亡人数、重伤人数、轻伤人数、直接经济损失、损失工作日，较大事故起数、较大事故死亡人数、重大事故起数、重大事故死亡人数、特别重大事故起数、特别重大事故死亡人数、百万吨死亡率、千人死亡率、千人重伤率、百万工时死亡率、较大事故率、重大事故率、特别重大事故率。

② 金属和非金属矿企业（原非煤矿山企业）伤亡事故统计指标。伤亡事故起数、死亡事故起数、死亡人数、重伤人数、轻伤人数、直接经济损失、损失工作日、较大事故起数、

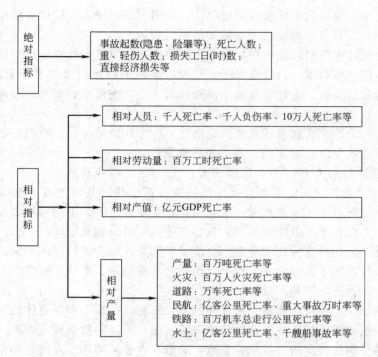

图 10-2　事故统计指标体系

较大事故死亡人数、重大事故起数、重大事故死亡人数、特别重大事故起数、特别重大事故死亡人数、千人死亡率、千人重伤率、百万工时死亡率、较大事故率、重大事故率、特别重大事故率。

③ 工商企业（原非矿山企业）伤亡事故统计指标。伤亡事故起数、死亡事故起数、死亡人数、重伤人数、轻伤人数、直接经济损失、损失工作日、较大事故起数、较大事故死亡人数、重大事故起数、重大事故死亡人数、特别重大事故起数、特别重大事故死亡人数、千人死亡率、千人重伤率、百万工时死亡率、较大事故率、重大事故率、特别重大事故率。

④ 建筑业伤亡事故统计指标。伤亡事故起数、死亡事故起数、死亡人数、重伤人数、轻伤人数、直接经济损失、损失工作日、较大事故起数、较大事故死亡人数、重大事故起数、重大事故死亡人数、特别重大事故起数、特别重大事故死亡人数、千人死亡率、千人重伤率、百万工时死亡率，较大事故率、重大事故率、特别重大事故率。

⑤ 危险化学品业伤亡事故统计指标。伤亡事故起数、死亡事故起数、死亡人数、重伤人数、轻伤人数、直接经济损失、损失工作日、较大事故起数、较大事故死亡人数、重大事故起数、重大事故死亡人数、特别重大事故起数、特别重大事故死亡人数、千人死亡率、千人重伤率、百万工时死亡率、较大事故率、重大事故率、特别重大事故率、危险化学品分类、环节。

⑥ 烟花爆竹业伤亡事故统计指标。伤亡事故起数、死亡事故起数、死亡人数、重伤人数、轻伤人数、直接经济损失、损失工作日、较大事故起数、较大事故死亡人数、重大事故起数、重大事故死亡人数、特别重大事故起数、特别重大事故死亡人数、千人死亡率、千人重伤率、百万工时死亡率、较大事故率、重大事故率、特别重大事故率。

（3）行业类事故统计指标体系

① 道路交通事故统计指标。事故起数、死亡事故起数、死亡人数、受伤人数、直接财

产损失、重大事故起数、重大事故死亡人数、特大事故起数、特大事故死亡人数、特别重大事故起数、特别重大事故死亡人数、万车死亡率、十万人死亡率、生产性事故起数、生产性事故死亡人数、重大事故率、特大事故率、特别重大事故率。

② 火灾事故统计指标。事故起数、死亡事故起数、死亡人数、受伤人数、直接财产损失、重大事故起数、重大事故死亡人数、特大事故起数、特大事故死亡人数、特别重大事故起数、特别重大事故死亡人数、百万人火灾发生率、百万人火灾死亡率、生产性事故起数、生产性事故死亡人数、重大事故率、特大事故率、特别重大事故率。

③ 水上交通事故统计指标。事故起数、死亡事故起数、死亡和失踪人数、受伤人数、直接经济损失、较大事故起数、较大事故死亡人数、重大事故起数、重大事故死亡人数、特别重大事故起数、特别重大事故死亡人数、沉船艘数、千艘船事故率、亿客公里死亡率、较大事故率、重大事故率、特别重大事故率。

④ 铁路交通事故统计指标。事故起数、死亡事故起数、死亡人数、受伤人数、直接经济损失、较大事故起数、较大事故死亡人数、重大事故起数、重大事故死亡人数、特别重大事故起数、特别重大事故死亡人数、百万机车总走行公里死亡率、较大事故率、重大事故率、特别重大事故率。

⑤ 民航飞行事故统计指标。飞行事故起数、死亡事故起数、死亡人数、受伤人数、重大事故万时率、亿客公里死亡率。

⑥ 农机事故统计指标。伤亡事故起数、死亡事故起数、死亡人数、重伤人数、轻伤人数、直接经济损失、较大事故起数、较大事故死亡人数、重大事故起数、重大事故死亡人数、特别重大事故起数、特别重大事故死亡人数、较大事故率、重大事故率、特别重大事故率。

⑦ 渔业和其他船舶事故统计指标。事故起数、死亡事故起数、死亡和失踪人数、受伤人数、直接经济损失、较大事故起数、较大事故死亡人数、重大事故起数、重大事故死亡人数、特别重大事故起数、特别重大事故死亡人数、千艘船事故率、较大事故率、重大事故率、特别重大事故率。

（4）地区安全评价类统计指标体系　死亡事故起数、死亡人数、直接经济损失、较大事故起数、较大事故死亡人数、重大事故起数、重大事故死亡人数、特别重大事故起数、特别重大事故死亡人数、亿元国内生产总值（GDP）死亡率、十万人死亡率。

四、我国主要生产事故统计指标说明与计算方法

1. 千人死亡率

在一定时期内，平均每千名从业人员，因伤亡事故造成的死亡人数。其计算公式为：

$$千人死亡率 = \frac{死亡人数}{从业人员数} \times 1000$$

2. 千人重伤率

在一定时期内，平均每千名从业人员，因伤亡事故造成的重伤人数。其计算公式为：

$$千人重伤率 = \frac{重伤人数}{从业人员数} \times 1000$$

3. 百万工时死亡率

在一定时期内，平均每百万工时（工作小时），因事故造成死亡的人数。其计算公式为：

$$百万工时死亡率 = \frac{死亡人数}{实际总工时} \times 1000000$$

4. 百万吨死亡率

在一定时期内，平均每百万吨产量（如生产煤、矿石、铁、钢和钢材等），因事故造成的死亡人数。其计算公式为：

$$百万吨死亡率 = \frac{死亡人数}{实际产量(t)} \times 1000000$$

5. 较大事故率

在一定时期内，较大事故发生占总事故发生的比率。其计算公式为：

$$较大事故率 = \frac{较大事故起数}{事故总起数} \times 100\%$$

6. 重大事故率

在一定时期内，重大事故发生占总事故发生的比率。其计算公式为：

$$重大事故率 = \frac{重大事故起数}{事故总起数} \times 100\%$$

7. 特别重大事故率（简称特大事故率）

在一定时期内，特别重大事故发生占总事故发生的比率。其计算公式为

$$特大事故率 = \frac{特大事故起数}{事故总起数} \times 100\%$$

8. 百万人火灾事故发生率

在一定时期内，某地区、某城市或某行业、大型联合企业平均每一百万人中，火灾事故发生的次数。其计算公式为：

$$百万人火灾发生率 = \frac{火灾事故发生起数}{该地区总人口} \times 1000000$$

9. 百万人火灾事故死亡率

在一定时期内，某地区、某城市或某行业、大型联合企业平均每一百万人中，因火灾事故造成的死亡人数。其计算公式为：

$$百万人火灾事故死亡率 = \frac{火灾事故造成的死亡人数}{该地区总人口} \times 1000000$$

10. 万车事故死亡率

在一定时期内，平均每一万辆机动车辆中造成的事故死亡人数。其计算公式为：

$$万车事故死亡率 = \frac{机动车事故造成的死亡人数}{机动车辆数} \times 10000$$

11. 十万人死亡率

在一定时期内，某地区或某城市平均每10万人中，因事故造成的死亡人数。其计算公式为：

$$十万人死亡率 = \frac{该地区事故死亡人数}{该地区总人口} \times 100000$$

12. 亿客公里死亡率

在客运过程中的一个时期内，衡量客运量事故率的一个指标。其计算公式为：

$$亿客公里死亡率＝\frac{一个时期内事故死亡人数}{运营旅客人数×运营公里总数}×10^8$$

13. 千艘船事故率

在一定时期内，平均每千艘船发生事故的比例。其计算公式为：

$$千艘船事故率＝\frac{事故船舶总艘数}{本地区（本单位）船舶总艘数}×1000$$

14. 百万机车总行走公里死亡率

在一定的时期内，百万机车总走行公里造成事故的死亡率，其计算公式为：

$$百万机车总行走公里死亡率＝\frac{事故死亡人数}{机车总走行公里}×10^6$$

15. 飞机飞行重大事故万时率

在飞机飞行一万小时时，飞机飞行重大事故率。其计算公式为：

$$飞机飞行重大事故万时率＝\frac{重大事故次数}{飞行总小时}×10000$$

16. 亿元国内生产总值（GDP）死亡率

在某一时期内或某一年度，国家或某地区平均每生产亿元国内生产总值时，造成的死亡人数。其计算公式为：

$$亿元国内生产总值（GDP）死亡率＝\frac{死亡人数}{国内生产总值（元）}×10^8$$

此公式的计算，将在事故统计中经常用到，事故管理者应该熟记。本书各章节中大部分已进行了具体的运用和计算，故在此不再举例应用。

五、生产事故统计报表

填报事故统计报表是一项非常严肃的工作，如果统计报表的数字不准确，事故统计就失去了意义。真实完整地收集和记录每起事故数据，是进行事故统计分析的基础。每起事故所包含的信息量，对事故统计分析至关重要。所以，事故所包含的信息量要能够体现事故致因的科学原理，体现判定事故原因的正确方法。为此，国家统计局以国统函〔2003〕253号文件批准执行新的《生产安全事故统计报表制度》。

1. 适用范围

中华人民共和国领域内从事生产经营活动的单位。

2. 事故统计内容

《生产安全事故统计报表制度》中最重要的就是两张基层报表，其他各类统计报表都是在基层报表的基础上产生的。因此正确理解基层报表的各项指标是做好伤亡事故统计工作的基础，基层报表的各项指标归纳起来分以下四个方面。

（1）事故发生单位情况　包括事故单位的名称、单位地址、单位代码、邮政编码、从业人员数、企业规模、经济类型、所属行业、行业类别、行业中类、行业小类、主管部门。

（2）事故情况　包括事故发生地点、发生日期（年、月、日、时、分）、事故类别、人员伤亡总数（死亡、重伤、轻伤）、非本企业人员伤亡（死亡、重伤、轻伤）人数、事故原因、损失工作日、直接经济损失、起因物、致害物、不安全状态、不安全行为。

（3）事故概况　主要包括事故经过、事故原因、事故教训和防范措施、结案情况、其他需要说明的情况。

（4）伤亡人员情况　包括伤亡人员的姓名、性别、年龄、工种、工龄、文化程度、职业、伤害部位、伤害程度、受伤性质、就业类型、死亡日期、损失工作日数。

3. 报送程序

我国伤亡事故统计实行地区考核为主的制度，采用逐级上报的程序。即由各工矿商贸企业事业单位按时间要求，报送当地安全生产监督管理部门，当地安全生产监督管理部门在汇总统计后，逐级汇总统计再上报市、省和国家安全生产监督管理总局。

第十一章

事故防范措施的制定与预防技术

进行安全审查和安全监督检查，对事故进行预测预防，采取有效措施防止事故发生，或者说是将事故消灭在没发生之前，这是安全管理者的主要任务与目的。

然而，安全管理者的另一个主要任务与目的，就是事故发生之后对事故进行报告、抢救、调查、分析、处理和制定有效的防范措施与预防技术，防止类似事故重复发生。

事故破坏生产，危害员工的生命安全和身心健康，使人民和国家的财产遭受损失。因此，在企业生产和工作过程中，应当尽一切可能预防事故的发生。事故管理的目的，就是为了有效地进行事故预防，安全地进行生产或工作。事故预防可以从两个方面来考虑：一是排除妨碍生产的因素，促进生产的发展；二是排除不安全因素，保障人们生命财产的安全。前者是从经济效益的角度考虑，后者是从保护劳动者的角度考虑。如果从健全管理制度考虑，应当把上述两方面统一起来，把事故预防工作放在企业管理和一切工作的重要位置上。从另一个角度来说，事故发生了，生产破坏了，是事故的预防工作没有做好。制定好事故防范措施，防止类似事故重复发生，也是事故预防的重要工作。

第一节　事故防范措施的制定

一、制定事故防范措施的重要性

事故发生之后，为认真吸取事故教训，防止类似事故重复发生，必须要制定切实可行的防范措施。然而在现实的生活中，为什么类似的事故总是重复发生呢？甚至出现事故的"恶性循环"。其中一个很重要的原因，就是事故发生之后制定的事故防范措施不符合实际需要，或没有引起人们的足够重视。作者在事故管理的实践中和对大量的事故进行调查研究后，绘制出了事故的恶性循环模式，详见图11-1。

由图11-1看出，事故发生之后，如果没有制定出切实可行的事故防范措施，或者对事故防范措施实施不力，事故就会如此继续进行下去，形成了渐开线的循环方式。而由此不断发生的事故，则按着"渐开线"的方式进行着恶性循环，这就是事故重复发生的本质过程，也是事故不断上升的基本规律。

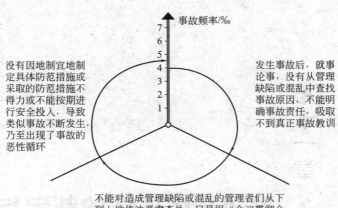

图 11-1 事故恶性循环模式

例如：黑龙江省七台河市辖区内的煤矿，2004 年 5 月 13 日发生重大瓦斯爆炸事故，死亡矿工 12 人；2005 年 3 月 14 日发生重大瓦斯爆炸事故，死亡矿工 18 人；2005 年 5 月 11 日发生较大瓦斯爆炸事故，死亡矿工 9 人；2005 年 11 月 27 日发生特别重大煤尘爆炸事故，死亡矿工 171 人，……。这种在短时间内集中在一个地区内频繁发生的事故，是一种典型的因为管理严重失控和制定的防范事故措施不得当导致的事故恶性循环过程。又如：山西省临汾市辖区内的煤矿，2007 年 3 月 28 日余家岭煤矿发生重大瓦斯爆炸事故，死亡矿工 26 人；2007 年 5 月 5 日蒲邓煤矿发生重大瓦斯爆炸事故，死亡矿工 28 人；2007 年 12 月 5 日瑞之源公司新窑煤矿发生特别重大瓦斯煤尘爆炸事故，死亡矿工 105 人；2008 年 1 月 20 日汾西县永安镇蔚家岭村煤矿发生重大瓦斯爆炸事故，死亡矿工 25 人。在不到 10 个月内同样的事故接二连三地发生，也是一种典型的事故恶性循环。

所以，事故发生后，制定不出切实可行的事故防范措施和对事故的防护措施不重视；没有对事故防范进行坚决执行落实；或者是制定的防范措施原则性多，可操作性少，不切合实际，类似事故的重复发生也就必然的了。因此，事故防范性措施是一项技术性、操作性和对安全工作推动性很强的工作，应当引起高度的重视。

二、制定事故防范性措施的三项基本要素

制定事故防范措施必须符合安全技术规范要求，并符合实际，具有可操作性，能够以点带面对全局的安全工作具有推动性。

1. 制定的事故防范措施应符合安全技术规范

所谓符合安全技术规范，就是符合安全生产法律法规和技术规程，符合人机工程学原理，制作简单，能够尽快投入使用，真正起到安全、保护的作用。

2. 制定的事故防范措施应切合实际，具有可操作性

事故防范措施符合技术要求，还必须切合实际，具有可操作性。如果工人操作起来费劲、费力，或者说是不容易操作，总觉得碍事，这样的事故防范措施或事故防范设施设备以及劳动保护用具就失去了作用，类似的事故还会发生。所以，事故防范措施操作起来必须简单易行。

3. 制定的事故防范措施应对全局的安全工作具有推动性

事故发生了，可能是由于技术设计上的问题，也可能是员工操作上的问题，还可能是管理上的问题……总之，真正的问题找到了，这种问题的存在或者说是事故隐患的出现，很可能是带有全局性的，在本企业、本行业或本系统全面地进行一次事故隐患的排查与治理整改是非常有必要的；同时对新制定的事故防范措施进行全面落实，不仅是进行安全生产的需要，也是对全体成员进行的一次深刻的安全教育和对全局安全工作的推动。

同时，有些事故的发生也是对安全操作规程和技术规范的检验，以及对安全管理工作的全面检验。很多的安全操作规程和技术规范是用生命和鲜血换取的，我们必须在实践中认真执行。但有些安全操作规程或技术规范，则制定的不一定科学、合理，或者说是不符合人机安全工程学原理，尚需要在实践中检验和进一步改进。在这种情况下事故发生了，就应该对所制定的安全操作规程或技术规范和管理方法，进行严肃认真的研究。所以，事故是强迫人们必须接受的最真实、最现实的"科学试验"，也是管理工作的"成效表现"，它蕴藏着丰富的经验、教训、知识和新课题。

第二节　事故防范技术与措施

事故发生以后，应当尽快查明事故发生原因。尤其要查明物质技术方面的原因、人为原因以及管理上的原因。应对系统中的危险因素和事故隐患进行全面、深入的调查，评价其危险程度，并提出合理的预防对策，制定和落实防范措施。事故防范措施可以分为安全工程技术措施、教育措施以及管理措施三种。在采取预防措施时，应当把改善作业环境和生产条件、提高安全技术装备水平放在首位，力求在消除危险因素和事故隐患的基础上，搞好教育措施与管理措施。事故防范措施，从根本上说就是消除可能导致或再次发生事故的事因。由于事故常常是由若干种原因重叠、交织在一起而引起的，因此也可以有若干种不同的事故预防措施方案，应当选择其中最有效的一种方案予以实施。下面着重阐述安全工程技术措施，并适当阐述安全教育及安全管理措施。

一、安全工程技术措施

安全工程技术措施，是解决工程、工艺和设备、设施中不安全或实现质的安全的一种技术。制定事故防范措施和预防事故的最佳方案或手段，应该是安全工程技术措施。

1. 采用安全工程技术措施进行事故预防的重要性

对于新设备、新工艺等新系统，从规划、设计阶段开始，直至加工、制造、使用、维修等全过程，都应当充分考虑其安全性、可靠性。有时虽然有完善的规划和设计，但在加工、制造过程中，由于材料的缺陷，或者材质选择不当，或者加工技术差（如焊接质量不良、加工精度不够），都会使新设备或新系统处于不安全状态。

有时虽然新单元或新系统的规划、设计、加工、制作等均符合要求，但投入运转后，随着使用时间的推移，受磨损、疲劳、腐蚀、老化等诸多因素的作用，加之管理不到位，至某一时刻（即量变导致质变的飞跃时刻）便出现了物的不安全状态或发生了事故。因此，良好的单元或系统也会转变为不安全状态。

为了使企业生产处于安全状态，应该以发生过的事故（包括直接的和间接的）为借鉴，认真吸取教训。首先，要从工程技术上进行改进或增设安全防护装置，以减少或杜绝同类事故的发生。如高层建筑物或铁塔以及树立的大型广告牌等，在设计时应考虑风速、雨雪及地形等自然因素的影响。在有积雪和大风出现的地区，进行工程和建筑物的设计时，应考虑积雪质量（加拿大发生的几起屋顶坍塌事故和我国有的地区输送高压电线的铁塔倒塌事故就说明了这个问题）、风力、雨水、泥石流等自然因素，增大安全系数。又如，在砂轮磨具周围应增设安全防护装置，当砂轮受到意外作用力发生破碎时，可以避免碎片飞出伤害作业人员。楼梯处如果光线不好，常常容易发生因踏空或踩滑而摔倒的伤害事故，如果辅以人工照明，合理设计楼梯的坡度、宽度、跨距，并采用防滑结构和楼梯扶手等工程技术措施，就可以避免这类事故的发生。料仓周围和深水池周围没有栏杆或栏杆不全时，作业人员常常容易掉进仓内或池内，发生跌伤或烫伤等伤亡事故。如果增设栏杆，且设有宽畅的通道，有防滑措施，也可以避免这类事故的出现。高处作业时，如果设置有安全防护网或系好安全带，则高空坠落物体伤人或作业人员坠落伤害也可以避免。在交通拥挤的繁华道口，如果采取立交形通道，就可以大大减少或杜绝交通事故。采用二次仪表监测有害气体或有毒气体的压力，可以防止因为一次仪表故障而泄漏毒物，造成中毒事故等。上述例子中所提出的技术措施都是常见的、易于实现并且有良好效果的工程技术措施。然而却不能得到人们的足够重视或生产单位的运用，酿成了很多不应该发生的事故。

2. 简单的安全工程技术措施介绍

在大量的事故调查中，有很多的事故是由于没有考虑安全工程技术问题，或者说是采用的安全工程技术措施不合理而酿成了事故，所以在制定事故防范措施时必须予以考虑。

以从安全护栏上掉下人而造成的伤亡事故为例。安全栏杆本来是用于防止人掉下而设置的预防、保护设施，即所谓"安全护栏"。然而，设在公共场所下的安全护栏就不能只考虑支承一个人的质量，有时有多人都靠在栏杆上休息或观光，所以在设计时必须考虑有很多人倚靠它，并能够承受而不被损坏。但是，设计者或建筑商为了获得利润，在公共场所或公寓建筑的栏杆上偷工减料和缩小高度，虽然外表很美观，但是焊接不牢或承重能力不足。虽然有的安全护栏结构牢固，但如图 11-2 的（a）和（c）所示，由于高度不足而掉下来或发生事故。实践当中此类事故曾多次发生。

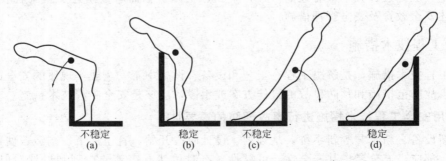

不稳定　　　　稳定　　　　不稳定　　　　稳定
(a)　　　　　(b)　　　　　(c)　　　　　(d)

图 11-2　安全护栏的稳定性与不稳定性示意

人的重心因体重、身长、体格等而异，一般来说，个子矮的人重心也低，个子高的重心也高。根据测算，当人站立时，重心位于从鞋底起计算身长的一半偏上的位置，如身高100cm 的人，则重心位于 56cm 处。现在很多国家将安全护栏的标准高度定在 1.1m，而根据作者多年处理事故的经验，安全护栏的高度在 1.2m 最为适用。总之，从安全的角度考虑，略高于标准值亦无坏处。

另外，即使特别注意把安全栏杆的高度设计得很合适，如果其间隔过宽，也不安全，顽童也会从间隙掉下去。所以，要防止事故的发生，应根据实际需要和从人机工程学的角度采取安全对策。

　　又如，使人感知相似的事物引起的作业人员动作失误或出现事故的概率也比较多。比如在同一个操作控制盘上，有几个甚至几十个紧密排列的相似按钮开关，在紧急状态下，操作人员往往容易按错按钮开关而导致事故的发生。为了避免这种操作失误而引起的事故发生，不同的按钮开关应该用不同的色彩予以区别或用字码标明。图 11-3 是 4 种煤气灶，它们都带有 4 个盆与点火的 4 个旋钮。有人对这 4 种类型进行了简单的实验：Ⅰ型是与盆对应的旋钮均在一条直线上；Ⅱ型的旋钮成Ⅰ型分布；Ⅲ型的 AB、CD 分别成纵向排列；Ⅳ型虽然成纵向排列，但旋钮的位置是以离盆近为基点的。实验是对这 4 种类型的煤气灶（盆）点火，迅速准确地调整其对应的旋钮，记录当时出现的差错与需要时间。由 15 人参加，每人连续进行 80 次实验。在全部 1200 次试验中，Ⅰ型的差错为零，Ⅱ型为差错 76 次，Ⅲ型为差错 116 次，Ⅳ型为差错 129 次，操作所需要的时间顺序也相同，Ⅰ型最快，Ⅳ型最慢，由于Ⅰ型成直线排列，无需重新判断。所以，此试验充分说明了机器的布置对作业影响之大。不仅是这种厨房设备，在我们的周围有很多操作装置，它所表示的信息意味着什么，容易使人产生瞬间的犹豫，即使操作也很难发觉是否有错误。对此，安全工程技术措施就是要解决这些看起来简单但容易出事故或出问题的事情。所以，类似的安全工程技术措施很多，在受压容器、化学流体管道、交通系统、电气系统、运输系统等方面采用后，对防止事故发挥着巨大的作用。虽然这是显而易见的，但常常不被人们重视，所以酿成了一起起伤亡事故的发生。为此，制定事故防范措施，必须考虑到这些显而易见的安全工程技术措施。

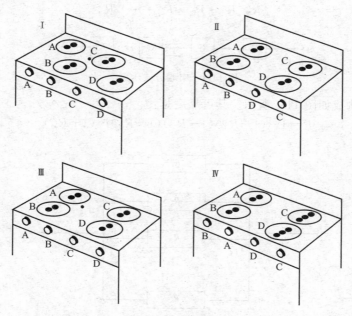

图 11-3　煤气灶的类型

　　随着现代化工业的发展，出现了规模和复杂程度日益增大的各种大系统。在考虑事故预防工程技术措施时，研究各分系统或个体单元的状况固然很重要，但决不能忽视研究它们彼此间的联系和相互影响，即必须从全系统出发，去研究预防事故的工程技术措施，才会有显著的效果。另外，就某一项具体工程技术措施而言，其性能、可靠程度、成本等指标也是彼此关联、相互影响的。因此，从安全生产需要出发，适当增加安全工程技术措施的投资，放慢施工进度，常常有利于提高事故预防的效果。反之，效果就会降低，不安全的因素就会接连不断出现。要确定措施成本、可靠性及效果等指标间的相对关系，就要事先分析和判断这些指标在系统中的相对重要性，对于那些一旦发生故障就可能危及人的生命、系统停产，或者导致整个系统发生瘫痪，必须配备可靠性极高的安全工程技术措施。

3. 冗余技术

冗余技术是安全工程技术措施中比较重要的内容之一，也是制定防范事故措施的重要方法，下面作一简单介绍。

在一定的时间内，设备或系统发生故障的概率称为故障概率，用 F 来表示。在给定的条件下和规定的时间内，设备或系统完成规定功能的可能性，称为可靠性。当可靠性用概率来作定量描述时，常常将可靠性称为可靠度，亦可以说是不发生故障的概率就是可靠度，用 R 来表示，则：

$$R + F = 1 \text{ 或 } R = 1 - F$$

式中　R——设备或系统的可靠度；

　　　F——设备或系统的故障率。

一个系统是由若干个体单元组成的。如果其中任何一个个体单元出现故障，就会造成整个系统出现故障或瘫痪，那么，这种组成方式称为串联方式。如果改进组成方式，使得其中某一个体单元出现故障时，整个系统仍然能够正常工作，这种组成方式称为并联方式。串联方式的构成如图 11-4 所示。其可靠度 R 就是各个体单元可靠度的乘积：

$$R = R_1 \cdot R_2 \cdot R_3 \cdots R_n$$

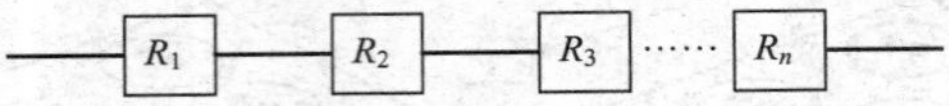

图 11-4　串联方式示意

并联方式的构成如图 11-5 所示。其可靠度是：

$$R = 1 - (1 - R_1)(1 - R_2)(1 - R_3) \cdots (1 - R_n)$$

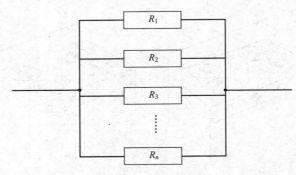

图 11-5　并联方式示意

在工程允许的情况下，尤其是重要工程或设备、设施，从防范和预防事故的观点出发，应当设法采用并联方式，这样即使某一个体单元出现了故障，也不会影响整个系统的正常工作。这种在系统中采用了多余的个体单元而保证系统安全的技术，就是冗余技术，通常又称为备用方式（或备用设备）或备用技术。例如，在大型煤矿的地下开采中，为了能有效地排除采煤中产生的有害气体而采用通风方式进行处理，一般煤矿的通风系统都备有两台以上风机，正在运行的风机出现故障，备用的风机可立即启用，防止事故发生。在现代化的钢铁集团——上海宝山钢铁公司炼铁厂的高炉系统中，增加了备用水塔，一旦高炉正常使用的冷却水系统出现停水故障，备用水塔中的水就可以及时补充，从而避免重特大事故的发生。该高炉系统的电源也是有备用的。再如，事先在飞机上装设两台通信设备，飞行过程中万一其中一台发生故障，另一台仍可继续与地面保持通信联络。同样，在飞机上装设两台、甚至三台发动机，在轮船上备有救生艇、救生衣，在汽车上备有轮胎，大型电梯备用发电机等，都是为了防止事故或保证正常工作而采用的备用或救急——冗余技术。

采用冗余技术，就是为了提高安全度。就串联方式来说，尽管各个构成个体单元的可靠度相当高，随着个体单元件数 n 的增加，整个系统的可靠度将急剧下降；相反，就并联方式来看，当各个构成个体单元的可靠度不那么高时，整个系统的可靠度也能随 n 的增加而迅速提高。

串联时构成系统的各个个体单元的可靠度为 99.99% 和 99.999%。由 n 个个体单元构成的系统的可靠度 R_n 为：

$$R_n = 0.9999^n \times 100\%$$

$$R_n = 0.99999^n \times 100\%$$

并联时，设构成系统的各个个体单元的可靠度为 80%、90% 和 99%，由 n 个个体单元构成的系统的可靠度 R_n 为：

$$R_n = [1 - (1 - 0.80)^n] \times 100\% = (1 - 0.20^n) \times 100\%$$

$$R_n = [1 - (1 - 0.90)^n] \times 100\% = (1 - 0.10^n) \times 100\%$$

$$R_n = [1 - (1 - 0.99)^n] \times 100\% = (1 - 0.01^n) \times 100\%$$

单体和系统的可靠度计算结果列于表 11-1 中，读者可相互参考和相互对照。

表 11-1 个体和系统的可靠度比较

单元数	可靠度/%				
	串联方式		并联方式		
n	99.99	99.999	80	90	99
2			96.0	99.0	99.99
3			99.2	99.9	99.999
10	99.90	99.99			
100	99.00	99.90			
500	95.12	99.50			
1000	90.48	99.00			
5000	60.65	9.12			

在采用冗余技术时，应结合设施的尺寸、容积、质量、成本以及维修、保养等情况予以综合考虑，做到既安全可靠，又经济合理。另外，是采用部分冗余、全部冗余还是分组冗余方式，要结合实际情况进行具体分析。通常情况下，当系统中有几个非常不可靠的个体单元时，宜采用部分冗余技术；而对于具有均匀故障概率的系统，部分冗余技术所带来的好处是极为有限的，此时，如果采取分组冗余，一般能以较少的工程代价，获得较高的工程可靠性能，同时将大大减少事故或故障的发生。

4. 互锁装置

互锁装置是常见的重要的安全工程技术措施之一。所谓互锁，是指"某种装置利用它的某一个部件或者某一机构的作用，能够自动产生或阻止发生某些动作或某些事情"。互锁装置可以从简单的机械联锁到复杂的电路系统联锁，对某些机械装置、设备、工艺过程或系统的运行具有控制能力，一旦出现危险，能够保障作业人员及设备的安全。例如，电气开关柜在打开门的同时，自动将电源切断，以防止开门后，人员不小心触碰带电开关而引起触电伤害事故。切割金属设备中，当防护罩抬起，或是工件安装固定不符合要求时，则设备无法启动。物体输送系统中，如果流量或压力等不正常，或者输送装置的轴承发生故障，或者螺旋输送机的安全护罩未装好时，输送带则不能启动或中途自动停止工作。起重设备上应安装限位开关、过载保护装置、防撞装置等。高炉燃料发生故障时，自动停止燃料供应，防止火灾或爆炸事故的发生。化学处理系统中，常用流量传感器、温度传感器等控制冷却系统的工作。宝山钢铁工程中引进的鱼雷式铁水罐车是采用重力传感器控制铁水液面的高度。皮带输送机系统安装有"救命绳"等，这类安全工程技术措施的例子举不胜举。从防范和预防事故的观点出发，在下述场合以采用互锁装置最为合适。

（1）在能量防护方面 供给系统的能量，常常需要频繁地开启或关闭开关，甚至把能源频繁地切断和接通作为作业过程的一部分工序。如在切割、弯管、造型、轧制、冲压过程中，就经常需要切断电源，更换工件或器材。例如，在我国 20 世纪 60～70 年代和现在的一些个体企业的作业厂房内使用的冲压装置，由于没有安装互锁装置，伤害手指的事故时有发生。

（2）在危险防护方面 一般安全装置不能控制的场合，如动力系统、化学处理系统、石油提炼及金属浇铸系统中所涉及的高温、高压等场合。例如，快速轧钢机械，一般都安装联锁装置，当出现"跑钢"事故或故障时，就会自动停止工作（轧制）。

（3）在维修、检查防护方面 当进行检修或执行某项任务时，有时要拆除具有能量或危险物的保护、隔离装置，如拆除运转部件的防护罩、舱盖等，人体就有可能接触具有危险能量级（电能、热能、辐射能、机械能、化学能等）或危险物（有毒、有腐蚀性物质或者危险气体等）的机会，这时应考虑联锁。一旦打开安全罩（盖），系统就自动停止工作或无法启动。例如，某铜矿的选矿厂，大型球磨机出现了故障，现场的两名工人拉下电源开关，进入球磨机内检修，由于没有互锁装置，来接班的一名工人发现球磨机停止了运转，便随手合上了电源开关，球磨机的突然运转造成了伤亡事故的发生。

（4）在意外防护方面 当操作的正常程序无法进行或未按正常程序操作，致使能量逸散无法控制时，应考虑联锁。例如，未按规定程序开启或关闭熔化炉时，可能引起爆炸事故（如化铁炉内喷入水或铁水接触湿砂型时，容易引起伤亡事故），如果安设有互锁装置，则可能避免这类事故发生。

二、安全教育措施

1. 安全教育的必要性

安全教育是防范和预防事故的重要手段之一。要想控制事故，首先是通过安全工程技术手段或措施，如安装报警装置和联锁装置等，通过某种信息交流方式告知人们危险的存在或发生；其次则是要求人在感知到有关信息后，正确理解信息的意义，即何种危险发生或存在，该危险对人会有何种伤害，以及有无必要采取措施和应采取何种应对措施等。而上述过程中有关人员对信息的理解认识和反应的部分，均是通过安全教育的手段实现的。

当然，用安全技术手段消除或控制事故是解决工程中不安全问题的最佳选择。但即使人们已经采取了较好的技术措施对事故进行预防和控制，人的行为仍要受到某种程度的制约。相对于用制度和法规对人的安全制约，安全教育是采用一种和缓的说服、诱导的方式，授人以改造、改善和控制危险之手段和指明通往安全稳定境界之途径，因而更容易为大多数人所接受，更能从根本上起到消除和控制事故的作用；而且通过接受安全教育，人们会逐渐提高其安全素质，使得其在面对新环境、新条件时，仍有一定的保证安全的能力和手段。

所谓安全教育，实际上应包括安全教育和安全培训两大部分。安全教育是通过各种形式，包括学校的教育、媒体宣传、政策导向等，努力提高人的安全意识和素质，学会从安全的角度观察和理解要从事的活动和面临的形势，用安全的观点解释和处理自己遇到的新问题或对待新环境。

安全教育主要是一种意识的培养，是长时期地甚至贯穿于人的一生中的，并在人的所有行为中体现出来，而与其所从事的职业并无非常直接关系。而安全培训虽然也包含有关教育的内容，但其内容相对于安全教育要具体得多，范围要小得多，主要是一种安全技能的培训。安全培训的主要目的是使人掌握在某种特定的作业或环境下正确并安全地完成其应完成的任务，故也有人称生产领域的安全培训为安全生产教育或安全管理教育。

安全教育的内容非常广泛，学校教育是最主要的教育途径之一。无论是小学还是中学、大学，学校都通过各种形式对学生进行安全意识的培养。其中包括组织活动，开设有关安全课程等。例如，我国目前在很多大中专院校将《安全管理学》或《安全工程导论》课程作为必修课开设，以解决和提高未来就业大军和科技人员的安全意识和安全素质。

作为事故管理与应急处置技术，主要讲的是生产领域的安全教育。生产环境是一种特殊的环境，它有各式各样的装置、设备，有大量的能量输入等。对于在自然环境中生活惯了的人，如果不经过有针对性的安全教育和培训，就难以掌握适应生产环境的特殊本领，也就容易出现伤害事故。所以，必须进行必要的或"强行"的安全教育与安全培训。

安全寓于生产活动之中，因此安全教育不能脱离生产实际。我国目前在企业中开展或实现的三级安全教育法，就是一种从多年实践经验总结而得出的行之有效的方法。通过一定的安全教育和训练，能使作业人员掌握一定数量、种类的安全信息，形成正确的操作姿势和方法，形成安全的条件反射动作或行为。安全教育与培训的目的不仅仅只是为了学习安全知识，更重要的是要学会应用安全知识。如果每个作业人员不仅知其然，而且还知其所以然的话，那么其行为就会由被动式或盲动式转变为主动式，由盲目服从变为自觉遵守，这样，也就达到了安全教育或培训的目的了。

2. 安全教育的内容

我国目前在生产领域——从中央到地方和各大型企业中，已形成了一整套安全教育体系。特别自国家安全生产监督管理总局成立以来，从中央到地方组建的四级安全教育与培训资质，以及 2007 年国家出台的对四级安全培训资质的验收标准或条件，都进一步促成了安全教育与培训的制度化和规范化。所以，各种安全教育形式和内容正在规范与形成之中。一般情况下，安全教育通常包括以下 4 个方面的内容。

（1）安全知识教育　这是一种知识普及教育，是把教材的内容逐步储存在人的记忆中，成为作业人员"知道"或"了解"的东西。它与人们所说的"会""能去办"有着不同的概念，是一种常识普及性的教育。

（2）安全技术教育　这是对个人进行的教育（如对特种作业人员的教育），往往需要进行反复多次的训练，直至生理上形成条件反射，一进入岗位，就能按顺序和要求去完成规定的操作。它使作业人员不仅"知道"，而且在实际中"会干"，绝不是"虽然知道，也想安全作业，但实际上干不了"式的纸上谈兵。所以安全技术教育，实际上就是一种强化训练与教育。安全技术教材的内容主要体现在安全操作规程上和操作方法上，应写明要领，指出不安全习惯和关键问题，并尽可能把操作步骤表达清楚。制定事故防范的安全教育，就是根据引起发生事故的具体情况，制定符合实际的"安全技术教育内容"。

（3）安全思想教育　除了进行安全业务、技术教育外，更重要的是对职工进行安全思想教育，使之牢固树立"安全第一"的思想。人们进行选择和判断行为的基础，是其根据经历所积累的知识和经验。安全思想、安全态度的教育，就是要清除人们头脑中那些不正确的知识和经验，为此，应针对人的性格与特点，采取适当的方法进行教育。安全思想教育，就是要针对心理准备状态，即正在进行判断的状态，指出其判断的错误所在，让其思考、理解，并改正体现于表面的错误行为，以减少或杜绝伤害事故的发生。其实，安全思想教育也是一种潜移默化的安全行为教育，要求人们处处考虑和形成安全的习惯。从所有的小事中进行潜移默化的安全行为教育，例如，在道路或走廊行走或停留与人交谈，要靠右侧；在宿舍或教室要注意通风和人走灯灭；做事养成"预则立"或"有备无患"的思想等。

（4）典型事故实（案）例的教育　事故是血写的教训，用典型的事故实例与教训进行安全教育，是安全教育中最有说服力的一种教育，也是事故管理者制定事故防范措施的一项重要工作，是使事故不再重复发生的教育方式。通过个别案（实）例中带有普遍意义的内容，采用鲜明、生动的宣传形式，进行有针对性的教育，使人印象深刻，牢记不忘。但一定要选择有代表性的案（实）例，并提出具体预防措施，使被教育者感到只要照着做就能防止事故，确保安全，不再发生事故。

三、安全管理措施

安全管理措施的内容很多，从生产规划、设计开始，到制造、加工、生产、维修等全过程中，无不存在着安全管理措施问题。此外，劳动组织和规章制度的建立，事故隐患的清查与整改，现场指导等，都属于安全管理措施范畴。下面根据制定事故防范措施的内容，简单介绍一些重要的安全管理措施和必须掌握的安全内容。

1. 建立、健全安全管理机构

在当今的生产领域，随着现代化生产的发展，分工越来越细，各个生产环节的协调、配合越来越重要。要把细分工综合起来，成为有系统、有联系的体系，步调一致地进行安全生产，必须建立与生产密切相关的安全管理组织。这个组织与生产管理组织的关系，如同一个人的左、右手一样缺一不可。一般情况下，事故发生了，首先要检查的是安全管理机构是否建立健全和发挥作用。

2. 明确安全管理人员及其职责

一般情况下，安全管理人员必须具备两个条件，一是热心于安全工作，二是能够胜任安全工作（熟知安全技术和现场工艺流程）。其主要职责包括为：

① 根据要求和生产需要，制定切合实际的安全规划和措施，预防事故的发生；
② 能够进行安全检查与安全检测，协调和解决事故隐患的能力；
③ 具备教学和教育能力，负责并进行安全教育与培训工作；
④ 了解和熟悉生产工艺，具备分析、调查事故，制定事故防范措施与对策的能力（如制定事故应急救援预案等），防止事故重复发生；
⑤ 根据上级指示、文件精神和企业实际状况，开展其所规定的有关安全业务工作及事故应急救援训练。

3. 开展经常性的安全活动

安全部门应当成为安全生产活动的积极组织者。要鼓励职工的上进心，用精神和物质相结合的鼓励办法，开展经常性的、内容丰富的、形式多样的安全活动，如安全宣传月、安全竞赛活动、安全技术革新活动、安全合理化建议活动、安全大检查、事故隐患清查整改活动、文明生产活动等。

4. 严格追查事故责任

查清事故原因及事故责任者往往比较复杂，因此，应当明确各级安全管理人员的职责范围，必须在责任问题上严格分清谁是谁非，做到照章办事，遵纪守法，赏罚分明，做到严格追查事故责任。

5. 建立各项安全规程、制度

在道路交通中"没有红灯的约束，就没有'绿灯'的自由"。建立必要的安全规章制度，可以限制和约束职工在生产环境中的"越轨"行为，并可以指导职工应该怎样做，不能做什么。国家颁布的各种安全法律、法规、规程、规范，起着法律作用，只有认真遵守，才能保证安全，否则就是犯法，就要负行政或法律责任。但要注意，现有的各种安全条例、规程、办法等，有的具有局限性，必须进行不断的补充和完善。

6. 建立事故档案和事故伤害与险肇事故的报告制度

此项工作是制定事故防范措施的重要依据，建立事故档案和事故伤害与险肇事故统计报告制度，就是寻找事故发生规律，防止事故发生，检验事故防范措施的重要方法，应该实事求是、坚持不懈地遵守和执行。

7. 社会性安全措施

除了上述各种管理措施外，还有法律监督，对危险作业的安全检查，对安全工作的统一领导，对事故进行工程学和卫生学以及统计学的研究，对作业人员进行安全心理学的研究等。这些社会性措施都是必不可少的重要内容，可以根据自己或企业的具体情况进行选择和应用。

第三节　事故预防的基本原则

现代工业生产系统就是一个人造系统，因此，任何生产或生活中发生的事故，从理论和客观上讲都是可以预防的。人有能力把系统中出现的不安全问题解决好或将事故消灭在未发生之前。

一、"事故可以预防"的原则

我国制定的"安全第一、预防为主、综合治理"的安全生产方针，可以说是在"事故可以预防"这一原则基础上提出来的。这里所指的所有事故，是指非自然因素引起的伤亡事故。实质上，安全技术和安全工程学的基本内容都是事故预防问题，主要是研究和解释事故发生的原因和过程，以及防止事故发生的理论与对策，是建立在"事故可以预防"这一基本原则基础之上的一门严谨的系统的学科。从"事故可以预防"这一原则出发，一方面要考虑事故发生后减少或控制事故损失的应急措施，另一方面更要考虑消除事故发生的根本措施。前者称为损失预防措施，属于消极的对策，后者称为事故预防措施，属于积极的预防对策。

对于事故预防，现在和以往过多倾向于研究事故发生后的应急对策。例如，为了减少或控制火灾、爆炸事故造成的损失，常采取诸如用防火结构的构筑物，或者限制易燃、易爆物的储存数量，或者控制一定的安全距离，以及安装火灾报警设备、灭火机或消防设施等。为了能及早发现并及早扑灭火灾，还常常预留安全避难设施、急救设施，制定事故应急预案，以便进行事故后的紧急处置。当然，在事故预防工作中，这些预防对策都是完全必要的。但这些都是消极的应急措施，积极进行事故预测预防，加强事故预防对策的研究，使事故根本不可能发生，才真正是安全管理工作的重点。

二、"防患于未然"的原则

多次的事故发生已经证明，事故与损失是偶然性的关系。任何一次事故的发生，都是其内在因素作用的结果，但事故何时发生以及发生后是否造成损失，损失的多少和程度如何等，都是由偶然因素决定的。即使是反复出现的同类事故，各次事故的损失情况通常也是各不相同的。有的可能造成人员伤亡，有的可能造成物质、财产损失，有的既有伤亡又有物质财产的损失，也可能未造成任何损失（险肇事故）。众所周知的海因里希 1：29：300 的事故法则，是从 55 万余次事故的统计中得出来的比率。但海因里希法则只能说明事故与伤害程度之间存在的概率原则。再如，瓦斯爆炸事故发生以后，设备被破坏的范围及程度，人员受伤害的情况，有无火灾并发现象等，与爆炸的地点、人员所处的位置、周围可燃物的数量等偶然因素有关，人们事先难以判断。所以说，事故与后果存在着偶然性的关系，难以把握和预料。

为此，安全工作者唯一的、积极的办法就是防患于未然，因为只有完全防止事故的发生，才能避免由事故所引起的各种程度的损失。如果仅从事故后果的严重程度来分析事故的性质，以此作为判断事故是否需要预防的依据，显然是片面的，甚至是错误的。因为事故后果反映不了事故前的不安全状态、不安全行为以及管理上的缺陷。因此，从预防事故的角度考虑，绝对不能以事故是否造成伤害或损失作为是否应当预防的依据。对于未发生伤害或损失的险肇事故，如果不及时采取有效的防范措施，以后也可能会发生具有伤害或损失的偶然性事故。因此，对于已发生伤害或损失的事故及未发生伤害或损失的险肇事故，均应全面判断隐患，分析原因。只有这样，才能准确地掌握发生事故的倾向及频率，提出比较切合实际的预防对策。

三、"对于事故的可能原因必须予以根除"的原则

大量的事故发生已经证明，事故与其发生的原因是必然性的关系。任何事故的发生总是有原因的，事故与原因之间存在着必然性的因果关系。可按图 11-6 所示事故与原因的关系，去理解事故发生的经过和引起事故之因。

损失 ◄──── 事故发生 ◄──── 事故直接原因 ◄──── 事故间接原因 ◄──── 基础原因

图 11-6　事故发生因果关系

为了使事故预防措施有效，首先应当对事故进行全面的调查和分析，准确地找出直接原因、间接原因以及基础原因。在事故调查报告中，有的只列出造成事故的直接原因，即事故发生前的瞬间所做的或发生的事情，或者说是在时间上最接近事故发生的原因，而没有从管理缺陷及造成管理缺陷的基础原因去分析，所采取的预防对策也往往只是针对直接原因而言的，所以预防措施常常不起作用，甚至于类似的事故总是重复发生。因为直接原因几乎很少是事故的根本原因。

列举一个简化的事故案（实）例。一台安装在走廊上的机器，因为漏油，使路面上积了一大摊油迹，某工人在此工作，不小心踩着油迹滑倒摔伤了。但是，该单位对于这次事故的分析不深入，只是针对直接原因（因为有油迹而滑倒）去采取预防措施，清扫走廊地面上的

油迹。实际上，应当进一步分析原因，即找出前一个事故之所以发生的原因，为什么会漏油？不难理解，漏油才是引起事故的根源，预防滑倒事故发生的根本措施应当是防止漏油。这个例子说明，即使去掉了直接原因（暂时地），但只要间接原因还存在，直接原因就会重新出现，事故还会重复发生。所以，有效的事故预防措施来源于深入的原因分析和从管理的角度查找事故的真正原因。

在大量的事故重复出现或类似的事故还在发生的情况下，由于事故的复杂性，常常不容易立即查清原因，即使知道了原因，又常常不能简单地予以解决。而事故后的处理工作又非常草率，往往只是采取一些应急措施。在事故不会马上重复的情况下，又错误地把这种应急措施看成是有效的预防措施，掩盖了其问题的要害及实质。这正是事故隐患不能根除的主要原因之一。为此，作为科学工作者和事故管理者，应该树立"事故的可能原因必须予以根除"的原则和思想，将所有的事故消灭在未发生之前。

四、"全面治理"的安全原则

所谓"全面治理"的原则，就是应从安全技术、安全教育、安全管理三个方面入手，采取相应措施，全面预防事故。即预防事故的"3E"对策，因为技术（Engineering）对策、管理（Enforcement）对策和教育（Education）对策三个英文单词的第一个字母均为 E，有人称之为"3E"原则。换言之，为了防止事故发生，必须在上述三个方面实施事故预防与控制的对策，而且还应始终保持三者间的均衡，合理地采取相应措施，或结合使用上述措施，才有可能搞好事故预防工作，如图 11-7 所示。这是事故全面预防的三根支柱，充分发挥这三根支柱的作用，事故预防可以取得满意的效果。如果只是片面地强调某一根支柱，事故预防的效果就会受到影响。

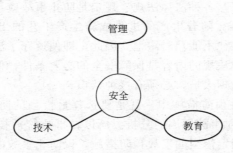

图 11-7 事故预防 3E 对策

必须指出的是，安全技术对策着重解决物的不安全状态问题；安全教育对策和安全管理对策则主要着眼于人的不安全行为问题，安全教育对策主要使人知道应该怎么做，而安全管理对策则是要求人必须怎么做。

1. 事故预防技术对策

事故预防技术对策，是指以工程技术的手段解决不安全问题，预防事故的发生及减少事故造成的人员伤亡和财产损失。即在计划、设计、检修和保养时，对设备、设施、操作等，从安全角度考虑应采取的措施。它与安全工程学中的安全对策相辅相成，不可分割。

当人们准备设计一台机械设备或者新建一座工厂时，首先要研究和分析可能会有哪些潜在的危险，推测发生各种潜在危险的可能性，并从技术上提出防止这些危险的对策和措施。为了实施技术对策，应当掌握有关物质、设备或设施的构成情况、存在的危险性以及控制危险的方法。为此，必须全面收集和整理有关资料，测定有关物质的危险特性，进行有关的实验研究，以便达到质的安全。

2. 事故预防教育对策

所谓事故预防教育对策，是指通过家庭、学校以及社会等途径的传授与培训，掌握安全知识及正确的作业方法，从而保证人和所从事的工作的安全。

在正常情况下，每个人从幼年时期开始就应灌输必要的安全知识，在大中专院校和技工学校应当系统地学习安全工程学知识。对在职人员，应根据其具体业务进行安全技术（包括事故管理在内）教育，对工人应该进行三级安全教育和特殊工种的培训教育。教育的内容包括安全知识、安全技能、安全态度等三个方面，从而全面解决人对安全的正面认识和自我保护能力。

3. 事故预防管理（法制）对策

所谓管理（法制）对策，系指由国家机关、企业组织等制定有关安全方面的法律、规范和安全标准并颁布执行，以及进行经常性的监督检查。

例如，针对物质的不安全状态，制定了一系列安全防护措施和标准。如控制或监测仪器，安全防护装置，危险场所的遮栏、信号或标志、密封或隔离措施，起重设备行程限制器、过卷限制开关及过载限制器，防爆器材或安全阀，电气设备绝缘措施及接地或接零装置，个体防护用品等，并采取监督检查措施保证这些安全设施和标准的正常运转。针对管理缺陷，加强控制手段。所谓控制，就是对生产过程中的各项管理工作实行控制，提高管理水平，严格控制设计、工艺等技术问题上的不合理性或不安全性；制定有关规章制度，如国家安全法律、法规、设计规范、安全技术规程、各级各类人员的安全生产责任制、岗位责任制、安全操作规程，严格检查制度、维修制度、监护制度；劳动组织的合理性，对现场检查及指导的正确性、及时性等。各种法律法规、规定是防止事故应该遵守的最低要求，员工应自觉遵守各种安全作业标准。随着生产的进步或新生产工艺的出现，也会出现新的管理措施，而法律或法规的修改往往不能及时跟上，因此，即使遵守了法律法规，也不能说绝对不出事故。可以说，安全法律法规的内容是保障安全的必要条件，但不是充分条件。作为一个合格和有创新能力的安全管理人员，必须有这种认识。

在事故预防或制定事故预防措施中，就是要选择最恰当的防范对策，而最恰当的防范（技术）对策，就是来源于对事故原因的分析。所以，事故管理技术的重点是找准事故原因（事故直接和间接原因），制定恰当的事故预防措施，以防止事故的发生。

参考文献

[1] 周长江，王同义等 . 危险化学品安全技术与管理 [M] . 北京：中国石化出版社，2004.

[2] 张龙 . 煤矿不安全行为和安全管理体系分析 [J] . 山东工业技术，2017（11）.

[3] 虞汉华，虞谦 . 大型城市重大危险源监管与应急救援体系的研究 [J] . 中国安全科学学报，2006（4）.

[4] 隋鹏程，陈宝智，隋旭 . 安全原理 [M] . 北京：化学工业出版社，2005.

[5] 罗云，吕海燕，白福利 . 事故分析预测与事故管理 [M] . 北京：化学工业出版社，2006.

[6] 陈宝智 . 系统安全评价与预测 [M] . 北京：冶金工业出版社，2005.

[7] 汪晖 . 企业事故应急管理系统应用研究 [D] . 上海交通大学：2008（6）.

[8] 周素梅，吕林，赵锐 . 个体防护在应急救援中的作用 [J] . 安全，2003（6）：42-43.

[9] 樊运晓 . 应急救援预案编制实务 [M] . 北京：化学工业出版社，2006.

[10] 陈家强 . 危险化学品泄漏事故及其处置 [J] . 消防科学与技术，2004（5）：67-69.

[11] 高兴举 . 地方政府生产安全事故管理研究 [D] . 山东大学：2013（3）.

[12] 北京市达飞安全科技开发有限公司 . 重特大事故应急救援预案编制实用指南 [M] . 北京：煤炭工业出版社，2006.

[13] 张东普，董定龙 . 生产现场伤害与急救 [M] . 北京：化学工业出版社，2005.

[14] 李立明 . 最新实用危险化学品应急救援指南 [M] . 北京：中国协和医科大学出版社，2003.

[15] 于殿宝 . 事故预测预防 [M] . 北京：人民交通出版社，2007.

[16] 郭其云，董希琳，卢立红 . 我国突发公共事件应急管理机制研究 [J] . 武警学院学报，2011（04）.

[17] 吴穹，许开立 . 安全管理学 [M] . 北京：煤炭工业出版社，2006.